# 数码人像与风光摄影
# 从入门到精通

FUN 视觉 雷波 编著

化学工业出版社

·北京·

本书详尽讲解了使用数码相机拍摄人像与风光摄影题材的方法与技巧，内容包括摄影器材的使用、用光、色彩和构图技巧，人像拍摄技巧及模特摆姿要点，各类风光题材拍摄技巧等。并专门针对拍摄人像与风光题材时在构图、用光和色彩搭配等方面易出现的误区进行了详解。

本书的一大特色是在书中增加了侧栏内容，其中包括摄影问答、摄影技巧、学习视频、知识链接、操作方法、操作步骤、拍摄提示、名师指路、佳片欣赏等，知识点多达 400 余个，这些知识点内容短小、精练，很好地补充和完善了主体内容。此外，侧栏中编排了大量二维码，读者可通过扫描二维码观看与主体内容相关的学习视频，以有效改善和提高阅读体验及学习效率。

相信各位读者通过学习本书，能够快速提升摄影水平，从而拍摄出令人满意的人像与风光摄影作品。

**图书在版编目(CIP)数据**

数码人像与风光摄影从入门到精通/FUN 视觉，雷波编著.
北京：化学工业出版社，2016.4
ISBN 978-7-122-26422-0

Ⅰ.①数… Ⅱ.①F… ②雷… Ⅲ.①数字照相机-人像摄影-
摄影技术②数字照相机-风光摄影-摄影技术 Ⅳ.①TB86②J413
③J414

中国版本图书馆 CIP 数据核字(2016)第 042871 号

责任编辑：孙　炜　王思慧　　　　　　　　　　装帧设计：王晓宇
责任校对：陈　静

出版发行：化学工业出版社（北京市东城区青年湖南街 13 号　邮政编码 100011）
印　　装：北京方嘉彩色印刷有限责任公司
880mm×1092mm　1/16　印张 19　字数 474 千字　2016 年 5 月北京第 1 版第 1 次印刷

购书咨询：010-64518888（传真：010-64519686）　售后服务：010-64518899
网　　址：http://www.cip.com.cn

# 前　言

人像与风光几乎是每一个摄影爱好者拍摄最多的两种题材，而这两大类题材的拍摄手法甚至是相机的功能参数设置，又有颇多不同之处，所以，会拍风光的摄影爱好者不一定能够拍好人像，同理，人像拍得好也不代表就能拍出风光大片。如果希望同时拍好人像与风光，自然就需要分别进行深入学习。本书正是为那些希望能拍出人像及风光大片的摄影爱好者编写的技法书籍。

本书可以分为 3 大主题部分。

第 1 部分为本书第 1 章至第 5 章，主要讲解了有关于曝光、构图、用光、色彩方面的基础知识，学习这些章节的内容后，可以为后面的内容学习打下理论基础。

第 2 部分为本书第 6 章至第 11 章，主要讲解了有关于人像摄影的各类理论与拍摄技巧，特别要指出的是本书的第 11 章汇总了大量人像摄影误区，仔细研读本章能够避免许多初级错误。

本书的第 3 部分为本书第 12 章至第 21 章，主要讲解了有关于风光摄影的理论、拍摄技巧，同样的，本书第 21 章汇总了大量风光摄影误区，值得仔细研读。

除了内容全面外，本书的另一大的特色是添加了丰富的侧栏，这些侧栏的内容由操作方法、摄影问题、拍摄提示、知识链接、拍摄技巧、名师指路、操作步骤、学习技巧、佳片欣赏构成，问题多达 400 余个。这些知识点内容短小、精练，而且与图书主体内容密切相关，是对主体内容的补充和完善。这种编排方式丰富了图书内容，提高了阅读的灵活性，并大大拓展了读者的视野。

为了使学习方式更符合媒体时代的特点，本书加入了大量视频学习二维码，这些视频均由专业摄影师讲解，内容丰富实用，通过手机扫码即可浏览学习。

此外，本书还附赠以下四本电子书，同样可以通过扫码下载阅读学习，这无疑极大地提升了本书的性价比。

● 46 页《佳能流行镜头全解》电子书
● 38 页《尼康流行镜头全解》电子书

● 353 页《数码单反摄影常见问答 150 例》电子书
● 100 页《时尚人像摄影摆姿宝典》电子书

为了方便及时与笔者交流与沟通，欢迎读者朋友加入光线摄影交流 QQ 群（群 7：493812664，群 8：494474732，群 9：494765455）。关注我们的微博 http://weibo.com/leibobook 或微信公众号 FUNPHOTO，每日接收最新、最实用的摄影技巧。也可以拨打我们的 400 电话 4008367388 与我们沟通交流。为了方便各位读者接收更多、更新的摄影资讯，我们还开发了专业的摄影学习 APP "好机友摄影"，各大应用下载商店均可下载，或直接在封底扫描二维码下载。

本书是集体劳动的结晶，参与本书编著的还包括雷剑、吴腾飞、左福、范玉婵、李美、邓冰峰、詹曼雪、黄正、孙美娜、邢海杰、刘小松、陈红艳、徐克沛、吴晴、李洪泽、漠然、李亚洲、佟晓旭、江海艳、董文杰、张来勤、刘星龙、边艳蕊、马俊南、姜玉双、李敏、邰琳琳、卢金凤、李静、肖辉、寿鹏程、管亮、马牧阳、杨冲、张奇、陈志新、孙雅丽、孟祥印、李倪、潘陈锡、姚天亮、车宇霞、陈秋娣、楮倩楠、王晓明、陈常兰、吴庆军、陈炎、苑丽丽、杜林、刘肖、王芬、彭冬梅、赵程程等。

编　者

2016 年 1 月

# 目录

## Chapter 04 色彩的诱惑

## Chapter 05 经典构图

## Chapter 06 人像摄影初了解

## Chapter 07 人像摄影用光高级技巧

## Chapter
## 08 人像摄影构图高级技巧

## Chapter
## 09 摆姿无难事

## Chapter
## 10 家有天使/小鬼

## Chapter
# 16　四季气象摄影技巧

## Chapter
# 17　植物摄影技巧

## Chapter
# 18　山水摄影技巧

# 侧栏目录

## 摄影问答

## 拍摄提示

## 拍摄技巧

## 知识链接

## 操作步骤

## 学习视频

# 佳片欣赏

# 名师指路

# 操作方法

# 学习技巧

全面解析曝光要素及拍摄模式

Chapter 01

# 曝光三要素之光圈

## 认识光圈

光圈是指镜头内由多片很薄的金属叶片组成、用于控制相机进光量的装置，理解光圈与相机进光量的控制原理，对于拍摄出曝光准确的照片具有很重要的意义。

通过改变镜头内光圈金属叶片的开启程度（叶片圆圈的直径）可以控制进入镜头光线的多少，光圈开启越大，通光量越多；光圈开启越小，通光量越少。因此，当其他曝光参数不变的情况下，光圈越大，同一时间进入相机的光线量越大，画面就会由于曝光越充分，而显得越亮。

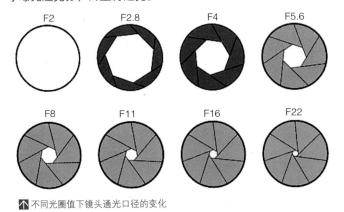

↑ 不同光圈值下镜头通光口径的变化

## 理解光圈值及表示方法

光圈系数用字母F（或小写字母f）表示，如F2（或者表示为f/2）。表示光圈大小的数值有F1、F1.4、F2、F2.8、F4、F5.6、F8、F11、F16、F22、F32等，相邻各级光圈间的通光量相差一倍，每递进一挡光圈，光圈口径就不断缩小，通光量也逐挡减半。相邻两挡光圈之间，还可以设定为1/2或1/3挡递进的方式，如在F2和F2.8之间，还可以设定为F2.5这种半挡光圈。

↑ 采用大光圈的相机设置进行拍摄，得到小景深的画面（焦距：50mm ┊ 光圈：F1.4 ┊ 快门速度：1/400s ┊ 感光度：ISO100）

---

**操作方法** Nikon D7200光圈设置

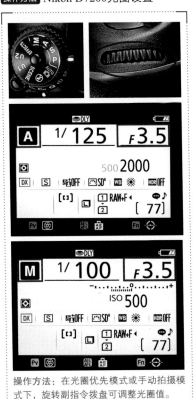

操作方法：在光圈优先模式或手动拍摄模式下，旋转副指令拨盘可调整光圈值。

**操作方法** Canon EOS 70D光圈设置

操作方法：在光圈优先模式或手动拍摄模式下，转动速控转盘◎可以调整光圈值。

## 光圈的大小对画面明暗的影响

光圈F值越小（进光孔越大，例如F5.6比F8的进光孔要大），在单位时间内的进光量便越多，而且上一挡光圈的进光量是下一挡光圈进光量的一倍（因为两挡光圈的进光孔实际开启面积刚好相差一倍）。

例如，将光圈从F8调整到F5.6，进光量便多一倍，我们也说光圈开大了一挡。在其他拍摄参数相同的情况下，光圈越大，画面越亮；反之，画面则越暗。

↑（焦距：30mm︱光圈：F2.8︱快门速度：1/20s︱感光度：ISO1600）

↑（焦距：30mm︱光圈：F3.5︱快门速度：1/20s︱感光度：ISO1600）

↑（焦距：30mm︱光圈：F4.5︱快门速度：1/20s︱感光度：ISO1600）

↑（焦距：30mm︱光圈：F5.6︱快门速度：1/20s︱感光度：ISO1600）

↑（焦距：30mm︱光圈：F7.1︱快门速度：1/20s︱感光度：ISO1600）

---

**摄影问答 缩小光圈能提高画质**

对任意一支镜头而言，其最大光圈都是其成像的极限，因此在画质上必然会有所损失，通常是在最大光圈的基础上，缩小1~2挡后，画质会有明显的改善。大多数镜头在F4~F8时，成像质量会达到峰值。

---

**摄影问答 光圈的大小会影响画质**

对一支镜头而言，"两极"光圈（即最大或最小）都不推荐使用，因为这样确实会让画质有比较大的下降，很多微距镜头甚至在F13以后的画质惨不忍睹。

另外，如果将光圈缩得过小，就会出现"衍射现象"，让人感觉对焦不准，照片发虚。对大多数镜头来说，不建议使用F16及更小的光圈。

---

**知识链接 谨慎使用光圈最大值和最小值**

虽然光圈数值是在相机上设置的，但其可调整的范围却是由镜头决定的，即镜头支持的最大光圈及最小光圈，就是在相机上可以设置的上限和下限。镜头支持的光圈越大，则在同一时间内可以纳入的光线越多，从而允许我们在更弱光的环境下进行拍摄——当然，光圈越大的镜头，其价格也越贵。

另外，对大多数镜头来说，当光圈缩小至F16以后，就容易导致画质出现较明显的下降，因此在拍摄时应尽量少用。

---

**学习视频 Nikon D7200相机设置**

**学习视频 Canon EOS 70D相机设置**

## 光圈与景深

简单来说，景深即指对焦位置前后的清晰范围。清晰范围越大，即表示景深越大；反之，清晰范围越小，即表示景深越小，此时画面的虚化效果就越好。

光圈是控制景深（背景虚化程度）的重要因素。在相机焦距不变的情况下，光圈越大，景深越小；反之，光圈越小，景深越大。

↑（焦距：100mm｜光圈：F3.2｜快门速度：1/80s｜感光度：ISO800）

↑（焦距：100mm｜光圈：F4｜快门速度：1/50s｜感光度：ISO800）

↑（焦距：100mm｜光圈：F5｜快门速度：1/30s｜感光度：ISO800）

↑（焦距：100mm｜光圈：F6.3｜快门速度：1/20s｜感光度：ISO800）

↑（焦距：100mm｜光圈：F8｜快门速度：1/13s｜感光度：ISO800）

↑（焦距：100mm｜光圈：F10｜快门速度：1/8s｜感光度：ISO800）

# 用小光圈拍摄全局高清晰风景

利用光圈可以控制景深的特点，在拍摄山景、水景、草原等风景照时，为了表现大场面的风景，通常都使用小光圈（但不能过小）拍摄，这样画面看起来前后景都会很清晰。利用小光圈拍摄的画面清晰范围大，连远处的细节都可以表现得非常细腻、清晰。

⬆ 使用小光圈拍摄，可以降低快门速度，得到水面雾化的效果（焦距：35mm ┊ 光圈：F20 ┊ 快门速度：32s ┊ 感光度：ISO100）

⬆ 采用较小光圈的相机设置进行拍摄，使得远景中郁郁葱葱的树丛及近景水面的荷叶都获得了清晰的呈现（焦距：50mm ┊ 光圈：F32 ┊ 快门速度：1/400s ┊ 感光度：ISO100）

**摄影问答 什么是衍射效应**

衍射是指当光线穿过镜头光圈时，光在传播的过程中发生方向弯曲的现象，光线通过的孔隙越小，光的波长越长，衍射现象就越明显。

因此，拍摄时将光圈收得越小，在被记录的光线中衍射光所占的比例就越大，画面细节的损失就越多，画面就越不清楚。

衍射效应对 APS-C 画幅数码相机和全画幅数码相机的影响程度稍有不同，通常 APS-C 画幅数码相机在光圈收小到 F11 时，就会发现衍射对画质产生了影响；而全画幅数码相机在光圈收小到 F16 时，才能够看到衍射对画质的影响。

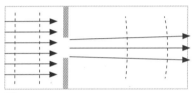

⬆ 大光圈：只有边缘的光线发生了弯曲

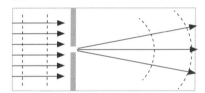

⬆ 小光圈：光线衍射明显，降低解像度

**名师指路 只有好照片，没有拍出好照片的准则**

许多初学摄影的爱好者经常听到"不要用广角镜头拍摄人像""不要将被摄对象放在画面的中心位置"这样的"准则"，然而，事实证明，有许多违反了这些所谓"准则"的照片，却显得更有趣或更有吸引力。

因此，正如安塞尔·亚当斯所说："只有好照片，没有拍出好照片的准则。"与其在摄影时遵守这些硬性的规则，不如在理解这些规则后，更加灵活地运用，打破这些规则，因此要记住，有时只有忘记那些拍摄好照片的准则，才有可能拍出更好的照片。

**学习视频 好照片的双重标准**

## 使用大光圈得到小景深画面

在实际拍摄时，为突出画面的主体，通常使用小景深的画面。获得小景深画面最常用的方法就是使用大光圈拍摄，这样可以很好地表现被摄主体的局部特征，虚化周围环境中的不利因素，从而有效地突出被摄主体。大光圈常用来拍摄花卉、树叶等、露珠、小植物等体积较小的拍摄对象。

↑ 使用大光圈拍摄，可以使人物从杂乱的环境中脱颖而出，得到简洁的画面效果（焦距：100mm ┊ 光圈：F2.8 ┊ 快门速度：1/100s ┊ 感光度：ISO200）

↑ 蜘蛛网上的水珠仿佛一件水晶衣一般，在大光圈虚化背景的衬托下，显得格外突出，拍摄这样面积较大的蜘蛛网时，注意尽量使蜘蛛网最大的面积与相机的焦平面平行，以避免蜘蛛网出现部分清晰、部分模糊的情况（焦距：180mm ┊ 光圈：F3.5 ┊ 快门速度：1/250s ┊ 感光度：ISO400）

**名师指路** 将平凡的景物拍摄成不平凡的作品

美国摄影大师爱德华·韦斯顿总结了一生的创作经验后，说："我不去追求那些不平凡的题材，我的本领是把平凡的题材拍摄成不平凡的作品。"正是凭着这样的信念，韦斯顿把分散在自然之中的树干、沙砾、青椒、人体都拍摄成经典之作。

↑ 乍一看是光秃秃的残株，仔细端详起来，却又像烈焰冲天

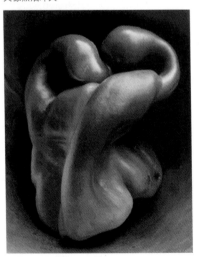

↑ 乍一看是辣椒，再仔细端详，却像人体，又像捏紧的拳头

**学习视频** 从身边事物拍起

# 曝光三要素之快门

## 快门的定义

快门的主要作用是从时间上控制相机的曝光量。快门开启的时间称为曝光时间或快门速度。

在其他因素不变的情况下，快门速度越低，感光元件接受光线照射的时间越长，快门开启的时间越长，进入相机的光量越多，曝光量也越多；快门速度越高，感光元件接受光线照射的时间越短，快门开启的时间越短，进入相机的光量越少，曝光量也越少。

在其他因素不变的情况下，提高或降低一挡快门速度，相机的曝光量会相应地减少或增加一倍，例如，1/125s 比1/250s 低一挡，因此前者的曝光量比后者多一倍。

## 快门速度的表示方法

快门速度以秒为单位，入门级及中端数码单反相机的快门速度通常为1/4000s~30s，而中高端相机的最高快门速度则达到了1/8000s，已经可以满足几乎所有题材的拍摄要求。

常见的快门速度有30s、15s、8s、4s、2s、1s、1/2s、1/4s、1/8s、1/15s、1/30s、1/60s、1/125s、1/250s、1/500s、1/1000s、1/2000s、1/4000s、1/8000s 等。

利用长时间曝光记录下了夜间摩天轮上灯光的轨迹，在深蓝色夜空的衬托下看起来非常绚丽（焦距：23mm｜光圈：F5.6｜快门速度：10s｜感光度：ISO100）

幕帘快门组件示意图

**操作方法** Nikon D7200快门设置

操作方法：在快门优先模式或手动拍摄模式下，旋转主指令拨盘可调整快门速度值。

**操作方法** Canon EOS 70D快门设置

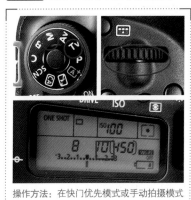

操作方法：在快门优先模式或手动拍摄模式下，转动主拨盘可以调整快门速度值。

**"半按快门"是什么意思**

无论是家用卡片机还是家用小数码相机，几乎都支持半按快门的操作方式。半按快门后相机将开始进行对焦、测光，这时相机会启动自动对焦等功能，并锁定焦点和曝光值，这时无论怎样移动相机或者改变构图，数码相机都会按照刚才在半按快门时，确定的对焦状态和曝光参数进行拍摄。

但是要注意在半按快门锁定焦点和曝光以后，相机只能在与对焦主体平行的平面内上下左右移动，不能向前或向后的改变拍摄距离，否则必须要重新对焦，还有一点必须注意的是在改变构图时要尽量避免在画面中添加入与刚才测光场景在亮度上差异特别大的景物，否则会使导致这些景物的曝光错误影响整个画面的效果。

半按快门时可以很好地利用以下场合：

■ 在抓拍的时候：可以提前采用半按快门的方法完成自动对焦，然后当你要抓拍的精彩瞬间出现时，就可以将快门全部按到底，这样能够大大提高抓拍的成功率。

■ 在拍摄全景照片的时候：为了使得多张照片都保持同样的曝光量，可以对同一个场景进行半按快门操作以锁定曝光。

■ 在拍摄风景人像的时候：可以先将被摄人物放在画面的中间位置进行半按快门的操作，以完成自动对焦和测光，然后重新取景构图，后再将快门按键按到底进行拍摄。

■ 当无法完成自动对焦的时候：可以使用替代物（和被摄主体距离拍摄镜头远近差不多的物体）进行对焦（半按快门），然后重新构图进行拍摄。

## 快门速度对曝光的影响

如前面所述，快门速度的快慢决定了曝光量的多少。具体而言，在其他条件不变的情况下，每一挡快门速度的变化，会导致一倍曝光量的变化。例如，当快门速度由1/125s变为1/60s时，由于快门速度慢了一挡，曝光时间延长了，因此，总的曝光量也随之增加了一倍。

↑（焦距：100mm ┊ 光圈：F5.6 ┊ 快门速度：1/2s ┊ 感光度：ISO200）

↑（焦距：100mm ┊ 光圈：F5.6 ┊ 快门速度：1/3s ┊ 感光度：ISO200）

↑（焦距：100mm ┊ 光圈：F5.6 ┊ 快门速度：1/4s ┊ 感光度：ISO200）

↑（焦距：100mm ┊ 光圈：F5.6 ┊ 快门速度：1/5s ┊ 感光度：ISO200）

↑（焦距：100mm ┊ 光圈：F5.6 ┊ 快门速度：1/6s ┊ 感光度：ISO200）

## 影响快门速度的3大因素

感光度：感光度每增加一挡（如从ISO100增加到ISO200），感光元件对光线的敏锐度会随之增加一倍，同时，快门速度会随之提高一挡。

光圈：光圈每提高一挡（如从F4到F2.8），快门速度可以提高一挡。

曝光补偿：曝光补偿数值每提高一挡，就需要更长的曝光时间来提亮照片，因此，快门速度将降低一挡；反之，曝光补偿数值每降低一挡，由于不需要更多的曝光量，因此快门速度可以提高一挡。

↑ 夜间需要长时间曝光拍摄时，为了避免长时间曝光使画面曝光过度，可设置较低的感光度和较小的光圈（焦距：17mm ｜光圈：F16 ｜快门速度：1/100s ｜感光度：ISO100）

**知识链接** 照片上的参数有没有参考价值

摄影书里的图片大多会附加上照片的拍摄参数供大家参考，通常会标注焦距、光圈、快门速度、感光度等，这些拍摄参数对照片质量的影响很大。但很多摄友对此很困惑，这些参数到底是形同虚设还是探路明灯呢？

可以肯定的是，照片的拍摄参数是有参考价值的，但价值并不像许多摄友想象的那样大。

例如，在拍摄夜景时，许多摄友会习惯性地使用较高的感光度和较大的光圈，但通过分析此类题材成功照片的拍摄参数，会发现拍摄夜景时要使用较小的光圈，如 F9、F11 等，这样才能使夜景画面具有足够的景深，画面中的灯光呈现出星芒效果，从而达到美化画面的目的。而且，在通常情况下，拍摄夜景时所使用的感光度也不会过高，因为拍摄夜景的曝光时间都较长，设置过高的感光度会使画面噪点过多，影响画面的美观。

不过这并不等于说，看了照片的拍摄参数，就掌握了拍摄各类题材的"通关秘笈"，因为照片与拍摄参数不能够反映所有的现场情况。例如，拍摄环境中的光照强度、相机的测光模式、测光点位置、镜头前是否加装滤镜，等等。因此，在拍摄时如果完全按照照片的拍摄参数来设置，拍摄效果可能会令人大失所望。

所以，照片的拍摄参数可以提供拍摄时的参考方向，但并不能完全照搬照抄。

知识链接 **防抖技术对快门速度的影响**

目前最新的防抖技术最高可在低于安全快门4倍的快门速度下获得清晰的影像。但要注意的是，防抖系统只是提供一种校正功能，在使用时还要注意以下几点：

■ 防抖系统成功校正抖动是有一定概率的，这还与个人的手持能力有很大关系，通常情况下，使用低于安全快门两倍以内的快门速度拍摄时，成功校正的概率会比较高。

■ 当快门速度高于安全快门一倍以上时，建议关闭防抖系统，否则防抖系统的校正功能可能会影响原本清晰的画面，导致画质下降。

■ 在使用三脚架保持相机稳定时，建议关闭防抖系统。因为在使用三脚架时，不存在手抖的问题，而开启了防抖功能后，其微小的震动反而会造成图像质量下降。值得一提的是，很多防抖镜头同时还带有三脚架检测功能，即它可以检测到三脚架细微震动造成的拉动并进行补偿，因此，在使用这种镜头拍摄时，不应关闭防抖功能。

↑ 有防抖标志的佳能镜头（Canon 18-55mm F3.5-5.6 IS）

↑ 有防抖标志的尼康镜头（Nikon 18-200mm VR II）

➡ 使用长焦镜头拍摄鸟类时，由于焦距较长，主要快门速度不要低于安全快门速度，才能得到清晰的画面（焦距：270mm｜光圈：F11｜快门速度：1/1250s｜感光度：ISO800）

## 安全快门确保画面清晰

手持相机拍摄时，会出现由于手的抖动而导致照片画面不实的现象。为保证画面的清晰，需要使用安全快门进行拍摄。安全快门速度是指在手持拍摄时能保证画面清晰的最低快门速度。通常快门速度不应低于拍摄时所用焦距的倒数，比如当前焦距为200mm，拍摄时的快门速度应不低于1/200s。

需要注意的是，如果使用的是Canon EOS 70D或Nikon D7200这种APS-C画幅的相机，焦距数值需要乘以换算系数，佳能相机的系数为1.6，尼康相机的系数为1.5。因此对于50mm 标准镜头而言，如果用在Canon EOS 70D上换算后的焦距为80mm，其安全快门速度应为1/80s，而不是1/50s。安全快门只是一个参考数字，在保证照片画质方面三脚架的作用仍然是不可替代的。

# 曝光三要素之感光度

## 认识感光度

所谓感光度，就是指数码相机感光元件对光线的敏感程度，英文缩写为ISO。数码相机的感光度值一般有100、200、400、800、1600、3200等。

感光度每增加一挡，感光元件对光线的敏锐度会随之增加一倍，在同等曝光条件下，可以缩小一挡光圈或提高一挡快门速度。通常ISO100以下的感光度是低感光度，ISO400~ISO800为中感光度，ISO1000~ISO1600为高感光度，ISO2000及以上为超高感光度。

虽然使用高的感光度，即使在弱光环境下拍摄也能够获得清晰的拍摄效果，但感光度不是越高越好，过高的感光度容易产生噪点，感光度越高，产生的噪点就越多，影像的品质就越差，所以拍摄时要根据周围环境光的强弱来选择适合的感光度。

## 感光度的控制能力

不同的相机对于感光度的控制能力也不相同，例如，以Canon EOS 70D（APS-C画幅）/Nikon D7200（DX画幅）为例的中端相机，在感光度的控制方面较为优秀。其感光度范围为ISO100~ISO6400，并可以向上扩展至H（相当于ISO12800，Nikon D7200可扩展2EV，相当于ISO102400）。在光线充足的情况下，使用ISO100或ISO200的设置即可。

而以Canon EOS 5D Mark Ⅱ（全画幅）/Nikon D800（FX画幅）为例的高端相机，其感光度范围虽然也是ISO100~ISO6400，但向上可以扩展到ISO25600，向下可以扩展为ISO50。而且即使在弱光下使用ISO1600来拍摄，在画面上出现的噪点也仍然在可接受的范围内。至于Canon EOS 5D Mark Ⅲ（全画幅），其常用的ISO范围就能够达到ISO100~ISO25600，向下可以扩展为ISO50，向上则可以扩展为ISO102400，且具有优秀的控噪能力，即使使用ISO2000在弱光下拍摄，也可以得到不错的画面。

由此，不难看出越是高端的相机，对于感光度的控制越优秀，能够使用的感光度数值越高，因此也就能够在各类弱光环境下使用。

**操作方法** Nikon D7200感光度设置

操作方法：按下🔍（ISO）按钮，然后转动主指令拨盘即可调节ISO感光度的数值。

**操作方法** Canon EOS 70D感光度设置

操作方法：按下肩屏上的**ISO**键，然后转动主拨盘或速控拨盘，即可调整ISO感光度的数值。

设置较低的感光度才能使画面看起来比较细腻（焦距：20mm｜光圈：F7.1｜快门速度：10s｜感光度：ISO100）

## 感光度对曝光的影响

作为控制曝光的三大要素之一，在其他条件不变的情况下，感光度每增加一挡，感光元件对光线的敏锐度会随之增加一倍，即曝光量增加一倍；反之，感光度每减少一挡，曝光量则减少一半。

更直观地说，感光度的变化直接影响着光圈或快门速度的设置，以F2.8、1/200s、ISO400的曝光组合为例，在保证被摄体正确曝光的前提下，如果要改变快门速度并使光圈数值保持不变，可以通过提高或降低感光度来实现，快门速度提高一挡（变为1/400s），则可以将感光度提高一挡（变为ISO800）；如果要改变光圈值而保证快门速度不变，同样可以通过设置感光度数值来实现，例如要增加两挡光圈（变为F1.4），则可以将ISO感光度数值降低两挡（变为ISO100）。

↑（焦距：100mm｜光圈：F2.8｜快门速度：1/13s｜感光度：ISO1000）

↑（焦距：100mm｜光圈：F2.8｜快门速度：1/13s｜感光度：ISO800）

↑（焦距：100mm｜光圈：F2.8｜快门速度：1/13s｜感光度：ISO640）

↑（焦距：100mm｜光圈：F2.8｜快门速度：1/13s｜感光度：ISO500）

↑（焦距：100mm｜光圈：F2.8｜快门速度：1/13s｜感光度：ISO400）

↑（焦距：100mm｜光圈：F2.8｜快门速度：1/13s｜感光度：ISO320）

这一组照片是在M挡手动曝光模式下拍摄的，在光圈、快门速度不变的情况下，随着ISO数值的降低，由于感光元件的感光敏感度越来越低，画面变得越来越暗。

## 通过感光度改变快门速度

在其他因素相同的情况下，曝光时间（快门速度）与感光度成正比。也就是说，ISO 感光度的设置越低，正确曝光所需的快门速度也越低；反之，当感光度数值提高后，也能够起到提高感光度的作用。

在弱光环境下，设置较低的感光度时，快门速度往往过慢，摄影师手持拍摄容易由于手的抖动而导致焦点不实、画面模糊。此时可以调高数码单反相机的感光度设置，感光度每提高一挡，快门速度也随之提高一挡。

例如，在光圈不变的情况下，当感光度为ISO100时的快门速度是1/30s，而将感光度提高到ISO1600时，快门速度可以相应地调整为1/500s，这样可保证画面的曝光量相同。在拍摄夜景或在弱光环境下拍摄时，常需使用高感光度来提高快门速度。

（快门速度：1/50s｜感光度：ISO400）

（快门速度：1/80s｜感光度：ISO640）

（快门速度：1/100s｜感光度：ISO800）

（快门速度：1/160s｜感光度：ISO1000）

⬆ 由于室内光线较暗，拍摄好动的儿童时需要设置较高的快门速度，在光圈不变的情况下，随着感光度的提高，快门速度也得到了提高，画面中的孩子也越来越清晰（焦距：30mm｜光圈：F6.3｜快门速度：1/320s｜感光度：ISO1600）

知识链接 **感光度的设置原则**

在不同的光照条件下设置感光度一定要准确、恰当、慎重，这对照片的质量起着关键的决定性作用。

用户在拍摄前设置感光度应掌握以下原则：

■ 在光线允许的情况下，尽量使用低感光度，可以保证更高的画质和细节表现力。

■ 在光线不够充足的情况下，如果能够使用脚架或通过倚靠等方式，使相机保持稳定，那么也应该尽可能地使用低感光度——因为在弱光环境下，即使设置相同的ISO感光度，在弱光环境下拍摄也会产生更多的噪点。

■ 在暗光下手持拍摄，应优先考虑使成像清晰，其次考虑高感光度给画质带来的损失。因为画质损失可采取后期方式来弥补，而画面模糊无法补救。

根据被摄体的不同纹理区别使用降噪功能，获得不同的降噪效果

最近几年来，数码单反相机的高感光度性能得到了快速提升。在一定程度的高感光度下，即使不打开降噪处理功能也能获得相当高的画质。而从ISO3200开始，对于某些纹理的被摄体，噪点将变得较为明显。此时，如果合理地使用高感光度降噪功能，同样可以得到锐利而纯净的画质。

如果仅仅根据将照片放大到100%时噪点的表现，来判断照片是否可用是不合理的。因为不同输出尺寸下的优劣标准不同，存在一些粗糙感有时候反而是打印输出所必需的。噪点产生的颗粒感能让作品"更像照片"，对于立体感、空气感、锐利感的产生非常重要。

提高锐度会令噪点变得更明显，而增强高感光度降噪功能将使画面丧失锐度，整体变软。在使用大幅面照片的摄影展中，我会有意识地适当降低降噪水平，并通过增加噪点来达到锐化效果。高感光度噪点可以通过这种方式来灵活运用。显示器上看起来令人生厌的噪点，在实际打印输出时会被压缩，在一定的观赏距离下，完全不会造成影响。

不过，噪点实际共分为两类，其中亮度噪点般还好，但是彩色噪点则有碍观瞻，必须对其进行降噪处理。

使用高感光度降噪技巧

对于喜欢采用RAW格式存储照片的用户，建议关闭该功能，这是因为如果用本相机回放RAW图像，高ISO感光度降噪的效果可能看起来不会特别明显；此外喜欢使用连拍的用户，也应关闭该功能，这是因为在将高ISO降噪功能开启时（"强"选项最为明显），将大大影响相机的连拍速度。

## 感光度对画质的影响

虽然调高感光度可以提高快门速度，但是随着感光度的提高，照片的成像质量会逐渐下降。使用过高的感光度，不仅会使所拍照片的噪点增多，而且还会对画面的细节锐度、色彩饱和度、色彩偏差、画面层次和画面反差等产生不良影响。

随着图像处理芯片技术的不断发展，目前大部分数码单反相机在低于ISO800的情况下，所拍摄照片的画质是令人满意的；而当感光度高于ISO800时，画质的损失就有些难以接受了。数码单反相机越高端，画面质量也就越好。

↑ 为了避免弱光环境对画面产生无法避免的噪点，我们选择了两幅在光线充足的情况下拍摄的景色作为对比，用图片说明感光度对画质的影响

↑ 这幅是感光度较低的作品，可以看到，画面上几乎没有噪点（焦距：80mm；光圈：F10；快门速度：1/200s；感光度：ISO100）

↑ 这幅作品中感光度显然已经很高了，画面中的噪点非常明显，同时感光度的提高，还影响了快门速度，当感光度提升时，要提高等量的快门速度，才能得到相同的曝光（焦距：80mm；光圈：F10；快门速度：1/3200s；感光度：ISO1600）

# 选择正确的曝光拍摄模式

## P模式

　　选择程序自动模式拍摄时，相机会在对拍摄对象进行自动测光后记录曝光量，拍摄者可直接使用相机测光得到的曝光组合进行拍摄，也可以通过转动主拨盘来选择等效的曝光组合，假如相机测出的曝光组合为F4、1/200s，那么F5.6、1/100s的曝光组合是与其等效的。另外，选择该曝光模式时，拍摄者可以对白平衡等参数进行设置。程序自动模式在模式转盘上通常用P来表示，适合各种场景的拍摄。

**操作方法** Nikon D7200程序自动模式设置

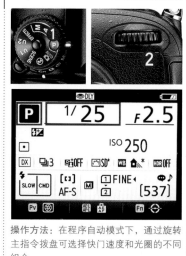

操作方法：在程序自动模式下，通过旋转主指令拨盘可选择快门速度和光圈的不同组合。

**操作方法** Canon EOS 70D程序自动模式设置

操作方法：在程序自动模式下，可以通过转动主拨盘来选择快门速度和光圈的不同组合。

← 采用 P 模式拍摄，一般能得到正确的曝光，适合抓拍，走在路上遇到有趣的场景时可迅速拍摄下来（焦距：200mm ┆ 光圈：F4 ┆ 快门速度：1/500s ┆ 感光度：ISO100）

## 光圈优先模式（A/Av）

使用光圈优先模式拍摄时，拍摄者可以手动设置光圈大小，相机会根据环境光线选择相应的快门速度以获得正常的曝光。光圈优先模式在模式转盘上通常用A或Av表示。由于光圈的大小可以影响景深的大小，在采用特写的景别拍摄花朵、绿叶等题材时，为了使被摄主体在画面中比较突出，拍摄时我们一般采用大光圈、长焦距获取小景深以达到虚化背景的效果。

同时，较大的光圈也能得到较高的快门速度，从而提高手持拍摄的稳定性。而在拍摄大场景风景类照片时，则通常采用较小的光圈，让画面景深的范围增大，以便使远处和近处的景物都清晰地呈现出来。

**操作方法** Nikon D7200光圈优先模式设置

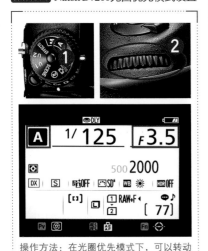

操作方法：在光圈优先模式下，可以转动副指令拨盘调整光圈值。

**操作方法** Canon EOS 70D光圈优先模式设置

操作方法：在光圈优先模式下，可以转动主拨盘调整光圈数值。

➡ 设置光圈优先模式，并使用大光圈将背景虚化，光斑的背景使得画面看起来很梦幻（焦距：180mm ┊ 光圈：F2.8 ┊ 快门速度：1/250s ┊ 感光度：ISO100）

## 快门优先模式（Tv/S）

使用快门优先模式拍摄时，摄影师可以手动设置快门速度，相机会自动根据拍摄环境的光线设置相应的光圈值，以获得正常的曝光。光圈优先模式在模式转盘上通常用Tv或S表示。快门开启到关闭的时间越长，进入相机镜头的光线越多，从开启到关闭的时间越短进入相机镜头的光线就越少。

在使用此模式进行拍摄时，使用低速快门可通过模糊移动的拍摄对象表现出动态效果。例如，设置低速快门使得快速流淌的水流在画面中虚化模糊成如丝纱般清逸、缥缈的效果，拍摄夜间的车流时，使用慢速快门也可以获得非常漂亮的光轨效果。使用高速快门则可以在画面中凝固高速运动中的物体，如波涛汹涌的浪花。

**操作方法** Nikon D7200快门优先模式设置

操作方法：在快门优先模式下，可以转动主指令拨盘调整快门速度。

**操作方法** Canon EOS 70D快门优先模式设置

操作方法：在快门优先模式下，可以转动主拨盘调整快门速度数值。

← 设置快门优先模式，拍摄海浪拍打礁石激起的水花，配合湍急的水流，使画面现场感十足（焦距：20mm ┊ 光圈：F10 ┊ 快门速度：1/800s ┊ 感光度：ISO100）

## 手动模式（M）

虽然数码相机提供了很多种简单方便的拍摄模式，但是在某些较复杂的光线环境下，或是拍摄一些需要特殊表现的主题时，这些拍摄模式都无法应付。这时最好根据拍摄现场的情况，有针对性地手动进行各种拍摄数值的设置，即使用手动曝光模式。手动模式在模式转盘上用M来表示，适合拍摄各类题材。

操作方法 Nikon D7200手动拍摄模式设置

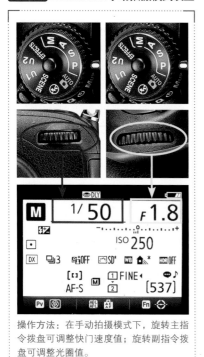

操作方法：在手动拍摄模式下，旋转主指令拨盘可调整快门速度值；旋转副指令拨盘可调整光圈值。

操作方法 Canon EOS 70D手动拍摄模式设置

操作方法：在手动拍摄模式下，转动主拨盘可以调整快门速度值，转动速控转盘可以调整光圈值。

↑ 使用手动模式，经过长时间曝光，得到如此细腻、漂亮的水流效果（焦距：31mm ┆光圈：F11 ┆快门速度：11s ┆感光度：ISO100）

## B门模式

　　使用B门曝光模式时，当摄影师持续地完全按下快门按钮时，快门一直保持打开状态，直到松开快门按钮时，快门才关闭并结束曝光过程，因此曝光的时间长短取决于快门按钮被按下与被释放的中间过程，由于通常在拍摄需要长时间曝光的题材才使用，因此特别适合拍摄夜晚的车流、星轨、焰火等弱光摄影题材。

⤒ B 门模式可以自定义控制曝光的时间，从而具有更大的曝光控制自由度（焦距：70mm　光圈：F16　快门速度：15s　感光度：ISO200）

⤒ 利用 B 门模式得到奇幻效果的星轨画面（焦距：20mm　光圈：F4　快门速度：1500s　感光度：ISO800）

　　使用佳能低端入门相机设置B模式时，需在快门速度降到30s后，继续向左旋转指令拨盘即可切换至B门，此时屏幕中显示为 bulb。使用佳能中高端相机设置B模式时，直接旋转拨盘，即可选择B门曝光模式。设置为B门模式后，持续完全地按下快门按钮时快门保持打开，松开快门按钮时快门关闭。

　　而在尼康相机上设置B模式都一样，只需在M模式下将快门速度降至最低即可。

**操作方法** Nikon D7200B门模式设置

操作方法：在M挡手动曝光模式下，通过旋转主指令拨盘将快门速度降至最低，即可切换至B门曝光模式。

**操作方法** Canon EOS 70DB门模式设置

操作方法：在B门模式下，可以转动主拨盘 调整光圈数值。

**操作方法** Canon EOS 700DB门模式设置

操作方法：在M挡全手动模式下，向左旋转主拨盘将快门速度设定为BULB，即可切换至B门模式。

# 曝光补偿

## 认识曝光补偿

由于利用曝光补偿可以在现有曝光结果的基础上对画面进行亮度的增减，所以可以利用它来控制画面的曝光。尤其是在要表现的对象比较特殊时，采用正常的曝光方式可能得不到正确的曝光结果，这时就需要利用曝光补偿的方式对画面进行调整。

通常情况下，正曝光补偿可增加画面亮度，让画面亮调的层次感更强；而负曝光补偿则会减少画面亮度，让画面暗部的细节更富有层次感。

曝光补偿通常用类似"+1EV"的方式来表示。"EV"是指曝光值，"+1EV"是指在自动曝光基础上增加一挡曝光；"-1EV"是指在自动曝光的基础上减少一挡曝光，目前，大部分新型数码单反相机都可支持-5.0EV~+5.0EV的曝光补偿范围，并以1/3级为单位调节，这就使曝光补偿的调整更加精确了。

↑ 如果按相机自测的曝光值拍摄积雪，画面很可能会偏灰，通过增加曝光补偿的方式，还原画面中积雪的自然色彩，画面更明亮（焦距：18mm｜光圈：F5｜快门速度：1/1000s｜感光度：ISO100）

---

摄影问答 18%的灰有多亮

在3%与96%之间，18%的灰看起来算是比较亮的灰调。如果将这一范围氛围若干等级，亮度以两倍关系递增，总共可分为3%、6%、12%、24%、48%、96%六个级别，而18%的反光率正好处于12%和24%中间。生活中反射光线最少的是"锅底灰"，只能反射出3%的光线，其余均被其吸收掉，因此看起来漆黑无比。而反射光线最多的为纯净的白雪，反射出的光线可达96%，看起来晶莹剔透，而18%的灰正在锅底灰与白雪反射率这一"从黑到白"的总亮度范围的正中间位置，所以，18%灰的反光率也就是生活中亮度处于正中间的灰调。

操作方法 Nikon D7200曝光补偿设置

操作方法：按下🔲按钮，然后转动主指令拨盘，即可在控制面板上调整曝光补偿数值。

操作方法 Canon EOS 70D曝光补偿设置

操作方法：将模式转盘设为P、Tv、Av，然后转动速控拨盘○即可调整曝光补偿。

## 曝光补偿对曝光的影响

当曝光补偿增加一挡，即增加一挡曝光时，要吸收更多的光线以提亮照片，例如在光圈优先模式下，快门速度会降低一挡，以增加一倍的进光量；反之，曝光补偿减少一挡，由于照片整体变暗，因此快门速度会提高一挡，以减少曝光时间，获得更暗的画面效果。

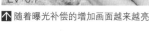

↑ 随着曝光补偿的增加画面越来越亮

摄影问答 **如果用RAW拍照便不需要曝光补偿吗**

不是这样的，因为用 RAW 存储的图像文件，如果在后期用 RAW 处理软件来调节亮度，或对照片进行曝光补偿，很容易产生噪点，还会由于对比度降低造成画质下降。在拍摄后使用图片处理软件等进行曝光补偿时，最好控制在 EV±0.7 之内。而且后期根本无法完全修正曝光的误差，所以曝光补偿还是必要的！

而且，如果是极端的曝光不足，即使是RAW 文件也无法完全调整。即使使用 RAW 记录，在拍照时也必须进行必要的曝光补偿，这一点一定要注意。

---

提示

需要注意的是，曝光补偿功能只在快门优先、光圈优先或程序自动曝光模式下起作用，即在全手动曝光模式下曝光补偿设置无效。

---

知识链接 **给摄影新手的10个建议**

1. 看到的不会是拍到的。这二者之间的差异，可能只是色温的高低，所以要了解基本概念。

2. 如果希望拍出与看到的画面相同甚至更好的照片，要深刻理解光线对画面明暗的影响。

3. 要培养自己提前做出判断的能力。

4. 所有的器材都有用武之地，但应该有步骤、有顺序地购买器材。

5. 不要总认为好的作品是出于偶然，是摄影师运气使然，其实它们多是认真思考和计划的结果。

6. 仅仅克服拿起相机进行拍照的惰性还不够。要在练习中总结，这样才能提高。

7. 无论使用多么高端的相机，都不意味着一定要用手动模式，摄影师要将注意力放在结果上，而非拍摄参数或器材上。

8. 绝大多数漂亮的照片都经过后期处理。花时间掌握后期处理技巧，能得到更令人满意的照片。

9. 差片的数量往往是好片的几倍甚至几十倍，只有少数照片有价值，这无论对哪个摄影师来说都是正常现象，不必为此沮丧。

10. 昂贵的器材不等于更好的照片。关键在于审美的眼光与拍摄技巧。

## 曝光补偿方向——"白加黑减"

曝光补偿有正向与负向之分，即增加与减少曝光补偿，要判断是做正向还是负向曝光补偿，最简单的方法就是依据口诀"白加黑减"来判断。"白加"里面提到的"白"并不是单纯的白色，而是泛指一切颜色看上去比较亮的、比较浅的景物，如雪、雾、白云、浅色的花朵等；同理"黑减"中提到的"黑"，也并不是黑色，而是泛指一切颜色看上去比较暗的、比较深的景物，如夜景、阴暗的树林、黑胡桃色的木器等。

当拍摄"白色"的场景时，就应该做正向曝光补偿；而拍摄"黑色"的场景，就应该做负向曝光补偿。

↑ 可根据拍摄题材的特点进行曝光补偿，以得到合适的画面效果

## 根据明暗比例设置曝光补偿量

根据"白加黑减"的口诀判断曝光补偿的方向，并非难事。难点在于面对不同的拍摄场景应该如何判断曝光补偿量。

实际上，标准也很简单，就是要控制拍摄的场景在画面中的明暗比例。

如果明暗比例为1:2，应该做-0.3挡曝光补偿；反之，如果明暗比例是2:1，则应该做0.3挡曝光补偿。

如果明暗比例为1:3，应该做-0.7挡曝光补偿；反之，如果明暗比例是3:1，则应该做0.7挡曝光补偿。

如果明暗比例为1:4，应该做-1挡曝光补偿；反之，如果明暗比例是4:1，则应该做1挡曝光补偿。

总之，明暗比例相差越大，则曝光补偿数值也应该越高。

⬆ 如果按相机自测的曝光值拍摄彩霞，画面很可能会过亮，通过减少曝光补偿的方式，压暗了画面，使得云彩的颜色更加浓郁，层次更加细腻（焦距：18mm ┊ 光圈：F8 ┊ 快门速度：1/800s ┊ 感光度：ISO100 ）

知识链接 **根据经验设置曝光补偿量**

介绍曝光补偿时，讲解了如何根据明暗比例来设置曝光补偿，但设置场景的明暗比例毕竟比较技术化，因此下面介绍一些经前人总结出来的曝光补偿使用经验，以便各位读者快速设置曝光补偿值。

- 拍摄侧光或逆光物体时，要增加1挡曝光。
- 拍摄海边或雪景时，要增加1挡曝光。
- 拍摄日落时分或日照充分的景物，增加1挡曝光。
- 拍摄非常明亮的物体或者白色的物体，至少增加1挡曝光。
- 拍摄非常黑暗的物体或者黑色的物体，至少减少1挡曝光。
- 当拍摄场景的反差较大，拍摄阴影部分的重要细节时，要增加2挡曝光。
- 如果被拍摄主体的背景很暗，并且比主体大得多，至少要减少1挡曝光。

知识链接 **利用365计划练就慧眼的技巧**

若想提高摄影的水平，就必须具备一双能发现独到之美的慧眼，而这需要平时多积累。

实行365计划是一个不错的方法，简单地说，就是一年365天，每天都坚持拍摄，但要注意的是不能盲拍、瞎拍，而是要拍出带有真实感情的、能够打动自己的照片，照片最好能反映自己当天的心情、当时的情绪或是对某事的感受，同时要兼具美感。这个计划看似简单，但如果真正能够完全坚持下来，成效会非常显著，其实哪怕这个计划只完成了70%，也能够在以后的拍摄活动中感受到自己的拍摄水平有了明显提高。

在实施这个计划的过程中，有时会遇到无法使用单反相机拍摄的情况，此时，可以用手机（需具有拍照功能）进行拍摄，也能达到相同的练习效果。

学习视频 **365拍摄计划**

# 选择正确的测光模式

操作方法：按下❀（▣）按钮，然后转动主指令拨盘，可以在3种测光模式之间切换。

操作方法：按下▣按钮，然后转动主拨盘❀，即可在4种测光模式之间进行切换。

摄影问答 适用评价测光的场景有哪些

■ 顺光且光线均匀的场景。

■ 大场景的风光照片。

■ 合影照片和纪念照。

摄影问答 适用中央重点平均测光的场景有哪些

■ 纪实摄影。

■ 街头抓拍。

## 矩阵测光▣（尼康）/评价测光▣（佳能）

矩阵测光与评价测光模式是最常见的测光模式，其测量范围较广，适用于光线分布均匀的拍摄环境，尤其是被摄体受顺光照射或画面色彩差异较小时。在光线均匀的情况下拍摄大场景风光画面时常使用该测光模式。

↑ 散射光的天气下，景物的明暗对比不是很强烈，所以使用矩阵测光模式（焦距：36mm ┊ 光圈：F16 ┊ 快门速度：8s ┊ 感光度：ISO100）

## 中央重点测光▣（尼康）/中央重点平均测光▢（佳能）

中央重点测光/中央重点平均测光模式侧重于对画面中央区域进行测光，但也会同时兼顾其他部分的亮度。中央重点测光模式适用于光线分布不均匀的拍摄环境，例如被摄体受前侧光或侧光照射时，以及画面亮暗差异较大时。在拍摄树木、花朵、独特的岩石等个体被拍摄对象时，常用此测光模式。

↑ 由于人物处于画面的中央，所以使用了中央重点测光模式得到曝光合适的画面（焦距：135mm ┊ 光圈：F3.5 ┊ 快门速度：1/320s ┊ 感光度：ISO100）

## 点测光 ⦿/⦿（佳能/尼康）

点测光模式是比较精准的测光模式，仅对画面3%左右的区域测光，其测量范围最小。点测光模式适用于反差较大的拍摄环境，例如被摄体受逆光照射时。由于点测光的面积非常小，在实际使用时，可以直接将对焦点设置为中央对焦点，这样就可以实现对焦与测光的同步工作了。在明暗差距较大的环境中拍摄树木、花朵、山石等被拍摄对象时常用到此模式。此外，在风光摄影中常利用这种测光模式将场景拍摄成为剪影效果。

⬆️ 针对天空中灰部进行点测光，可以确保天空云层的曝光正确，环境则因曝光不足，出现部分全黑的状况，得到剪影的画面效果（焦距：200mm ┊ 光圈：F5.6 ┊ 快门速度：1/1600s ┊ 感光度：ISO100）

## 局部测光(佳能 ⬡)

局部测光的测光区域约占画面的7.7%。当主体占据画面的位置较小，又希望获得准确的曝光时，可以尝试使用该测光模式。

拍摄中景人像时常用这种测光模式，因为人物在画面中所占的面积相对较大，因此更适合于使用测光区域更大一些的局部测光，而不是中央重点平均测光。

摄影问答 **测光需要半按快门吗**

测光是由相机自动完成的工作，只要相机处于被激活状态，就会随时进行测光，并更新曝光组合（除了在手动模式下），而通常所说的"半按快门进行测光"，实际上只是为了保证相机处于激活状态，以进行测光。

摄影问答 **适用点测光的场景有哪些**

■ 明暗对比强烈的风光摄影。

■ 逆光条件下的动、植物和商品摄影。

摄影问答 **适用局部测光的场景有哪些**

■ 明暗对比强烈的风光。

■ 逆光下的动植物。

■ 逆光下的人像。

◀ 针对花卉进行局部测光，可以确保花卉的曝光正确，背景则因曝光不足，损失很多细节，反而突出表现了花的主体（焦距：200mm ┊ 光圈：F3.5 ┊ 快门速度：1/1000s ┊ 感光度：ISO100）

# 包围曝光

包围曝光是一种使用不同曝光组合连续拍摄3张照片的方法，使用这种拍摄技术可以提高获得正确曝光照片的几率。在开启自动包围曝光功能后，相机将会按照设置好的曝光量连拍3张。如果设定的曝光补偿值是0.3，那么所拍摄的3张照片曝光值分别是：第1张为−0.3挡曝光补偿；第2张为正常曝光；第3张为+0.3挡曝光补偿。在相机菜单中可以设置拍摄时的曝光顺序，即可以是曝光正常、曝光不足、曝光过度，也可以是曝光不足、曝光正常、曝光过度。

在拍摄大光比的风光摄影作品，例如日出日落场景时，如果没有把握通过设置光圈、快门速度、白平衡等参数获得准确的曝光，就应该使用包围曝光的手法一次性拍摄出3张不同曝光组合的照片，最后从中选择出令人满意的照片。

另外，在拍摄需要使用中灰镜降低天空与地面反差的场景时，也可以利用包围曝光的技术手段，从3张照片中选择天空曝光准确的照片与地面曝光准确的照片，然后通过后期处理技术将其合成为一张完美的照片。

**操作方法** Nikon D7200包围曝光设置

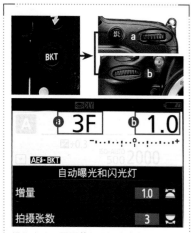

操作方法：要调整包围曝光参数，默认情况下，按下**BKT**按钮，转动主指令拨盘可以调整拍摄的张数 **ⓐ**；转动副指令拨盘可以调整包围曝光的范围 **ⓑ**。

**操作方法** Canon EOS 70D包围曝光设置

操作方法：按下 **Q** 按钮显示速控屏幕，点击选择曝光量指示标尺，点击▶或◀图标或转动主拨盘可设置自动包围曝光的范围。

↑ 在光线转瞬即逝的环境中拍摄时，如果不能确定拍摄效果，又怕错失良机，可以利用包围曝光模式进行拍摄，再从中选取曝光合适的画面

# 锁定曝光

　　若想锁定被摄体在某种拍摄环境下的测光数据，就需要使用到相机上一个很重要的部件——曝光锁，这样有利于我们在复杂的光线条件下获得准确的曝光。例如，在拍摄剪影画面时，可对准画面较亮的位置测光，锁定曝光后，再重新构图进行拍摄，一般都能使画面获得准确曝光。

　　使用曝光锁可以避免重新构图时受到新光线的干扰而影响画面效果，常用于逆光风景照的拍摄，也适用于点测光场合。

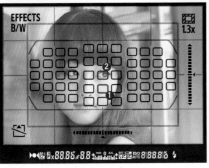

↑ Nikon D7200 的对焦屏

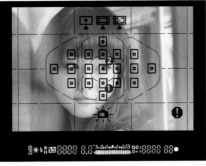

↑ Canon EOS 70D 的对焦屏

**拍摄技巧** 锁定曝光的设置方法

　　按下尼康相机上的 AE-L/AF-L 按钮，默认情况下，可以同时锁定对焦及测光数据。若想改变锁定的对象，如仅锁定曝光或仅锁定对焦等，可重新指定此按钮的功能。

　　佳能相机可以按下机身上的自动曝光锁按钮✱，即可锁定当前的曝光。

---

**操作方法** Nikon D7200曝光锁定设置

操作方法：按下AE-L/AF-L按钮即可锁定曝光和对焦数据。

---

**操作方法** Canon EOS 70D曝光锁定设置

操作方法：按下自动曝光锁按钮，即可锁定当前的曝光数据。

---

◄ 在拍摄此照片时，先是对位置❶人物面部半按快门进行测光，然后释放快门并按下✱或AE-L/AF-L按钮锁定曝光，然后重新对位置❷人物的眼睛进行对焦并拍摄，从而得到正确曝光的画面

# 轻松选择对焦模式

## 单次自动对焦

风光摄影的对象大多是静止的景象，所以通常选择单次对焦，进行单次对焦时，半按相机快门，相机开始对焦，相机蜂鸣器响起，提示对焦完成；完全按下快门，即可得到一张对焦清晰的照片。

尼康的单次伺服自动对焦标志为AF-S，佳能的单次自动对焦对焦标志为ONE SHOT。

**操作方法** Nikon D7200自动对焦设置

操作方法：按下**AF**模式按钮，然后转动主指令拨盘，可以在3种自动对焦模式之间切换。

**操作方法** Canon EOS 70D自动对焦设置

操作方法：将镜头上的对焦模式开关设置于AF挡，按下机身上的**AF**按钮，然后转动主拨盘或速控拨盘，可以在3种自动对焦模式之间切换。

➡ 单次伺服自动对焦模式很适合用来拍摄摆拍的人物，可以获得准确清晰的画面（焦距：200mm；光圈：F4；快门速度：1/250s；感光度：ISO100）

## 连续自动对焦

选择连续自动对焦模式，在合焦后，保持半按快门状态，相机会在对焦点中自动切换以保持对运动对象的准确合焦状态，如果在这个过程中发生较大的变化，相机会自动做出调整。

在风光摄影中，连续自动对焦模式的应用很少，但如果在拍摄时遇到一些小动物或飞鸟时，使用此模式较利于适合拍摄对象的运动变化，进而得到准确的对焦。

尼康的连续伺服自动对焦标志为AF-C，佳能的人工智能伺服自动对焦标志为AI SERVO。

↑ 拍摄捕食中的水鸟时可使用连续伺服自动对焦模式，即使水鸟一直在运动的，也可以将其清晰拍摄下来（焦距：270mm｜光圈：F5.6｜快门速度：1/1250s｜感光度：ISO400）

## 自动对焦

适用于无法确定拍摄对象是静止或运动状态的情况。此时相机自动根据拍摄对象是否运动来选择是单次对焦还是连续对焦。

尼康的自动伺服自动对焦标志为AF-A，佳能的人工智能自动对焦标志为AI FOCUS。

**摄影问答　AF（自动对焦）不工作怎么办**

首先要检查镜头上的对焦模式开关。如果将镜头上的对焦模式开关设置为<MF>（尼康为"M"），将不能自动对焦，此时将镜头（相机）上的对焦模式开关设置为<AF>即可。另外，还要确保稳妥地安装了镜头，如果没有稳妥地安装镜头，则有可能无法正确对焦。

**摄影问答　图像模糊，不聚焦或锐度较低怎么办**

出现这种情况时，可以从以下3方面进行检查：

1.按快门按钮时相机是否发生了移动？按快门按钮时要确保相机保持稳定，尤其是在拍摄夜景或在黑暗的环境中拍摄时，快门速度应高于正常拍摄条件下的快门速度。尽量使用三脚架或遥控器，以确保拍摄时相机保持稳定。

2.镜头和主体之间的距离是否超出了相机的对焦范围？如果超出了范围应该调整主体和镜头之间的距离。

3.取景器的自动对焦点是否覆盖了主体？相机会对焦取景器中自动对焦点覆盖的主体。如果因为所处位置使自动对焦点无法覆盖主体，可以手选对焦点进行拍摄。

← 拍摄动静不定的蝴蝶时，采用自动伺服自动对焦模式，可以获得焦点清晰的画面（焦距：200mm｜光圈：F3.5｜快门速度：1/320s｜感光度：ISO100）

## 手动对焦

有些拍摄环境由于被摄主体处于杂乱的环境中，或者画面属于高对比、低反差，自动对焦往往无法满足需要，这时可以使用手动对焦功能。但由于摄影师的拍摄经验不同，拍摄的成功率也有极大的差别。

在夜景摄影中，若环境中的光线太弱，以致无法对焦，此时就需要手动进行对焦，为了提高对焦的精准度，还可以开启实时显示功能以便于准确观察对焦结果。

**操作方法** Nikon D7200手动对焦设置

操作方法：在机身上将AF按钮扳动至M位置，即可切换至手动对焦模式。

**操作方法** Canon EOS 70D手动对焦设置

操作方法：将镜头上的对焦模式切换器设为MF，即可切换至手动对焦模式。

**知识链接** 适用于手动对焦的情况

■ 画面主体处于杂乱的环境中，如杂草后面的花朵。

■ 画面属于高对比、低反差的画面，例如拍摄日出、日落。

■ 在弱光环境下进行拍摄，例如拍摄夜景、星空。

■ 距离太近的题材，例如微距拍摄昆虫、花卉等。

■ 主体被其他景物覆盖，例如拍摄动物园笼子里面的动物、鸟笼中的鸟等。

■ 对比度很低的景物，例如拍摄蓝天、墙壁。

■ 距离较近且相似程度又很高的题材，例如旧照翻拍等。

↑ 由于微距镜头的景深非常小，为了避免跑焦使用了手动模式，得到焦点清晰的画面（焦距：100mm ┆ 光圈：F6.3 ┆ 快门速度：1/250s ┆ 感光度：ISO100）

↑ 由于手动对焦更精准，所以摄影师可以根据对画面的理解及表现，有选择地针对蜜蜂对焦，以表现主体与陪体的不同之处（焦距：200mm ┆ 光圈：F4 ┆ 快门速度：1/320s ┆ 感光度：ISO200）

# 白平衡

简单来说，白平衡的作用是让相机对拍摄环境中不同的光线和色温造成的色偏进行修正，准确地还原被摄物的真实色彩，通常情况下，数码单反相机中都带有预设白平衡、手调色温以及自定义白平衡等几种设置方式。

## 预设白平衡

相机常见的白平衡模式有自动模式、日光模式、阴天模式、钨丝灯模式和荧光灯模式等，用户可以根据拍摄时光源的种类进行选择。

在一般情况下，使用自动白平衡模式就可以获得不错的效果。如果是在特殊的光线条件下，自动白平衡模式不够准确，此时，应根据不同光线条件来选择不同的白平衡模式。

↑ 阴天（佳能）/（尼康）白平衡：阴天白平衡的色温值为6000K，适用于在云层较厚的天气，或阴天的环境下。

↑ 日光（佳能）/晴天（尼康）白平衡：其色温值为5200K，适用于空气较为通透或天空有少量薄云的晴天。

↑ 阴影（佳能）/背阴（尼康）白平衡：其色温值为7000K，在晴天天气的阴影中拍摄时，如大树的阴影，由于其色温较高，使用阴影白平衡模式可以获得较好的色彩还原结果。

↑ 使用闪光灯（佳能）/闪光灯（尼康）白平衡：其色温值为6000K，此白平衡针对以闪光灯为主的光源拍摄，能够起到较好的色彩还原结果。

↑ 钨丝灯（佳能）/白炽灯（尼康）白平衡：其色温为3200K。适合拍摄与其对等的色温条件下的场景，而拍摄其他场景会使画面色调偏蓝，严重影响色彩还原。

↑ 白色荧光灯（佳能）/荧光灯（尼康）白平衡：其色温值为4000K，色彩偏红，如果拍摄暖调照片，这种模式最合适不过了。但在晴天下使用该模式拍摄效果则相反。

**操作方法** Nikon D7200白平衡设置

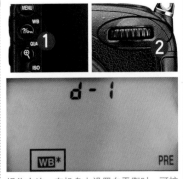

操作方法：在机身上设置白平衡时，可按下 ?/◌▦（WB）按钮，然后转动主指令拨盘，即可选择不同的白平衡模式。

**操作方法** Canon EOS 70D白平衡设置

操作方法：按 Q 键并使用多功能控制钮选择白平衡，转动主拨盘 ◠◠ 以选择不同的白平衡模式。

**知识链接** 了解气氛优先白平衡

在 Canon EOS 5Dsʀ 相机中，提供了自动（氛围优先）和自动（白色优先）两种自动白平衡模式。使用自动（氛围优先）时，可在拍摄钨丝灯场景时增加画面暖调，突出灯光气氛；选择自动（白色优先）时，可以减少画面暖调，还原白色。

在最新推出的 Nikon D810/D750 相机中，也提供了两种自动白平衡模式，其中"AUTO 2保留暖色调颜色"自动白平衡模式能够较好地表现出白炽灯下拍摄的效果，即在照片中保留灯光下的红色色调，从而拍出具有温暖氛围的照片；而"AUTO 1标准"自动白平衡模式可以抑制灯光中的红色，准确地再现白色。

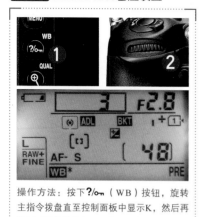

操作方法：按下 **?/o-n**（WB）按钮，旋转主指令拨盘直至控制面板中显示K，然后再旋转副指令拨盘即可调整色温值。

操作方法：按Q键并使用多功能控制钮选择白平衡，转动主拨盘以选择色温。

这是色彩学的一个现象。饱和度高的时候通常色明度会比较小；而色彩明度高的时候饱和度要低一些。阴天没有强烈的直射光，所以物体表面的强烈反光没有了，所以色彩明度比较低，但是物体表面的漫射比较柔和，所以饱和度比较高，但是你一定也发现了，阴天的明暗反差很小，体感不如晴天好。

→ 设置了较高的色温，得到偏冷的画面效果，将雪天寒冷的感觉表现得很好（焦距：170mm；光圈：F16；快门速度：1/320s；感光度：ISO200）

## 手调色温

手调色温是指根据拍摄环境的特点，手动调整相机的色温，当选择预设白平衡不能够满足还原现场真实光照效果时，除了可以使用自定义白平衡方法外，如果对色温较为熟悉，也可通过手调色温的方法来选择精确的色温值，以准确地还原拍摄现场的光照效果。佳能相机提供了2500～10000K的调整范围，用户可以根据实际色温进行精确的调整。

例如，在预设白平衡不可能选择代表色温4170K或3230K的白平衡时，使用手调色温即可以轻松地调整出这样的色温值。

| 常见对象色温一览表 | | | |
|---|---|---|---|
| 蜡烛及火光 | 1900K以下 | 晴天中午太阳 | 5400K |
| 朝阳及夕阳 | 2000K | 普通日光灯 | 4500～6000K |
| 家用钨丝灯 | 2900K | 阴天 | 6000K以上 |
| 日出后一小时阳光 | 3500K | HMI灯 | 5600K |
| 摄影用钨丝灯 | 3200K | 晴天时的阴影下 | 6000～7000K |
| 早晨及午后阳光 | 4300K | 水银灯 | 5800K |
| 摄影用石英灯 | 3200K | 雪地 | 7000～8500K |
| 平常白昼 | 5000～6000K | 电视荧光幕 | 5500～8000K |
| 220V 日光灯 | 3500～4000K | 蓝天无云的天空 | 10000K以上 |

↑ 使用色温最高的白炽灯预设白平衡（色温约为2850K），得到的蓝调效果还不够纯粹

↑ 通过手动调整色温至最高的2500，得到的蓝调更加清澈

# 利用自定义白平衡还原正确的色彩

自定义白平衡模式是各种白平衡模式中最精准的一种，是指在现场光照条件下拍摄纯白的物体，并通过设置使相机以此白色物体为标准来定义白色，从而使其他颜色都据此发生偏移，最终实现精准的色彩还原。

例如在室内使用恒亮光源拍摄人像或静物时，由于光源本身都会带有一定的色温倾向，因此，为了保证拍出的照片能够准确地还原色彩，此时就可以通过自定义白平衡的方法进行拍摄。

### 佳能EOS 70D的自定义白平衡设置

① 在镜头上将对焦方式切换至MF（手动对焦）方式。

② 找到一个白色物体，然后半按快门对白色物体进行测光（此时无须顾虑是否对焦的问题），且要保证白色物体应充满中央的点测光圆（即中央对焦点所在位置的周围），然后按下快门拍摄一张照片。

③ 在"拍摄菜单3"中选择"自定义白平衡"选项。

④ 此时将要求选择一幅图像作为自定义的依据，选择第②步拍摄的照片并确定即可。

⑤ 要使用自定义的白平衡，可以按下机身上的**WB**按钮，然后在液晶显示屏中选择▣▲（用户自定义）选项。

---

**提示**

在实际拍摄时灵活运用自定义白平衡功能，可以使拍摄效果更自然，这要比使用滤色镜获得的效果更自然，操作也更方便。但值得注意的是，当曝光不足或曝光过度时，使用自定义白平衡可能无法获得正确的白平衡。在实际拍摄时可以使用18%灰度卡（市面有售）取代白色物体，这样可以更精确地设置白平衡。

---

↑ 由于室内灯光颜色偏暖，使用自定义白平衡在室内可拍出颜色正常的画面（焦距：50mm │ 光圈：F7.1 │ 快门速度：1/250s │ 感光度：ISO100）

**操作步骤** Canon EOS 70D设置自定义白平衡

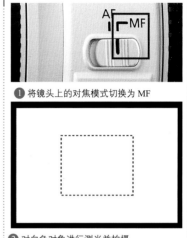

① 将镜头上的对焦模式切换为 MF

② 对白色对象进行测光并拍摄

③ 在**拍摄菜单 3** 中选择**自定义白平衡**选项

④ 选择第 ② 步拍摄的照片后，点击 SET 图标，在出现的对话框中点击 ■确定■ 图标，数据将被导入

⑤ 选择用户自定义图标▣▲

Nikon D7200自定义白平衡设置

❶ 切换至手动对焦模式

❷ 切换至自定义白平衡模式

❸ 按住**?/o̅ー**（WB）按钮

## 提示

　　要注意的是，当曝光不足或曝光过度时，使用自定义白平衡可能会无法获得正确的色彩还原。此时控制面板与取景器中将显示**no Gd**字样，半按快门按钮可返回步骤❹并再次测量白平衡。在实际拍摄时可以使用18%灰度卡（市面有售）取代白色物体，这样可以更精确地设置白平衡。

## 尼康D7200的自定义白平衡设置

Nikon D7200通过拍摄的方式来自定义白平衡的方法如下：

❶ 按下**?/o̅ー**（WB）按钮，然后转动主指令拨盘选择自定义白平衡模式PRE。旋转副指令拨盘直至控制面板中显示所需白平衡预设，如此处选择的是d–1。

❷ 短暂释放**?/o̅ー**（WB）按钮，然后按下该按钮直至控制面板中的PRE图标开始闪烁，此时即表示可以进行自定义白平衡操作了。

❸ 在机身上将对焦模式开关切换至M（手动对焦）方式。

❹ 找到一个白色物体，在指示图标停止闪烁前，将相机对准白色物体并使其充满取景器，然后按下快门拍摄一张照片。

❺ 拍摄完成后，控制面板中将显示Good字样，表示自定义白平衡已经完成，且已经被应用于相机。

↑ 阴天拍摄人像的时候，使用自定义白平衡纠正色温过高的现象，得到颜色正常的画面（焦距：200mm；光圈：F3.2；快门速度：1/250s；感光度：ISO800）

## 白平衡偏移/微调

白平衡偏移是指在当前所选的预设或自定义白平衡的基础上，进行一定的色彩偏移设置，通常包括B、A、M和G等4种色彩偏移方向，B代表蓝色，A代表琥珀色，M代表洋红色，G代表绿色。

正常

增加6格B（蓝色）偏移

增加6格A（琥珀色）偏移

操作步骤 Nikon D7200微调白平衡设置

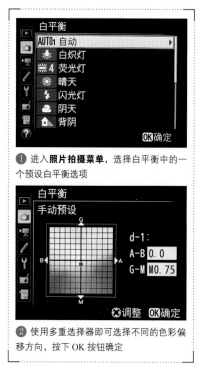

❶ 进入**照片拍摄菜单**，选择白平衡中的一个预设白平衡选项

❷ 使用多重选择器即可选择不同的色彩偏移方向，按下OK按钮确定

操作步骤 Canon EOS 70D白平衡偏移设置

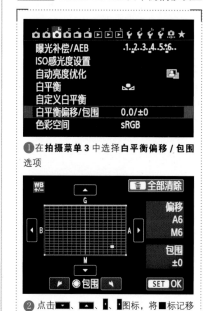

❶ 在**拍摄菜单3**中选择**白平衡偏移/包围**选项

❷ 点击 ◼、▲、◀、▶ 图标，将◼标记移至所需位置，在屏幕的右上方，显示白平衡偏移的方向和矫正量，点击删除图标 🗑 可清除所有白平衡偏移/包围设置，点击 SET OK 图标可退出设置并返回上一级菜单

## 设置白平衡包围

"白平衡包围"是一种类似于"自动包围曝光"的功能，通过设置相关参数，只需要按下一次快门即可拍摄3张不同色彩倾向的照片。使用此功能可以实现多拍优选的目的。

设置白平衡包围后，在实际拍摄时，将按照标准、蓝色（B）、琥珀色（A）或标准、洋红（M）、绿色（G）的顺序拍摄出3张不同色彩倾向的照片。

**操作步骤** Nikon D7200白平衡包围设置

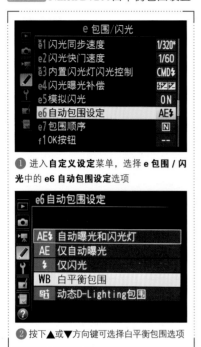

① 进入**自定义设定**菜单，选择**e 包围 / 闪光**中的**e6 自动包围设定**选项

② 按下▲或▼方向键可选择白平衡包围选项

**操作步骤** Canon EOS 70D白平衡包围设置

① 在**拍摄菜单 3** 中选择**白平衡偏移 / 包围**选项

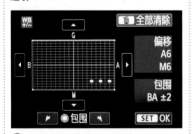

② 转动速控转盘○，屏幕上的■标记将变为■ ■ ■。点击▶图标可设置蓝色 / 琥珀色包围曝光，点击◀图标可设置洋红色 / 绿色包围曝光。在屏幕的右侧，显示包围曝光方向和包围曝光量。按下删除按钮而将消除所有白平衡偏移 / 包围设置，按下 SET 按钮将退出设置界面并返回上一级菜单

↑ 利用白平衡包围模式得到 3 张不同效果的夕阳照片（焦距：20mm ┊ 光圈：F9 ┊ 快门速度：1/50s ┊ 感光度：ISO100）

掌握摄影必备的各种硬件

Chapter 02

# 定焦与变焦镜头各有千秋

单反镜头分为定焦镜头和变焦镜头两种，它们之间的区别就是焦距是否可变。顾名思义，定焦镜头没有变焦功能，而变焦镜头可以在一定的焦距范围内调节焦距。所以相对变焦镜头而言，定焦镜头的设计要简单得多，其镜头通常具有对焦速度快、成像质量稳定、画面也更细腻的特点。但定焦镜头对构图有一定的局限性，所以在拍摄距离不是很受限制的风景照时比较实用。由于定焦镜头需要频繁地更换镜头，因此想要快速变换景别，或拍摄不断运动的人像，是不推荐使用定焦镜头的。

变焦镜头拥有一定的焦距范围，可以在一定的焦距范围内进行调节，方便构图。其优点是机动性高，一支镜头可以覆盖多支定焦镜头的焦距，因此性价比更高。同样，其缺点也是非常明显的，由于光学结构更为复杂，因此在最大光圈上仅能达到F2.8，远少于定焦镜头常见的F1.8、F1.4甚至F1.2等，而且在成像质量上也逊于定焦镜头。

**拍摄技巧** 让镜头更长寿的技巧

■ 安装 UV 镜。

要保护好镜头，首先应该为其配备一块 UV 镜，以保护镜头前端的镜片免受划伤或落灰等问题。优质的 UV 镜可以避免可能存在的色差问题，但价格也比较贵一些，如果要求不高，配备一块普通的 UV 镜就可以了，价格也就是数十元而已。要注意的是，18～105mm 镜头的口径是 67mm，因此应该购买与之口径相匹配的 UV 镜。

■ 尽量避免反复拆装镜头。

大部分镜头都是塑料接口的，经常拆装镜头可能会造成接口的损伤，即使是金属接口的反复拆装也会让镜头及相机进灰，因此，建议尽可能避免，尤其是在户外、有灰尘的地方拆装镜头。

■ 平时尽可能将镜头焦距调整为广角端。

如果是变焦镜头，当我们改变焦距时，尤其是切换至长焦端时，伸出的镜筒长时间暴露在户外时，尤其是灰尘较多的情况下，较容易通过镜筒之间的小缝隙进灰尘——尽管这样的缝隙我们肉眼根本看不见，但积少成多，当我们看到镜头中存在灰尘时，就已经影响成像质量了。

■ 不要强力拧动镜头。

在拍摄时，常常会有需要迅速从广角拧动到长焦端（或相反）的操作，此时，应尽量避免快速、强力的拧动。否则长此下去，镜头的变焦阻尼会变得越来越小，甚至当镜头朝下时，可能会出现自动滑出的问题。同时，这样做对镜头本身也是不小的损害，在操作时应特别注意。

另外，在可能的情况下，尽可能在从长焦变为广角时，再将镜头朝上拧动，而在从广角切换至长焦端时，则再朝下拧动镜头，这样可以有效利用重力，减少切换时的阻尼，进而提高变焦组件的使用寿命。

➡ 定焦镜头成像质量好，拍摄出来的画面比较细腻（焦距：50mm；光圈：F1.8；快门速度：1/400s；感光度：ISO100）

变焦镜头为拍摄提供了极大的便利，尤其是外出拍摄风景照时，一支变焦镜头可以在不改变拍摄位置的情况下，拍摄到各种景别的画面，使用起来非常便利。

在拍摄人像时，变焦镜头可以站在原地捕捉到不同景别的画面，尤其适合拍摄被摄对象处于动静不定的情况下，如体育摄影、儿童摄影等。此外，变焦镜头可以灵活变换景别，使拍摄的照片内容更丰富，观者在欣赏照片时，也可以获得不同的视觉体验。

↑（焦距：35mm │光圈：F4 │快门速度：1/640s │感光度：ISO100）

↑（焦距：85mm │光圈：F4 │快门速度：1/800s │感光度：ISO100）

↑（焦距：135mm │光圈：F4 │快门速度：1/800s │感光度：ISO100）

上面展示的一组照片是使用腾龙 AF 18–270mm F3.5~6.3 Di Ⅱ VC LD [IF] MACRO镜头所拍摄的，此镜头提供了从广角18mm端到长焦270mm端的超广焦距范围，因此可以在不改变拍摄位置的情况下，轻松获得全景、中景、近景直至特写等不同景别的画面。

**知识链接 使用变焦镜头的6条经验**

1.利用长焦距测光：先使用长焦距对确定为曝光基准的位置进行对焦并测光，然后锁定曝光再改变焦距进行拍摄，其好处就在于，通过长焦距将拍摄对象中作为曝光基准的位置放大，从而获得更精确的测光结果。

2.保持距离，防止变形：在使用变焦镜头的广角一端拍摄时，要注意与被摄体保持适当的距离，以免造成被摄体变形，除非有意为之。

3.熟悉变焦镜头的操作：对刚刚购买新镜头的摄影爱好者来说，要熟悉及牢记变焦的前后方向和对焦的左右位置，避免在精确对焦之后变焦时微稍转动变焦环而影响清晰度。

4.适当运用支撑物：注意所用镜头的安全快门，即焦距的倒数，当低于安全快门时，应寻找一个比较稳定的支撑物，有条件的话最好使用三脚架，以保证拍摄时的稳定性。

5.选择合适的遮光罩：变焦镜头的光学结构更加复杂，因此相比定焦镜头更容易产生光晕，因此一个合适的遮光罩是少不了的。还需要注意的是，广角镜头或长焦镜头，它们所使用的遮光罩是完全不同的，一定要配备专用的遮光罩才能保证有用，以避免画面出现暗角或遮光罩无效的问题。

6.控制画面深度：用一个变焦镜头在离被摄体 2m 处用 60mm 焦距拍摄，与在离被摄体 10m 远处用 300mm 焦距拍摄，所得照片中的被摄体影像是一样大小的，所不同的是两张照片画面深度不同。用 60mm 焦距拍摄的照片，其背景有深度和空间感；而用 300mm 焦距拍摄的，给人的感觉是景物被压缩了，被摄体与景物似乎被"拉近"了，因此在拍摄时，应根据需要选择合适的焦距。

**学习视频 技与道同样重要**

# 认识不同焦段的镜头

## 长焦镜头

长焦镜头分为中长焦镜头和超长焦镜头两种。中长焦镜头的焦距长度接近标准镜头，而超长焦镜头的焦距却远远大于标准镜头。以全画幅单反相机为例，镜头焦距为135~300mm的摄影镜头称为中长焦镜头，300mm以上的镜头称为超长焦镜头。风光摄影中长焦镜头常用来拍摄远处的鸟儿、树木、建筑、溪流等题材的局部特写。

用长焦镜头拍摄人像，可以获得非常漂亮的背景虚化效果，使人物和背景清晰地分离。但是长焦镜头在拍摄人像时，需要的场地非常大，距离模特也比较远，不利于及时沟通，拍摄的气氛难以调动起来。

**摄影问答** 用广角或长焦镜头拍摄时，有什么取景的诀窍

由于长焦镜头能加强雾的厚重感。不论是置身于茫茫雾海之中，还是拍摄连绵的雾带，这在镜头选择上是有所不同的。置身于茫茫雾海之中时，建议选用广角镜头抵近被摄体拍摄。因为距离较远拍摄的话，被摄体会因为雾气变得模糊，照片整体都会变得朦朦胧胧。而抵近拍摄时，主题鲜明，朦胧的背景正好起到烘托作用。相反，长焦镜头所能表现的，正是伸向远方的连绵的场景。这时，若用广角镜头拍摄，雾气就会给人以弱不禁风的印象了。

若能运用长焦的透视压缩效果来突出雾的厚重感是最理想的了。在选择拍摄位置时，应尽量使镜头对准雾显得浓重的方向拍摄。例如，在拍摄河上的雾时，比起镜头从岸上朝河面拍摄来，使镜头处于与河流流向平行的朝向拍摄，更能表现出雾的厚重感来。

**摄影问答** 佳能镜头的IS中有几个防抖模式，它们有什么区别

有些佳能镜头具有两个防抖模式，其中，"模式1"是假定被摄对象是静止的，防抖功能通过镜头内部光轴补偿光学元件的运动，对上、下、左、右任何方向的抖动进行补偿。"模式2"是为了进行追随拍摄而设置的，在移动镜头拍摄时，如果在一定时间内持续发生较大的抖动，则在此方向上的抖动补偿将自动停止，这样取景器内的图像也会变得稳定。此外，在水平方向进行追随拍摄时，不补偿水平方向的抖动，只有在垂直方向持续进行补偿，从而消除垂直方向上产生的抖动影响，这个模式的优点在于没有进行多余的补偿，使防抖功能能够更好地符合拍摄者的意图。

➡ 使用长焦镜头拍摄外景中的人像，由于长焦镜头特有的压缩效果，使景深变小，在杂乱的环境中突出了模特主体（焦距：200mm ┊光圈：F3.5 ┊快门速度：1/500s ┊感光度：ISO100）

## 广角镜头

广角镜头的视角较大，所以视野宽阔，能使画面产生较强的透视效果，并且善于夸张前景和表现景物的远近感，从而增强画面的感染力。普通广角镜头的焦距一般为24~35mm，超广角镜头的焦距为13~20mm。

对于广角镜头来说，比较适合于表现视野更广的户外风光和建筑等需要纳入更多画面元素的拍摄题材。

使用广角镜头拍摄人像，最大的特点就是可以拍摄广阔的环境，具有将距离感夸张化、对焦范围广、景深范围大的特点，使用这种镜头即使在狭小的场景或者是拥挤的环境中照样能够运用自如。

在构图时，尽量融入一些引导视觉的元素，用构图的方法将观众的视线引导到画面中的人物主体上。这样既可以增加人物背景的纵深感，又能保证被摄人物的前后景物都能够清晰呈现。

**知识链接 广角镜头的使用注意事项**

广角镜头虽然在画面表现方面非常有特色，但也存在一些缺陷，因此在使用时要多加注意。

■ 边角模糊：对于广角镜头，特别是广角变焦镜头而言，最常见的问题是照片四角模糊。这是由镜头的结构导致的，因此这种现象较为普遍，尤其是使用F2.8、F4这样的大光圈时。廉价广角镜头中这种现象尤为严重。

■ 暗角：由于进入广角镜头的光线是以倾斜的角度进入的，而此时光圈的开口不再是一个圆形，而是类似于椭圆的形状，因此照片的四角会出现变暗的情况，如果缩小光圈，则可以减弱这种现象。

■ 桶形失真：在使用广角镜头拍摄的照片中，除中心以外的直线将呈现向外弯曲的形状（好似一个桶的形状），这种变形在拍摄人像、建筑等题材时，会导致所拍摄出来的照片失真。

**学习视频 多听前人的话**

◤ 使用超广角镜头拍湖边暮色，天边的晚霞与脚下的水草均能够在画面中清晰地呈现，整个画面的格局开阔、色彩丰富（焦距：17mm ┊ 光圈：F9 ┊ 快门速度：3s ┊ 感光度：ISO100）

摄影问答 **是否真正需要防抖镜头**

同样焦段与光圈大小的镜头，有防抖功能的镜头比没有防抖功能的镜头价格高不少，因此许多摄友在选购镜头时，都会问一个问题，自己是否真正需要防抖镜头？

通过正文的讲解可知，镜头的防抖功能实际上就是以镜片的移动抵消手持相机时镜头发生的轻微抖动，因此，如果在拍摄时镜头没有发生抖动，则防抖功能就不再有用武之地了。

因此，如果在拍摄时一贯使用三脚架，或手臂力量较大，能坚持长时间稳定持机，则无须购买有防抖功能的镜头。

此外，如果始终在明亮的光线下拍摄，也不需要防抖镜头，因为在这样的光线下拍摄，快门速度往往能够达到1/500s以上，这样的快门速度足以抵消由于镜头微抖给画面带来的不利影响。

摄影问答 **防抖的作用究竟有多大**

通过一个简单的拍摄实例，可以直观地感受到防抖功能的功效。当以手持相机的方式使用200mm的长焦镜头拍摄远处的景物时，安全快门通常是1/200s，如果在拍摄时使用的快门速度低于此快门速度，则拍摄后得到的照片就可能是模糊的。

但如果开启了镜头的防抖功能，就能够以较低的快门速度进行拍摄。

经验证明，在开启佳能镜头的防抖功能后，能够以低于安全快门3~4挡的快门速度进行拍摄，换言之，即使快门速度为1/25s，则仍然能够保证所拍摄出来的照片是清晰的。

由此可见，开启防抖功能可以大幅度提高摄影师在弱光环境中出片的成功率。

## 中焦镜头

标准镜头是视角为50°左右的镜头总称。其焦距一般为40~55mm，是所有镜头中最基本的一种摄影镜头。由于标准镜头最接近人眼的视觉习惯，所以标准镜头能给人以纪实性的视觉效果，并且所表现的视觉效果有一种自然的亲近感。

一般在普通风景摄影场合使用较多，如身边的花卉、建筑细节等都可以用中焦镜头拍摄。

在该焦段下，画面的畸变和透视几乎可以忽略不计，因此对于恰到好处地拍摄人像有着非常积极的作用。另一个重要原因就在于，在85mm左右的焦距下，模特与摄影师之间的距离适中，不会影响沟通交流。

➤ 利用中焦镜头可以使背景有良好的虚化，从而更好地突出主体（焦距：50mm ┊ 光圈：F2.5 ┊ 快门速度：1/125s ┊ 感光度：ISO100）

## 鱼眼镜头

鱼眼镜头是指焦距在16mm 以内，并且视角在180°左右的短焦距超广角镜头。由于具有较大的视角，所以使用鱼眼镜头拍摄的画面除了中心的景物保持不变外，其他本应水平或垂直的景物都发生了相应的变化，鱼眼镜头常用来表现各种夸张的风景题材。

在人像摄影中，用鱼眼镜头拍出来的照片往往变形夸张，非常适合年轻人用来拍摄创意、新潮的摄影作品。

↑ 鱼眼镜头可使画面产生强烈的变形，得到夸张的画面效果

## 移轴镜头

移轴镜头可以通过转动镜头的旋钮或转环，使镜头前端上下左右移动，能有效地消除由相机角度造成的变形。不过移轴镜头的价格十分昂贵，对于大多数普通摄影爱好者来说，不推荐购买。

**摄影问答** 更换镜头时避免进灰的技巧

更换镜头时要保持镜头卡口面朝地板，这样就能避免空气中的灰尘和颗粒从上面飘落进相机卡口。

---

**摄影问答** 什么叫变焦比

英文全称为"Zoom Ratio"，表示变焦镜头的焦距变化范围。例如，EF 24-105mm F4 L IS USM 镜头的变焦比为 4.4，EF 24-70mm F2.8 L USM 镜头的变焦比约为 3。通常，镜头的变焦比越大使用越方便，但其内部结构更复杂，最大光圈就越小，且镜头的分辨率等光学性能也越低。

**摄影问答** 如何从兼容与保值角度看"原厂"和"副厂"镜头

原厂镜头的性能指标都是根据厂家生产的机身设计的，在硬件和软件上不存在兼容性问题，即使有了问题，通过固件升级也可以得到解决。另外，现在很多相机生产厂家都会用自家的后期图像处理软件校正镜头的变形、色差等不足，这样可以有效地降低镜头的生产成本。原厂镜头的数据信息可以被很好地识别、利用，而使用副厂镜头的话则有一定的障碍。

购买诸如腾龙、适马、图丽等副厂镜头的原因是其价钱便宜，但考虑到存在诸如软件兼容性差、使用一段时间后易坏、维修不便、二手货处理时不太保值等问题，因此从兼容与保值角度看，购买原厂镜头比购买副厂镜头更好一些。

← 使用45mm移轴镜头拍摄的照片，通过适当的调整，得到的画面中没有透视变形的现象（焦距：45mm ┊光圈：F16 ┊快门速度：1/200s ┊感光度：ISO200）

镜头的"最大放大倍率"是什么

镜头的"最大放大倍率"是表示镜头微距拍摄能力高低的数值,指拍摄对象通过镜头在感光元件上成像时,最大成像大小与拍摄对象大小的比值,在镜头的说明书中,它与"最近对焦距离"一起列出,它们都显示了相机的微距拍摄能力。如果拍摄对象的实际大小与在感光元件上成像的大小完全相同,放大倍率就是一倍(也称为等倍)。

如果在感光元件上成像的大小缩小到一半,称为1/2。如果缩小到1/4,就称为1/4倍。

反之,如果在感光元件上成像更大,放大倍率则称为2倍、4倍等。即使是可以近距离对焦拍摄的微距镜头,最大放大倍率通常也仅止于一倍(等倍)。仅有少数特殊镜头能够用一倍以上的放大倍率拍摄。最近对焦距离是从感光元件表面开始计算的,而不是从镜头的最前端开始计算。

知识链接 微距摄影推荐镜头

尼康 AF-S 微距尼克尔 60mm F2.8 G ED 及腾龙 SP AF 90mm F2.8 Di MACRO1:1(Model 272E)微距镜头,使用它们进行拍摄,可以获得 1:1 的放大倍率,从而拍摄得到非常丰富的画面细节。

此外,我们也可以使用一些长焦或大光圈的定焦镜头进行拍摄,它们虽然无法达到 1:1 的放大倍率,获得拍摄对象更多的细节表现,但长焦镜头可以将对象拍得更大,而定焦镜头的大光圈可以让画面的景深更浅,这些都有利于突出主体,因此也用于一些大型拍摄对象的微距摄影,如拍摄蝴蝶、花朵等。

## 微距镜头

微距镜头大多是定焦镜头,拥有极短的最近对焦距离和1:1的放大倍率。即使拍摄钱币一样大小的物体,仍然能使其充满整个画面。在风光摄影中,专业的摄影师除了关注场面较大的景色外,也不会放过那些看似微小的景致,如沾满露珠的蜻蜓、树林中刚刚破土而出的蘑菇、风中摇曳的蜘蛛网等。

↑ 微距镜头下蜻蜓的眼睛充满了画面,其细细的纹理也表现得很清晰,画面很有新奇感(焦距:100mm 光圈:F11 快门速度:1/250s 感光度:ISO100)

一般情况下,微距镜头只适合拍摄对象体积较小的领域,其实,只要你敢想敢做,人像也可以使用微距镜头,比如拍摄老年人强烈质感的皱纹,少女长长的睫毛或者光滑细腻的皮肤质感等,这些特殊的画面都会为你的作品增色不少。

→ 利用微距镜头表现了人物的眼睛,浓郁的睫毛在画面中很有视觉冲击力(焦距:50mm 光圈:F1.4 快门速度:1/500s 感光度:ISO100)

# 准备滤镜配件

## 偏振镜

偏振镜又称为偏光镜，简写为PL镜。在风光摄影中常用来消除偏振光对画面的影响。比如，大地的反光照在天空中，就会影响到天空中蓝色的清澈程度，而树叶、花瓣、水面也会出现反光现象，从而影响画面的纯净度与饱和度。使用偏振镜则可以消除天空的偏振光，使天空的颜色显得更蓝、更纯净，也可以消除树叶、花瓣、水面的反光，提高画面的色彩饱和度等。

↑ 仰视拍摄树挂时以蓝天为背景，为了使蓝天更蓝使用了偏振镜，得到纯净的画面效果（焦距：80mm ┊光圈：F9 ┊快门速度：1/400s ┊感光度：ISO100）

↑ 使用偏振镜拍摄的画面中，花朵色彩显得更浓郁，花瓣及水珠的表现更透亮（焦距：180mm ┊光圈：F2.8 ┊快门速度：1/200s ┊感光度：ISO100）

**知识链接** 偏振镜选购注意事项

偏振镜分为线偏和圆偏两种，数码相机应选择有"CPL"标志的圆偏光镜，因为在数码单反相机上使用线偏光镜容易影响测光和对焦。

另外，在使用广角甚至超广角镜头时，要注意为其配备超薄型偏振镜，以避免由于偏振镜太厚，导致画面边缘出现暗角等问题，此时应选择适用于广角或超广角镜头的偏振镜。

↑ 肯高 67mm C-PL（W）偏振镜，其中的 W 标识即代表它适用于广角镜头

↑ 尼康 C-PL1L 插入式环形偏光镜

**拍摄技巧** PL镜使用技巧

在广角镜头上使用 PL 滤镜时要防止暗角出现，如果在超广角镜头上安装较厚的滤镜，就会出现暗角。如果是焦距小于 20mm 的超广角镜头，最好还是使用不容易出现暗角的超薄 PL 滤镜。不建议将保护滤镜和 PL 滤镜一起使用。

**摄影问答** 哪个角度使用偏振镜拍摄朝阳、落日时不起作用

如果从正面拍摄朝阳或落日（即镜头与太阳之间的角度几乎为 0°），那么 PL 滤镜几乎发挥不了什么作用。

# 中灰镜

中灰滤镜的作用是减少进光量，又被称为ND滤镜、灰色滤镜、中性密度滤镜。这是一种可以起到阻光但是不改变光线色彩成分的滤镜。

在风光摄影中，此滤镜常在拍摄水流或瀑布时被用于减光，这是因为即使用较低的快门速度，在白天光线充足的情况下，仍然不可能获得足够慢的快门速度，否则就可能由于曝光时间过长，而导致照片过曝，此时利用此滤镜的阻光作用，即可很好地解决这个问题。在拍摄夜景车流时，运用此滤镜也能够获得较好的拍摄效果。

**知识链接 中灰镜选购注意事项**

一般来说，中灰滤镜分不同的型号，常见的是ND2（减少一挡曝光量）、ND4（减少两挡曝光量）、ND8（减少三挡曝光量）3种，在购买时，可以根据个人的需要做选择。

假设光圈为F16，对正常光线下的瀑布测光（光圈优先模式）后，得到的快门速度为1/16s，此时如果需要以1/4s的快门速度进行拍摄，就可以安装ND4型号的中灰镜来达到目的。

↑ MASSA 67mm 口径 67mm 中灰密度镜 67mm 减光镜 ND4

**摄影问答 选购滤镜应关注哪些要点**

在选购滤镜时，应该特别关注一下其在透光率、反射率、眩光及偏色等方面的性能指标，此外，还要关注以下3个要点：

- 镀膜：滤镜的镀膜工艺主要分为多层和单层两种。主要区别在于透光率，多膜的透光率更好，且逆光时不容易出现鬼影。在价格方面，多层镀膜的滤镜要高一些。
- 材质：滤镜主要可分为玻璃与树脂两种材质。树脂材质轻便，野外适应性好，透光率与普通玻璃材质滤镜基本相同，但会慢慢氧化、变黄，通常3年左右就要更换；玻璃滤镜透光率好，镀膜后的玻璃滤镜甚至可以达到99%的透光率，基本不会出现老化的问题，但缺点是较重，而且怕摔。
- 偏色：所有的滤镜都会造成照片偏色，但目前来看，价格高的滤镜偏色问题小一些。

**摄影问答 使用中灰镜时，应如何正确进行对焦**

中灰镜减光的倍率越高，减光的强度也越大，这会导致取景器变得非常灰暗，从而影响摄影师进行构图与对焦。

正确的方法是在未安装中灰滤镜的情况下，进行构图与对焦，在安装滤镜后，切换至手动对焦模式进行拍摄。

↑ 使用中灰镜减少了进光量，在白天也能使用长时间曝光得到丝滑的水流效（焦距：17mm ┊光圈：F22 ┊快门速度：12s ┊感光度：ISO100）

↑ 使用中灰镜拍摄天空还未全暗的城市，地面与天空的层次都表现得很细腻（焦距：20mm ┊光圈：F9 ┊快门速度：6.2s ┊感光度：ISO100）

# 中灰渐变镜

在拍摄风光照片时，经常会遇到大光比的拍摄情况，例如在逆光拍摄天空时，地面与天空的亮度反差会很大，此时如果以地面的风景进行测光拍摄，天空会曝光过度甚至会变成白色，而如果针对天空进行测光，地面又会由于曝光不足，而表现为阴暗面。这是由于数码单反相机的感光元件没有像人眼一样那么大的宽容度，因此拍出来的照片会损失亮部或暗部的局部细节，为了避免这种情况，拍摄时应该使用渐变滤镜来平衡明暗差距。

渐变镜是一片由深色渐变成浅色，最后到透明的滤镜。其种类也很多，有渐变蓝色、渐变茶色、渐变日落色等，而在所有的渐变滤镜中最常用的应该是渐变灰镜了。

拍摄时将渐变镜上较暗的一侧安排在画面中天空的部分，即可减少天空、地面的亮度差异。中灰渐变镜能够通过覆盖在较亮天空一端的颜色，减少进入相机的光线，从而保证在相同的曝光时间内，画面上较亮的区域进光量少，与较暗的区域在总体曝光量上趋于相同，使天空上云彩的层次更丰富。

↑ 为了平衡天空与地面的亮度，使用了中灰渐变镜，拍出来的画面更和谐、自然，天空云彩细节表现更细腻（焦距：24mm┊光圈：F7.1┊快门速度：1/400s┊感光度：ISO200）

**中灰渐变镜选购注意事项**

中灰渐变镜可分圆形与方形两种，圆形渐变镜是安装在镜头上的，使用起来比较方便，但由于渐变是不可调节的，因此只能拍摄天空约占画面50%的照片；而使用方形渐变镜时，需要买一个支架装在镜头前面才可以把滤镜装上，其优点就是可以根据构图的需要调整渐变的位置。

因此，读者应根据各人的需要，来选择方形或形圆的渐变镜来使用。

↑ 圆形渐变镜的安装很方便，但是使用的时候要特别注意角度和使用的位置

↑ 方形渐变镜安装的时候有些烦琐，但是使用的时候可以随心所欲地调整渐变区域，使用非常方便

**拍摄技巧** **用中灰渐变镜拍摄大光比场景**

在拍摄日出或日落等场景时，天空与地面的亮度反差会非常大，由于数码单反相机的感光元件对明暗反差的兼容性有限，因此无法兼顾天空与地面的细节。

换句话说，如果要表现天空的细节，对天空中较亮的区域测光并进行曝光，则地面就会因欠曝而失去细节；如果要表现地面的细节，按地面景物的亮度进行测光并进行曝光，则天空就会成为一片空白而失去所有细节。要解决这个问题，最好的选择就是用中灰渐变镜来平衡天空与地面的亮度。

拍摄时将中灰渐变镜上较暗的一侧安排在画面中天空的部分，由于深色端有较强的阻光效果，因此可以减少进入相机的光线，从而保证在相同的曝光时间内，画面上较亮的区域进光量少，与较暗的区域在总体曝光量上趋于相同，使天空上云彩的层次更丰富。

# 准备其他配件

## 快门线&遥控器

在用手直接按下快门时，也可能会产生一定的震动，此时，使用快门线或遥控器进行拍摄，可以在很大程度上避免这种问题的出现。

在拍摄水流、夜景、车流时经常使用快门线或遥控器，不但可以节省摄影师的体力，还可以方便摄影师构图，在拍摄需要较长时间曝光的夜景时，比如星轨，使用快门线或遥控器还可以节省摄影师的时间。

↑佳能快门线示意图　↑佳能遥控器示意图

▲尼康 MC-30 快门线

▲尼康 ML-3 遥控器

| 相机型号 | 快门线 | 遥控器 |
|---|---|---|
| Canon EOS 600D | RS-60E3 | RC-6 |
| Canon EOS 650D | RS-60E3 | RC-6 |
| Canon EOS 60D | RS-60E3 | RC-6 |
| Canon EOS7D | RS-80N3 | RC-6 |
| Canon EOS 5D Mark II | RS-80N3 | RC-5/RC-1 |
| Canon EOS 5D Mark III | RS-80N3 | RC-6 |
| Nikon D7000 | MC-DC2 | ML-L3 |
| Nikon D5100 | MC-DC2 | ML-L3 |
| Nikon D3200 | MC-DC2 | ML-L3 |
| Nikon D800 | MC-30 | ML-3 |
| Nikon D700 | MC-30/MC-36 | ML-3 |
| Nikon D90 | MC-DC2 | ML-L3 |

↑在拍摄需要长时间曝光的星轨时，快门线或遥控器是必不可少的"武器"（焦距：16mm｜光圈：F32｜快门速度：1423s｜感光度：ISO200）

↑使用快门线或遥控器在三脚架上拍摄烟花，可以防止手按快门使相机抖动而导致画面变虚的问题（焦距：16mm｜光圈：F5.6｜快门速度：5s｜感光度：ISO800）

# 脚架

　　脚架根据外形的不同分为独脚架和三脚架两种，在一定程度上可以起到支撑和稳定的作用，当快门速度比安全快门低2~3挡时，基本可以保证画面的清晰度。

　　风光摄影对照片清晰度的要求很高，因此拍摄时通常用较大的景深，此时光圈势必较小，导致曝光时间较长，因此在拍摄时要用三脚架，保持对相机的稳定性要求很高，甚至资深风光摄影师认为"无脚架，不风光"，这充分说明三脚架对于风光摄影的重要性。如果要进行长时间曝光拍摄或HDR拍摄时，三脚架更是必不可少的附件之一。

↑ 三脚架示意图　　↑ 独脚架示意图

**知识链接** 脚架与云台选购注意事项

　　要注意的是，选择三脚架和云台时，一定要注意三脚架自身的重量是否承受得了野外可能遇到的大风。虽然现在很多三脚架的设计很人性化，在升降杆的底端安装了可悬挂重物的钩子，但为了保险，还是建议不要为了省几百块钱而存在侥幸心理。

**拍摄技巧** 搭建临时三脚架的技巧

　　在外出拍摄时，没有携带三脚架，但却要进行长时间曝光，可以按下面的步骤搭建临时三脚架：

　　1. 寻找到一个柱体，如公交站牌、立交桥栏杆等。

　　2. 左手紧抱着柱体。

　　3. 将相机设置为B门曝光模式。

　　4. 使相机紧靠柱体。

　　5. 将对焦设定为"无限远"。

　　6. 紧握相机持续按下快门，曝光过程中缓慢呼吸，以保证相机平稳。

**摄影问答** 如何对脚架的抗共振能力进行测试

　　将脚架全部张开，左手轻握一条腿的中部，右手食指在另外一条腿上稍用力一弹，这时左手会感觉到脚架的振动。发生振动时，振动从强到弱，最后直至静止的时间长短，反映了脚架的抗共振能力，时间越长，则表明其抗共振能力越差。

← 脚架是拍摄夜景的必备品，可以保持相机的稳定，以进行长时间曝光（焦距：30mm┊光圈：F16┊快门速度：12s┊感光度：ISO200）

## 遮光罩

在逆光、侧光、闪光或夜间摄影时，若多余的光线进入镜头会出现画面灰雾、眩光、耀斑的现象，为防止这种现象的发生，可在镜头前加装遮光罩。

遮光罩是安装在相机镜头前用于遮挡有害光的装置，其材质有金属、硬塑料、软胶等，其造型可分为了莲花形、圆形和方形等。

遮光罩还可以防止对镜头的意外损伤，避免手指误触镜头的表面，还能在某种程度上为镜头遮挡风沙、雨雪等。

**知识链接** 遮光罩选购注意事项

在选购遮光罩时，要注意与镜头的匹配。如果把适用长焦镜头的遮光罩安装在广角镜头上，画面四周的光线会被挡住，出现明显的暗角；而把适用广角镜头的遮光罩安装在长焦镜头上，则起不到遮光的作用。广角镜头的遮光罩较短，而长焦镜头的遮光罩较长。另外，遮光罩的接口大小应与镜头安装滤镜的大小相符合。

↑ 不同形状的遮光罩

**学习视频** 糖水片是否可取

↑ 在镜头前安装遮光罩后，即使侧逆光拍摄的画面中也没有眩光的干扰（焦距：18mm︱光圈：F16︱快门速度：1/500s︱感光度：ISO200）

用心观察光线

Chapter 03

摄影问答 什么是高光警告功能

在环境光比过大、曝光时间过长、测光不准确、光线过亮、逆光拍摄、使用过大的光圈等情况下拍摄时，很容易出现曝光过度的现象。

Canon EOS 70D 提供的"高光警告"功能（Nikon D7200 则提供的"加亮显示"功能），开启此功能可以帮助摄影师发现照片中曝光过度的区域。

操作步骤 Canon EOS 70D高光警告设置

① 在回放菜单 3 中点击选择高光警告选项

② 点击选择关闭或启用选项

▲ 开启"高光警告"功能后，照片的高光区显示黑色块的效果

# 学习观察光线

花些时间观察环境中的光线效果，然后在日常生活中密切注意不同的光线是如何表现不同效果的。如果细心地观察过光线，可能会注意到在同一地点不同时间的光线效果与光感都不一样。例如早上在这里拍摄光线还很柔和，而中午拍摄时，光线就变得非常强烈了，傍晚时分光线又柔和了等。

当然，仅仅观察光线还不够，还要了解光线的特征及作用，这对摄影是非常有用的。

↑ 上图是顺光拍摄，下图是逆光拍摄，从画面中可看出由于光线角度不同，得到的画面效果也不一样

# 光线的特性

## 直射光

直射光是指从发光源直接投射到被摄体的光，由于直接照射被摄体，所以让人感觉光线非常硬，也很有力。

这种光线既明亮又强烈，明暗反差特别明显，但是景物的反光和环境的反光也很强。这种光线并不单指顶光，还包括顺光、侧光、逆光等各种光线，人们习惯上都把强烈的阳光称为"直射光"。晴天的光线大多属于直射光。直射光线很适合用来表现山脉、花卉等。

在这种光线下拍摄的人像明暗对比显著，适宜拍摄比较有个性或鲜亮的照片，由于光照较强，因此在拍摄时要对场景的明暗程度做负向曝光补偿处理，或者使用反光板等器材进行适当的补光。

↑ 直射光线下，在人物的头顶形成了发光的效果，画面很明亮、干净（焦距：200mm 光圈：F3.5 快门速度：1/320s 感光度：ISO100）

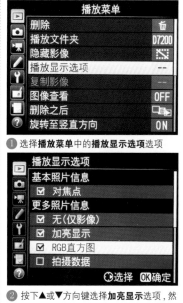

操作步骤 Nikon D7200加亮显示设置

**① 选择播放菜单中的播放显示选项选项**

**② 按下▲或▼方向键选择加亮显示选项，然后按下▶方向键选择用于照片信息显示的选项，选择完成后按下 OK 按钮确定**

摄影问答 如何寻找画面丰富的影调与层次

对于初涉摄影的人来说，会比较喜欢光影效果强烈的画面，对于比较柔和的阴天光线则认为不适合拍摄，其实阴天柔和的漫射光线反而能够产生最丰富的层次和连续的影调变化，而且还容易控制，由于光照不强烈，所以不太受拍摄方向的影响。在阴天的漫射光线下，物体所呈现出的影调非常接近它们原本的样子，这种柔和的反差可避免出现破坏形体的光影。

↑ 直射光的照射下，由于是逆光拍摄，前景中的植物及中景的树叶都呈半透明状，使画面看起来非常绚丽多彩（焦距：20mm 光圈：F14 快门速度：1/5s 感光度：ISO100）

**了解所谓"最好的光线"**

看到一些精彩的照片时，人们总是感慨："这样的光线太少见，很难遇上。"可见合适的光线对画面的影响是非常大的。

通常，清晨的光线，傍晚、日暮时分的光线；还有电闪雷鸣、狂风四起或是气温骤降、云层密布时候的光线，总之，所有天气变化更替的时候，都属于光线最好的时刻。

当然，除了合适的时间，还需要控制好光线，才能得到较好的画面效果，这就需要对光线有更深入的了解。

首先，需要了解光线的颜色，一般大家都以为日出、日落同样是金色或橙红色，其实日出的光线要比日落冷一些，冷色的基调与暖调的日光组合起来，会容易出现品红色的画面效果。

天气对光线也有很明显的影响。雷阵雨前的天空非常阴沉，这时的光线虽然很暗，却也十分柔和，几乎没有阴影；阴天或多云的天气光线会略高，但阴影也不会很明显，光线柔和、细腻，很适合拍摄风景、溪流等，也适合拍摄人像和花卉，可以避免主体有过大的光比，让色彩能够更好地还原。

还有比较特殊的光线，例如，雪天和雾天里的光线，"白茫茫"的天气和"阴沉沉"的天气里拍摄出来的画面会比较单调，此时可通过纳入带颜色的景物或人物来美化画面，如红伞、身着红衣的人等，都可起到点睛的作用。

**营造画面的光感**

要想营造画面的光感，可根据题材的不同而采用不同的方法。由于相机是将三维的世界记录成二维的平面，如果想要画面接近我们的视觉习惯，就需要通过各种手段将二维平面内容表现出三维的特性。

要表现出三维特性，可从几个细节处着手，例如空气透视、画面层次、突出画面主体等。通常可从物体所形成的阴影、风光中的薄雾和人物身上不同的光线变化处寻找，还可以利用构图和画面线条的构成寻找，利用物体的大小、明暗来表现三维的空间感受。

## 散射光

散射光是太阳不直接照射景物，而是有云彩遮挡，或有雾气笼罩，从而使太阳光形成散射状态，人们就把这样的光称为"散射光"。

散射光的光线比较柔弱，景物的投影不明显，景物层次反差较小，拍摄出的照片影调比较柔和、色彩比较灰暗。

多云天、阴天、雨天、雾天的光线是典型的散射光，其中多云的天气比较适宜拍摄温润的人像，而阴天、雨天、雾天的光线由于光线过暗，因此在拍摄时需要做补光处理。

需要注意的是，散射光照射下的景物，明暗对比较弱，光影平淡，只有严格控制曝光时间，才能使拍出摄的照片层次丰富。在风景摄影中，散射光常用来表现云海、雪山、树林等。

另外，在这些作品中，一定要通过构图使画面中出现亮调的或颜色鲜艳的视觉兴趣点，也可以通过安排模特身着略显艳丽的服装，或在模特周围安排鲜亮的陪体，使画面出现视觉兴趣点。

➡ 散射光照射下模特身上没有明显的阴影，柔和的光线下将其皮肤表现的很细腻（焦距：135mm┆光圈：F3.5┆快门速度：1/200s┆感光度：ISO100）

## 直射光与散射光的完美结合

　　直射光照射的光线一般较硬，散射光的光线较软，因此又称分别称为"硬光"和"软光"，将软硬两种不同的光线结合运用，可以在画面中形成较强烈的视觉对比，从而抓住浏览者的视线。较为常见的手法就是对头发进行硬光照射，形成漂亮的头发光，而对其他区域例如面部进行软光照射，以表现柔和、细嫩的皮肤效果。

↑ 逆光角度拍摄人像时，强烈的直射光在其身体上形成了好看的轮廓光，为避免面部曝光不足，使用闪光灯为其面部进行了补光（焦距：200mm｜光圈：F3.5｜快门速度：1/250s｜感光度：ISO100）

知识链接 **同一地点不同时间示例图**

　　摄影是光与影的艺术，是应用光线的学问，光造影，影成像。不同角度和不同情况的光线照射在同一景物上，会产生不同的摄影结果。风光摄影亦然，因而摄影师要熟知从黎明到黄昏太阳在天空中的位置，把握一天之中光线的变化，从而做到拍摄景物时得心应手。

↑ 清晨太阳刚刚升起时，金色的光线与蔚蓝的天空相称，画面通透，远景的清晰度很高

↑ 太阳刚刚隐入地平线，一丝橙色光芒还挂在天际，天空将暗，呈深蓝色，稍远处还有些透明感

↑ 太阳完全隐没，夜幕开始降临，城市灯光开始闪烁，在宝石蓝的天空衬托下，像一颗颗明珠

# 一天之中不同光线的特点

## 早上、傍晚太阳光的特点

当太阳从东方地平线升起、傍晚太阳即将沉于地平线下时，太阳光和地面呈15°左右的角度，景物的大面积垂直面被照亮，并留下长长的投影。

阳光在穿透厚厚的大气后，光线柔和、色温较低，如果拍摄的是森林或山脉，则常常伴有晨雾或暮霭，空气透视效果强烈，暖意效果比较明显。采用这种光线拍摄近景照片，影调柔和、层次丰富、空间透视感强。

但这段时间非常短，光线强弱变化较快、较大，因此，要抓紧时间拍摄，同时把握住曝光量的控制。

**知识链接** **清晨与黄昏光线的区别**

从理论上讲，清晨的光线与黄昏的光线都是倾斜的、金色的光线，但清晨与黄昏的整体气息略有不同。

首先，黄昏比起清晨有更多多彩的晚霞，日出则更有一种喷薄而出的气势，总体来说，傍晚的光线色温更低，此时拍摄的画面暖调效果更明显。

由于昼夜温差的作用，清晨会形成薄雾，此时拍摄的画面会有一种若隐若现的梦幻感。

其次，由于生活方式不同使得城市中的清晨与黄昏也不尽相同。经过一夜的沉淀，清晨时，城市空气中的污染物更少，透明度更高，人们还没有开始一天的生活，因此整个城市显得更安静，与车水马龙、喧闹繁华的傍晚刚好相反。

**拍摄技巧** **拍摄朝阳的技巧**

令人激动的旭日东升，往往只有很短的瞬间，除了利用各种曝光技巧得到合适的日出画面，在构图方面也可以用些心思，多纳入些环境，在特殊光线下具有特点的环境画面，看起来会更有新意。

→ 这是一幅日出时拍摄的作品，前景偏冷调，而远景太阳初升的位置则偏暖调，画面冷暖对比差异明显（焦距：20mm｜光圈：F10｜快门速度：1/20s｜感光度：ISO100）

→ 这是一幅日落时的作品，前景中的礁石也被余晖染上暖色调，画面整体偏暖调，将日落温馨的感觉表现得很好（焦距：18mm｜光圈：F16｜快门速度：10s｜感光度：ISO100）

## 上午清爽、怡人的光线

从清晨到上午的光线有着很多微妙的变化，此时段的被摄物体有明显的受光面、阴影面和投影，地面上的反射光和天空中的散射光相互交织在一起，在被摄体周围形成了明亮而柔和的散射光，能够给予景物或物体阴影部位以辅助光照明，使被摄体明暗反差鲜明且正常，影调层次丰富且柔和，物体的立体感和质感都能正确表达。

如果拍摄人像，仅从拍摄出白皙、红润皮肤的角度来说，上午7～10点无疑是比较好的时间段，因为此时间段的色调有一些偏冷，从而通过对比，使皮肤看起来显得比较红润，使画面更具和谐、生动的色彩效果。上午拍摄人像照片，模特的精神状态良好，更易拍摄出不错的作品。

**摄影问答** 上午拍摄时如何避免画面平淡

在晴朗无云的上午拍摄，画面中物体的质感和色彩都会表现得不错，不过由于光线比较强烈，会导致拍摄出的画面没有气氛，所以此时应避免拍摄大场景的画面，可表现一些精致的景物，利用景深、色彩来突出主体。由于明暗差距较大，拍摄时应避免强烈的逆光，以免损失亮部和暗部的层次。

**学习视频** 突出拍摄对象

← 由于上午的光线很通透，拍摄出来的画面很明亮，将女孩身上花裙子的颜色表现的亮丽，画面给人一种青春、朝气的感觉（焦距：45mm ┊ 光圈：F2.8 ┊ 快门速度：1/320s ┊ 感光度：ISO200）

## 中午强烈的光线

中午前后的太阳光非常强烈，并非最佳的拍摄时间，太阳光垂直向下照射地面景物，景物的水平面被普遍照明，而垂直面的照明却很少，甚至完全处于阴影中。拍摄时，要注意过强的阳光会导致过强的对比度，使影像显得生硬。

因此一般情况下，很多摄影师都不会选择中午拍摄人像。如果情况特殊，需要在中午拍摄时，可以在树荫下或阴凉处拍摄，以避免强光给人物造成的阴影，而影响人物表现。

↑ 中午的光线较硬，明亮的高光及强烈的明暗对比，不但可以表现建筑物的立体感，还可以更好地突出其坚硬的金属质感（焦距：200mm ┆光圈：F20 ┆快门速度：1/500s ┆感光度：ISO100 ）

## 午后光线充足

午后的阳光非常强烈，如果直接照射在模特身上，很容易形成"死白"。如果有条件，可以使用白色反光板，这样可以让光线通过反光板对模特进行一定的补光，否则模特完全被挡住，从而导致看起来太暗，与背景严重不协调。下午的色温逐渐偏暖，合理地利用这种光线可以拍摄出很温馨的暖调画面。

如果为躲避强光在树荫中进行拍摄，一定要注意，不要让透过缝隙的光线照射在模特的皮肤上，最好让模特完全远离这种光线。否则，如果其他位置的皮肤曝光正常，那么光线照射到的地方很容易形成"死白"，或出现难看的光斑。

↑ 午后的光线很柔和，非常适合拍摄人像，画面中女孩的皮肤看起来非常白皙、细腻（焦距：85mm ┆光圈：F2 ┆快门速度：1/400s ┆感光度：ISO100 ）

# 日落时分

太阳刚刚下山时，天空还会留有好看的余晖。这个时候非常适合拍摄天空的云彩，尤其是火烧云。随着太阳的继续下落，靠近地平线附近的色调和天空的色调逐渐形成冷暖的对比效果。

黄昏时分的光线角度较低，因此有利于表现出景物长长的投影，可以增加画面的纵深感、空间感。由于此时的太阳低垂，选择逆光角度拍摄可以很好地表现剪影效果。拍摄时应该以天空为背景，并以天空的亮度为测光、曝光依据，在此基础上再减少一级曝光量，使剪景效果更突出，天空层次更丰富。

↑ 暖调的天空为夕阳画面增添了许多温馨的气氛（焦距：100mm｜光圈：F7.1｜快门速度：1/1000s｜感光度：ISO100）

## 拍摄技巧 大光比时的测光技巧

拍摄日出或日落时，测光点的选择很重要，由于明暗的反差较大，不同的测光点会得到完全不同风格的画面，不过应避免对最亮的或最暗的位置测光，这样会导致画面细节损失严重。

此时可选择拍摄场景中光线强度居中的景物，通常是太阳周围两三倍半径处被阳光照亮的彩云，而湖边残阳的场景中，基本上是水面阳光的反光处比较适合。在同一场景拍摄时，应多尝试不同的测光方式和不同的曝光组合，拍摄后也应认真分析每张画面效果，寻找合适的原因和失败的原因，以此不断总结最适合的测光和曝光的方法。

## 拍摄技巧 控制黄昏画面气氛的技巧

拍摄黄昏或是日出，画面气氛也是很重要的，通常情况下，利用降低1~2挡光补偿的方式来突出天空艳丽的色泽，并将不必要的暗部细节处理成剪影的效果，这种拍摄方式可使明暗对比更加明显，阳光下的主体更加突出。也将黄昏或清晨相对较暗的光线效果和独特的含蓄感更明确地表现出来。

拍摄黄昏和清晨时，测光点的选择很重要，为了营造画面氛围，需要调整曝光补偿，为避免自动曝光每次拍摄都要重新测光，而且测量容易出现误差，建议使用手动曝光，测量出合适的曝光，将其设置好，就可以避免重新构图时曝光数值的改变了。

## 拍摄技巧 光比的控制技巧

在户外拍摄时受环境限制较大，因为无法控制阳光，不过可以通过调整曝光来控制画面效果。

如果是在光线强烈、天高云淡的环境中拍摄，大光比就是最大的挑战，过亮的地方容易变成死白，而过暗的地方则容易变成死黑，此时应避免过亮和过暗的地方同时出现在画面中，以避免画面细节损失的情况。除此之外，还可以使用反光板或是闪光灯等进行补光，来控制画面的光比，降低画面的反差。

拍摄技巧 **夜景人像的拍摄技巧**

在拍摄夜间人像时，为了避免人物背景漆黑一片，最好选择明亮的场景当背景，如商店的橱窗、灯饰炫丽的城市街道或者将街道的照明灯作为主要照明光源，相信也会是别有一番风味的。此外，路灯下、高架桥上等也都是拍摄夜景人像不错的地方。

也许不少摄影初学者一提到夜间人像的拍摄，首先想到的就是使用闪光灯。没错，夜景人像的确是要使用闪光灯，但也不是仅仅使用闪光灯如此简单，要拍好夜景人像还得掌握一定的技巧。

拍摄夜景人像最简单的方法是使用数码相机的"夜景人像"模式。在相机的模式转盘上选择该模式后，相机会自动对各项参数进行优化，使之有利于拍摄到更好的夜景人像。当然，这是一种全自动的拍摄模式，我们无法根据自己的表达要求来调整相机的各种参数。

使用高级拍摄模式拍摄夜景人像时，可以由摄影师主动掌握拍摄效果。首先开启闪光灯，选择慢速同步闪光。在此模式下，相机在闪光的同时会设定较慢的快门速度，闪光灯对人物进行补光，而较慢的快门速度时主体人物身后的背景也有很好的表现。不过"慢速同步闪光"模式只支持程序自动模式和光圈优先模式。

由于拍摄夜景人像经常要用较慢的快门速度，所以拍摄前一定要准备好一个三脚架，这样就可以放心地使用较慢的快门，也能拍摄到清晰的照片了。

## 夜间微弱的光线

夜间是指太阳完全隐没后，此时的光源主要为月光和城市灯光，所以光线很少，不过在夜幕的衬托下，可以将城市霓虹闪烁表现得很好。由于光线较暗，拍摄时需要长时间曝光，为避免杂光进入镜头，应该尽可能地缩小光圈，这样还可以增加画面的景深范围。拍摄时注意使用三脚架固定相机。这个时间段适合拍摄夜景、星轨、烟花、城市灯光、车流灯轨等夜间题材。在这段时间，曝光时间的控制对画面的效果影响很大，另外需要通过控制ISO数值来控制画面的噪点。

↑ 在夜间拍摄时，可设置大光圈将光源虚化成光斑效果，将夜景人像衬托得具有梦幻般的感觉（焦距：85mm ┊光圈：F1.8 ┊快门速度：1/400s ┊感光度：ISO100）

↑ 长时间曝光记录桥梁上的车流驶过留下的光轨，恰当的曝光时间，得到红色的车辆光尾，在暗夜的衬托下显得更加耀眼（焦距：20mm ┊光圈：F11 ┊快门速度：11s ┊感光度：ISO100）

# 光线的方向

## 顶光

　　顶光是指照射光线来自于被摄体的上方，与拍摄方向成90°夹角，是戏剧用光的一种，在摄影中单独使用的情况不多。苍翠的树木和繁茂的花草都给摄影者提供了良好的拍摄题材。在强烈的顶光下，被摄体的顶部受光，正面和侧面均处在阴影中，画面的空间感和立体感较差，因而大部分摄影者更愿意在上午9时前和下午4时后的光线下拍摄。

　　而在拍摄人像时，会在被摄对象的眉弓、鼻底及下颌等处形成明显的阴影，不利于表现被摄人物的美感。

➡ 顶光可在人的头上形成好看的发光，可很好地表现出头发的质感（焦距：85mm｜光圈：F5.6｜快门速度：1/500s｜感光度：ISO100）

⬇ 顶光下的石狮显得更威武，强烈的明暗对比使石狮立体感更强（焦距：50mm｜光圈：F16｜快门速度：1/500s｜感光度：ISO100）

# 顺光

**顺光时的曝光技巧**

由于顺光不会有很强烈的阴影效果，所以通常被认为是最易掌握的光线，其实仔细观察顺光也不全部一样，同样是顺光，早晨和傍晚的光线会更适合拍摄，因为此时的光线会呈现出漂亮的暖色调效果，拍摄的画面会给人以温馨的感受。

**顺光拍摄人像的技巧**

■ 在实际拍摄时，如果不得不使用顺光，可以让模特的头部扭转一个角度，这样可以在很大程度上回避上述问题。

■ 如果是人工光线，可以将光线调弱，配合反光板完成拍摄；如果是自然光线，也可以在光线较弱时进行拍摄，避免在强烈的顺光下拍摄。

**顺光拍摄人像的优点**

■ 细节清晰，适合表现人物的细节、质感。

■ 色彩鲜艳、饱和，适合表现穿着鲜艳服装的人像照，如果是在户外拍摄，还可纳入蓝天、绿地，以衬托人物。

■ 适合表现男性健壮的肌肉质感和身体线条。

**顺光拍摄人像的缺点**

■ 顺光拍摄意味着人物正面对着光线，人物瞳孔收缩，拍出来的画面要么眯眼，要么眼睛比较小。

■ 直射人物面部会导致模特不舒服，表情不够自然。

■ 正对光线时容易流汗而导致花妆。

■ 顺光光线较为生硬，模特脸上的瑕疵也会比较明显。

顺光也称为"正面光"，指光线的投射方向和拍摄方向相同的光线。在这样的光线下，被摄体受光均匀，景物没有大面积的阴影，色彩饱和，能表现丰富的色彩效果，多用于拍摄平面、不需要强调立体空间感、突出画面颜色的风景。如满山遍野盛开的花朵、远处层林尽染的树林等。为了弥补正面光不能很好地表现空间和前后景物易于重叠的缺点，拍摄时要尽可能安排深暗的主体景物搭配明亮的背景，或明亮的主体景物搭配深暗的背景，以将主体景物与背景区分开来。

↑ 在顺光拍摄的画面中，人物脸上没有阴影，皮肤很细腻，只是画面略显平淡（焦距：85mm ┆光圈：F2.8 ┆快门速度：1/320s ┆感光度：ISO200）

当然，顺光对拍摄人像而言，但其缺点也同样明显，一方面是模特通常是面对相机的，这就意味着在顺光情况下，模特将直接面对光线，很容易使模特拍摄时眯起眼睛，或无法顺利地表现眼神。另外，顺光也会使面部变得较平，失去立体感。

↑ 顺光拍摄大景深的建筑，不但可以表现其庄严的形象，还突出了建筑的黄色与蓝天的对比，色彩更浓郁（焦距：12mm ┆光圈：F13 ┆快门速度：1/320s ┆感光度：ISO200）

## 前侧光

前侧光是指光线从被摄影景物前方的侧面射向景物，景物受光的一面在画面中很明亮，不受光的一面形成阴影，在画面中体现为鲜明的明暗对比，景物极具层次和立体感。

要拍摄前侧光照射下的风光摄影作品，最好选择光线射向地面，与地平线约成45°角，且与被摄景物同样成45°角左右的前侧光进行摄影。此时的光线比较柔和，表现在画面上强弱适度，明暗分配协调，不致因光线过强而显得生硬，或因光线过弱而表现得苍白无力。在风光摄影中，拍摄建筑、花木、山水、沙漠等，都能显示出层次和立体感，得到良好的空间透视的效果。

前侧光对塑造模特，尤其是面部的立体感非常有用，但要注意，由于此时的光线已经直射到皮肤上了，因此最好选择光线较为柔和时进行拍摄，以避免出现光比过大、局部区域出现死黑或死白的问题。

➡ 前侧光拍摄的人像既明亮，五官又很立体（焦距：55mm ┊光圈：F2.8 ┊快门速度：1/2000s ┊感光度：ISO100）

➡ 在前侧光的照射下，将雪山表现得很有立体感（焦距：45mm ┊光圈：F8 ┊快门速度：1/800s ┊感光度：ISO100）

知识链接 **运用光线、影调突出质感**

在画面中要充分地表现被摄体的质感，就需要运用摄影的艺术语言，即运用光线、影调来实现。当光线以一个角度照射在主体表面时，角度越小，主体的质感就会越突出，而均匀的光线不利于表现质感。

被摄对象除了与光线角度有关，还与光线的强度有关。直射光线下物体会有很深的阴影，散射光线则相反。

拍摄技巧 **改变拍摄角度寻找更好的光线**

由于不同的光线可以营造出完全不同的画面效果，因此在拍摄时寻找光线就非常重要。如果身处一片很平常的景色中时，可以尝试改变一下你的观察视角，一个转身也许就会发现一番美丽的景色。

这需要对光线非常熟悉，了解什么样的题材适合什么角度的光线。例如，在拍摄花卉时，改变顺光拍摄的习惯，选择逆光角度拍摄半透明效果的花瓣也是不错的选择。同样拍摄人像时，比起正面迎着光线睁不开眼睛，选择侧光角度拍摄不仅可以避免这种情况，侧光还可使人物面部更有立体感。

为了可以更全面地掌握光线，在拍摄时就应不断尝试不同的拍摄角度，配合不同角度的光线，在这过程中不断摸索，才能发现更适合表现景物的光线。

## 侧光

侧光是所有光线位置中最常见的一种，侧光光线的投射方向与拍摄方向所成夹角大于0°而小于90°。在侧光下拍摄的风景照片中景象都有较为明显的受光面、过渡面与背光面，有明显的明暗对比，故适合表现景物的立体感，还可以丰富画面的影调层次，例如，侧光常用来表现山峦粗糙的质感。

↑ 侧光下的山体很立体，仰视拍摄山体特写，在蓝天的映衬下，显得格外突出且高大（焦距：270mm ┊光圈：F10 ┊快门速度：1/640s ┊感光度：ISO500）

利用侧光进行拍摄时，如果对受光的一面曝光，则另一侧的暗部区域会曝光不足；如果对暗部区域曝光，则受光的一侧会曝光过度。因此，在侧光条件下拍摄人物，一般都会使用反光板对暗部区域进行补光，以减少人物面部的明暗对比。

↑ 侧光下拍摄的人像看起来既精致又立体，将模特表现得非常有个性（焦距：85mm ┊光圈：F2.2 ┊快门速度：1/640s ┊感光度：ISO100）

## 侧逆光

侧逆光是从被摄体后侧面射来的光线，会使被摄体面向相机的一侧几乎处于阴影之中，画面阴影很多，影调厚重。侧逆光可用于勾勒被摄体的轮廓，增强被摄体的立体感、质感和画面的空间感。在拍摄时，可借助其他光源对被摄体面向相机的一面补光以缩小明暗反差，也可增加曝光量以提高画面亮度。侧逆光常用来表现海边的石块或形体好看的山峦等。

使用侧逆光拍摄人像，人物面部的受光面积比较小，人物两侧会形成非常漂亮的轮廓线，从而勾勒出人物曼妙的身材或迷人的头发线条。尤其是当太阳离地面较近时，其光线呈金黄色，从而使侧逆光勾勒的轮廓线更加突出。

↑ 侧逆方向照射过来的光线在女孩的头发处形成了好看的轮廓光，不仅可将其轮廓勾勒出来，还使其与背景分离（焦距：200mm 光圈：F2.8 快门速度：1/320s 感光度：ISO100）

↑ 使用侧逆光拍摄大山，有利于勾画出山峰的轮廓线，虽然会产生阴暗面，但也能增强画面的明暗层次（焦距：100mm 光圈：F22 快门速度：1/80s 感光度：ISO100）

摄影问答 **如何增强画面光线的表现力**

合适的光线可以使平淡的场景变得丰富多彩，因此，灵活地运用光线可营造不同的画面效果。

通常拍摄时会使用到的都是单一的光源，例如，日出、日落的场景下就是利用色温较低的单一光源所营造的场景。除此之外，还有很多方法表现不同色调的光线。

在影棚拍摄时，由于人造光源的光谱有很大的区别，因此混合使用多种光源时可根据白平衡的设置不同而拍摄出多种不同的光线色彩。比如，荧光灯色彩偏冷，而白炽灯光偏暖色，当两种光源混合使用在同一个场景时，如果被摄主体处于白炽灯照射下，那么整个场景会以白炽灯的色温来设置白平衡，这样便会增强荧光灯的效果，使得被荧光灯照射的场景偏冷；如果被摄主体被荧光灯照射，那么经过白平衡校正后，画面会呈现出偏暖的色调。除此之外，为了营造不同的画面效果，也可以将白平衡设为日光白平衡模式，这样得到的将会是暖调和冷调共存的画面效果，这种大的冷暖对比画面很有视觉冲击力。

摄影问答 **怎样用逆光、侧逆光产生的眩光为画面增添浪漫光影**

以逆光、侧逆光拍摄时，即使在镜头前面安装遮光罩，也可能会由于光线直接射入镜头，而在照片中形成直线或圆形的光晕，这种现象称为眩光现象。眩光有可能破坏照片的画面效果，但也不必一味避免镜头眩光，因为镜头眩光现象分为两种，一种是照片中出现耀斑，另一种是光线向镜头内扩散，使照片的画面形成雾化效果，也称为染色效果。前一种效果有可能导致照片的画面受到影响，而后一种效果则能够使照片更具有艺术气息。

■ 对背光的面部补光。

因为是逆光角度拍摄，因此人物的大部分会处在阴影之中，为了获得均匀、自然的曝光结果，最好能够采用反光板对被摄者的背光处进行补光。

■ 避免背景中出现太阳。

由于此时太阳的亮度还很高，被摄者与太阳的明暗差距非常大，为了避免亮部或暗部损失细节，拍摄时要通过构图使太阳或其他光源出现在画面外。

■ 选择浪漫的拍摄地点。

选择能够营造浪漫气息的拍摄地点也很重要，可选择人烟较少的地方，如花丛、芦苇荡等处，使花朵与芦苇在逆光照射下在画面中形成漂亮的光斑。

# 逆光

逆光是指从被摄者正后方向投射过来的光线，它和相机呈正对角度，是一种极具艺术效果的光线。逆光是风光摄影中创造"意境"的高手，逆光下的景物除少量的轮廓高光外，大部分处在阴影之中，增加了作品神秘的色彩，常被称为"魔光"或"神秘之光"。

逆光摄影的优点有很多。首先，在逆光照射下，主体能够和杂乱的背景分离开；其次，逆光下物体正面不和谐、不悦目的颜色会隐没在阴影中，画面会更加简洁明快；最后，逆光下的景物能增加画面的透视效果，提高照片的明暗对比度。一旦使用逆光拍摄，要把逆光造型的重点放在风光景物的形态、线条、轮廓上来，使光、线、形融为一体，形成画面的视觉语言，更生动地塑造形象。逆光很容易在人物身体边缘，尤其是在头发的边缘形成漂亮的轮廓光。同时也会出现一个问题，由于模特的背面受光，因此其正面就会缺少光照，此时就需要对其进行补光，这样才能够拍摄出人物与背景都曝光正常的照片。否则，很可能得到背景曝光过度的照片。

在拍摄人像时，如果不为人物补光，则常常可以拍摄出剪影效果，此时的测光及曝光补偿等设置，对拍摄结果会有较大的影响。夕阳是最常用的户外逆光，只需对人物与背景光源中较亮的位置进行测光及对焦，就能拍摄出剪影的效果。如果对剪影效果不满意，也可以适当减少曝光补偿，得到更纯粹的剪影效果。

➜ 使用逆光拍摄时，选择暗色背景有利于光线把人物的轮廓更好地勾勒出来，使被摄者在画面中更加突出（焦距：135mm｜光圈：F6.4｜快门速度：1/800s｜感光度：ISO100）

通常我们喜欢使用遮光罩以避免画面出现眩光。但实际上，漂亮的眩光可以对画面产生很大的美化作用，尤其是夕阳时分产生的眩光，带有一种暖暖的光晕效果，可以让画面更显唯美。在拍摄时，可以选择逆光或侧逆光光线进行拍摄。

↑ 利用逆光角度形成的眩光营造一种浪漫的氛围 。左图（焦距：95mm｜光圈：F3.2｜快门速度：1/640s｜感光度：ISO100），右图（焦距：200mm｜光圈：F4｜快门速度：1/800s｜感光度：ISO100）

↑ 利用飞舞的蒲公英和虚化成光斑效果的蒲公英与草地上的女孩组合在一起，画面有一种浓浓的午后慵懒气息（焦距：200mm｜光圈：F2.2｜快门速度：1/500s｜感光度：ISO100）

**摄影问答 如何利用高反差场景营造画面光感**

通常高反差的画面中由于明暗对比明显，因此有很强的视觉冲击力，比较容易引起观者的注意力，这是因为肉眼对高反差的场景比较敏感。但是高反差的画面并不容易表现，虽然肉眼对光线的适应性可以很好地平衡高光与暗部的差别，但相机的宽容度是有限的，为了让照片更符合人眼的习惯，就需要充分挖掘数码相机的最大宽容度。

通常，数码相机拍摄的画面宽容度最高约为11挡光圈值，使用后期软件则可很好地实现约14挡的光圈宽容度，这就比较接近人眼对光的视觉感受了。

在通过直方图来观察高反差场景的画面时，会发现直方图通常都是溢出的，这是因为相机宽容度有限，从而导致高光或暗部的数据丢失，表现在画面中则为纯白或纯黑，没有层次和细节。这时可遵循"右侧曝光"的原则，因为数码相机对暗部细节的保存能力要低于高光细节，因此，在前期拍摄时应减少暗部细节的损失，也就是指直方图上左边的图形最好不要溢出。

在拍摄光比反差较大的场景时，除了使用中灰渐变镜、摇黑卡、闪光灯补光之外，还可以使用HDR的方法拍摄一张超高宽容度的画面。

**拍摄技巧 逆光拍摄人像的优点**

■ 模特背对光线，眼睛不会被太阳直射，可以睁得比较大。

■ 逆光与顺光拍摄相比时，模特会比较舒适，妆面可以保持比较长的时间。

■ 如果使用大光圈拍摄，背景的景物很容易出现圆点般的焦外成像，容易形成梦幻效果。

■ 当逆光光线偏黄时，可以利用银色反光板修正光线的色调，使光线不那么黄，这样可以使拍摄出来的人像比直接被光线照射的白皙、自然。

**拍摄技巧 逆光拍摄人像的缺点**

■ 不能以蓝色天空为背景。

■ 需要一定的补光技巧。

■ 会有很多地方细节不明显。

摄影问答 **拍摄高调照片就是增加曝光**

增加曝光可以获得高调的照片，但并非增加曝光得到的就一定是高调照片，也可能是一幅失败的、曝光过度的照片，而高调照片可能是曝光过度的，也可能不是，因此高调照片、增加曝光、曝光过度这些概念并没有必要的联系。对于拍摄高调照片，如果拍摄时没有十足的把握，建议适当降低一些曝光进行拍摄，尽量不要出现曝光过度的画面，然后通过后期处理做更精细的调整，来得到完美的高调画面。

之所以前期拍摄时建议降低曝光，是因为曝光不足的照片比曝光过度的照片，更容易恢复出细节。如果是使用 RAW 格式进行拍摄，那么将曝光的误差控制在 ±2 级以内，在后期调整的时候，还是可以校正过来的。

拍摄技巧 **高调和低调照片的拍摄技巧**

乍看起来，高调与低调照片就是曝光过度与曝光不足的典型范例，前者目标是把影像保持至最白，并从最白中保留细节；后者目标是把影像保持至最黑，并从最黑中保留细节。看似简单的照片，拍摄起来并不容易。

下面介绍一下高调与低调照片的基本拍摄流程。

1. 将相机调至光圈优先模式，利用相机内置的测光功能进行测光。

2. 使用评价或中央重点平均测光模式，留意光圈、快门速度和 ISO 的读数。例如测光后光圈为 F8、快门速度为 1/80s、感光度为 ISO200。

3. 根据要拍摄的是高调还是低调照片调整曝光，一般要把曝光加减 2~3 挡。例如，要获得高调照片，可设置光圈为 F8、快门速度为 1/20s；要获得低调照片，可设置光圈为 F8、快门速度为 1/250s。

4. 需要时可以把相机调至手动拍摄模式，以实现精确曝光。

下面是拍摄高调与低调照片时会用到的拍摄技巧：

■ 使用 RAW 格式拍摄，为后期处理留有更大的空间。

■ 在暗调的场景中保留一些亮调，否则照片会显得沉闷。

■ 在较亮的场景中保留一点暗调或艳色，否则照片会显得没有重点。

➜ 利用高调表现女性，可以很好地表现其白皙的皮肤，画面看起来也很干净（焦距：30mm ┆ 光圈：F3.5 ┆ 快门速度：1/250s ┆ 感光度：ISO100）

# 影调

## 可以很高调/很纯粹

高调照片中反差较小，没有明显的阴影面，画面整体显得比较明亮。在拍摄高调照片时，应选择大面积的白色或浅灰，但同时要注意在画面中应保留小面积的暗调，以免画面显得平淡。为了避免出现画面发灰的现象，在拍摄时应增加两挡曝光补偿。拍摄雪景与雾景时，常用高调画面来表现。

➜ 清新淡雅的色彩是高调作品的特点，这幅作品中为了达到这种效果，不但使用了消色处理，还通过增加曝光补偿来使积雪更白、更干净（焦距：18mm ┆ 光圈：F6.3 ┆ 快门速度：1/250s ┆ 感光度：ISO250）

高调人像的画面影调以亮调为主，暗调部分所占比例非常小，常用于女性或儿童人像照片，且多用于偏向艺术化的视觉表现。拍摄高调人像时，模特应该穿白色或其他浅色的服装，背景也应该选择相匹配的浅色，并在顺光的环境下进行拍摄，以利于画面的表现。

曝光时，要对准拍摄者的皮肤测光，因为整体色调偏亮，按照相机给出的曝光组合很容易导致曝光不足，使拍出的照片有点发灰，所以拍摄时应使用曝光补偿功能，即增加一挡曝光，这样才能让画面中的白色显得更白。虽然在安排背景时应以明亮、干净、均匀的色调为主，但仍应保留一点浅淡的层次，这样才能通过对比增强亮白部分的表现力。

## 低调与奢华

低调画面中的深色较多，所以想要得到低调的画面，浓重的阴影很重要。拍摄时应注意光线的选择，侧逆光和逆光是较好的选择，采用这样的光线拍摄的画面中的阴影会比较多，使画面看起来较低沉。为了使画面不显得太沉闷，可在画面中增添少量的亮色。在拍摄夜景、夕阳、剪影时，常用低调画面来表现。

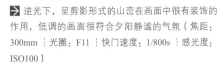
逆光下，呈剪影形式的山峦在画面中很有装饰的作用，低调的画面很符合夕阳静谧的气氛（焦距：300mm│光圈：F11│快门速度：1/800s│感光度：ISO100）

与高调人像相反，低调人像的影调构成以较暗的颜色为主，基本由黑色及部分中间调颜色组成，亮部所占的比例较小，低调的人像照片往往给人一种深刻、凝重的视觉感受。

在拍摄低调人像时，被摄人物应当以穿戴暗黑色的服装为主，并以黑色或其他深色的背景为主。曝光时，由于背景较为深暗，按照相机给出的测光值拍摄很容易导致曝光错误，所以应使用曝光补偿减少一挡曝光，否则拍摄到的黑暗背景不够黑，略呈灰色，而不能有效地突出主体。

由于拍摄低调照片人像和背景的明亮反差较大，如果人物受光不均匀或受光角度、部位不合适，会影响人物在画面中的表现，所以应使用点测光来对人物的脸部测光，使人物主体的曝光正确，也能较好地营造照片的整体影调。

**拍摄技巧** 拍摄低调人像的技巧

在拍摄低调人像时，如果采用逆光拍摄，应该对背景的高光位置进行测光；如果采用侧光或顺光拍摄，通常是以黑色或深色作为背景，然后对模特身体上的高光区域进行测光，该区域以中等亮度或者更暗的影调表现出来，而原来的中间调或阴影部分则再现为暗调。

在室内或影棚中拍摄低调人像时，根据要表现的主题，通常布置1~2盏灯光。比如正面光通常用于表现深沉、稳重的人像；侧光常用于突出人物的线条；而逆光则常用于表现人物的形体造型或头发（即发丝光），此时模特宜穿着深色的服装，以与整体的影调相协调。

利用低调的方式拍摄的人像画面看起来很前卫，很有个性（焦距：24mm│光圈：F16│快门速度：1/250s│感光度：ISO100）

## 中间调

中间调的明暗分布没有明显的偏向，画面整体趋于一个比较平衡的状态，在视觉感受上也没有轻快和凝重的感觉。由于画面的影调平淡，常给人以真实、朴素的感觉。拍摄中间调画面时，因为画面景物的明暗比较接近，应有意突出画面的主体，以避免画面没有重点。可用来表现植物、花卉等细节部分，并且大部分风景都可以用中间调表现。

中间调人像也是最常见、应用最广泛的一种影调形式，拍摄时只要保证环境光线比较正常，并设置好合适的曝光参数即可。

↑ 直射光下花朵显得非常亮丽，没有过重的阴影，也没有过亮的高光，画面整体呈现中间调真实、自然的感觉（焦距：105mm ┊ 光圈：F5.6 ┊ 快门速度：1/800s ┊ 感光度：ISO200）

↑ 中间调的人像看起来非常真实、自然，和我们日常生活中眼睛看到的效果差不多（焦距：70mm ┊ 光圈：F6.3 ┊ 快门速度：1/100s ┊ 感光度：ISO400）

---

**摄影问答 正确曝光的原则是什么**

曝光正确与否有两个标准：一是指技术标准，即画面的影像影调好、质感强、色彩饱和，最亮的强光部分和图案的阴影部分均能细致地表现影纹层次；二是艺术标准，即照片能不能表达作者的感情、能不能渲染环境气氛，以及能不能表现意境而吸引观众。

摄影者一般应把技术与艺术标准融合在一起，结合创作思想来确定正确的曝光。另外，在技术标准方面，不要教条地遵守，不允许画面有一丝的曝光过度或不足，在一些特殊的情况下，适当的曝光过度反而能够很好地表现画面。

---

**拍摄技巧 正确区分拍摄主体与测光主体**

拍摄主体就是指我们在画面中重点要表现的对象，而测光主体则是画面曝光的依据。

在很多时候，拍摄主体与测光主体是重合的，例如在人像摄影中，通常情况下都是使用点测光或中央重点平均测光模式，以人物的皮肤作为测光依据。

但有些时候，例如下图所示的人像剪影，画面主体仍然是人物，但为了将人物拍摄为剪影，且背景中的景物能够正确曝光，因此使用了评价测光模式，以天空作为测光主体拍摄。

综上所述，在拍摄时，应正确区分拍摄主体与测光主体，这样能够帮助我们更好地确定照片的曝光结果。

色彩的诱惑

Chapter 04

# 光线与色彩的关系

一天之中随着时间的推移，太阳光线的颜色也会发生变化。在日出与黄昏时刻，太阳的光线有红、橙的颜色效果，此时拍摄出来的画面有温暖的气氛；按近中午时分，太阳光线是无色的，此时拍摄能够较好地还原景物自身的颜色。

除不同时间段光线的颜色有所变化外，光线的强弱也对景物的颜色有所影响。在强烈的直射光照射下，景物反光较强，使其色彩看上去更淡；反之，如果光线较弱，则景物的色彩看上去更深沉。

摄影问答 **为什么阴天时的色彩饱和度比晴天高**

这是色彩学的一个现象。饱和度高的时候通常色彩明度会比较小；而色彩明度高的时候饱和度要低一些。阴天没有强烈的直射光，所以物体表面的强烈反光没有了，所以色彩明度比较低，但是物体表面的漫射比较柔和，所以饱和度比较高，但是你一定也发现了，阴天的明暗反差很小，立体感不如晴天好。

摄影问答 **影响照片色彩的因素有哪些**

1. CCD 的尺寸大小、像素和分辨率。
2. 图像处理芯片的质量好坏。
3. 光学镜头的好坏。
4. 白平衡的准确与否。
5. 曝光的准确度。

知识链接 **认识光的三原色**

蓝色、绿色和红色是光的三原色，其他的颜色都是由三原色以不同的比例组成的，单纯的三原色会让人感觉单调，利用其补色可以在画面中平衡三原色，并丰富照片的画面色彩。

➡ 云层被落日的余晖染成金黄色，同时水面也被映衬为橘黄色，而未被照射到的则是深蓝色，与其形成鲜明的色彩对比，增加了画面的视觉冲击感（焦距：10mm︱光圈：F3.5︱快门速度：1/80s︱感光度：ISO200）

# 曝光量与色彩

除了光线本身会影响景物的色彩外，曝光量也能将影响照片中的色彩，即使在相同的光照情况下。

例如，如果拍摄现场的光照强烈，画面色彩缤纷复杂，可以尝试采用曝光过度和曝光不足的方式，使画面的色彩发生变化，比如通过过度曝光可以使得到的画面的色彩变得相对淡雅一些；而如果采用曝光不足的手法，则能够使画面的色彩变得相对凝重深沉。

这种拍摄手法，就像绘画时在颜色中添加了白色和黑色，从而改变了原色彩的饱和度、亮度，从而起到了调和画面色彩的作用。

↑ 通过增加曝光补偿的方式使积雪更白，画面显得更干净（焦距：15mm ┊光圈：F16 ┊快门速度：1/320s ┊感光度：ISO100）

人像摄影很多是室内灯光，室内灯光的强弱也会影响画面的色彩，通常在无色的强光照射下颜色的明度会提高，但其饱和度会降低；反之，如果颜色受光不足，其明度会降低。而如果光线本身有颜色，则会在更大程度上影响被摄体的色彩，正所谓"灯下不观色"，在灯下看到的物品颜色往往与在白天观看时不一样。

因此，在人像摄影中，摄影师除了要掌握运用景物固有色的变化来构成画面色彩外，还要掌握通过光线的强弱和光线色彩的变化来控制画面色彩饱和度的方法。

↑ 在室内拍摄人像时，除了需要反复拍摄查看画面色彩，还可通过自定义白平衡来纠正画面色彩 左图（焦距：50mm ┊光圈：F10 ┊快门速度：1/250s ┊感光度：ISO100），右图（焦距：45mm ┊光圈：F11 ┊快门速度：1/250s ┊感光度：ISO100）

# 色彩三要素

知识链接 各种颜色给人的视觉感受

■ 热烈的红。

在所有的颜色中，红色是波长最长、穿透力极强、被感知度极高的色彩，很容易抓住观者的视线。

恰当的运用红色，可以渲染出欢快、热情、奔放的感受，在视觉冲击力上非常强烈。

■ 温暖的橙。

橙色又被称为橘黄或橘色，其最大的特点就是可以给人以华丽、温暖的感觉。在自然界中，鲜花、果实、霞光等都有着丰富的橙色。因其具有明亮、华丽、健康、兴奋、温暖、欢乐、辉煌等感情色彩，且橙色又是暖色系中最温暖的颜色，故较易触动人。

■ 明艳的黄。

黄色是一种明度极高的色彩，在众多的色彩中，其最为明亮，所以很多时候黄色多被用作警告色使用。黄色有着天真、浪漫、娇嫩等感情色彩，同时黄色明快、活跃的视觉感受也会使其产生生机勃勃之意。

(转89页)

## 色相

色相即各类色彩的相貌，如普蓝、柠檬黄、大红等。

色相是色彩的首要特征，是区别各种不同色彩最准确的标准。色相之间的差别是由光波波长的长短产生的，所以即便是同一类颜色，也能分为几种色相，如黄颜色可以分为柠檬黄、土黄等。

## 色彩的饱和度

色彩按其饱和度可分为纯度相对较高的高饱和度色彩和纯度相对较低的低饱和度色彩。纯度的高低主要取决于其色彩中所包含灰色成分的多少，含灰色越多，其色彩饱和度则越低。

饱和度的高低会使观者产生不同的视觉及心理感受。如果要表达热烈、明媚、愉悦等心理感受，应该在画面中注意突出高饱和度的色彩；反之，应该运用低饱和度色彩的主体，强调画面的另一种感觉。

↘ 高饱和度的画面看起来很清爽、明朗，也衬托着女孩的皮肤，使其更加白皙（焦距：85mm │光圈：F3.2 │快门速度：1/320s │感光度：ISO100）

# 明度

对于色彩的明度，我们可以从色彩本身的明暗，以及与其他色彩的对比，来确定它的相对明度。下面将分别从这两个方面来讲解色彩的明度。

## 以亮度区分色彩的明度

由于受光照的强度不同，相同的色彩也会表现出不同的明度，如深蓝与浅蓝、深绿与浅绿等，它们的适用范围、可表现的情感也各不相同。

（接88页）

■ 自然的绿。

绿色在自然界中几乎到处可见，在我们心目中，绿色仿佛成了生命和青春的象征，同时人眼长时间注视绿色，还能起到缓减觉疲劳的作用。

■ 冷酷的青。

青色是最能表现冷调画面的色彩之一，常常与蓝色相互搭配出现在画面中，甚至有时候很难分清它与蓝色之间的异同。

↑ 从两张图中可以看出光线充足较亮的时候，红色的衣服看起来更鲜艳一些。左图（焦距：50mm ┆ 光圈：F4 ┆ 快门速度：1/250s ┆ 感光度：ISO400），右图（焦距：24mm ┆ 光圈：F2.8 ┆ 快门速度：1/500s ┆ 感光度：ISO160）

■ 沉稳的蓝。

纯净的蓝色能够给人以美丽、冷静、理智、安详与广阔的感受，同时还适合表现忧郁、宁静的感受，常让人联想到海洋、天空、水、宇宙等对象。蓝色在风光摄影中的应用最为广泛，其中以蓝天为最常见、典型的表现对象，但多以背景的形式出现在画面中。

## 以色相区分色彩的明度

不同色相的色彩也存在着明度的差异，例如，最基本的红、橙、黄、绿、青、蓝、紫这7种色相，黄色明度最高，橙色和绿色次之，紫色和蓝色的明度最低，显得最暗。

（转90页）

← 背景处的冷色调衬托得模特身上橘黄色的衣服更加艳丽（焦距：135mm ┆ 光圈：F3.5 ┆ 快门速度：1/125s ┆ 感光度：ISO100）

（接89页）

■ 妩媚的紫。

　　紫色是由温暖的红色和冷静的蓝色混合而成的，是极佳的刺激色。在中国传统里，紫色是尊贵的颜色，例如北京故宫又称为"紫禁城"，亦有所谓"紫气东来"一说。同时高贵的紫色还带有忧郁、神秘、优雅等感受。

学习视频 一个有趣的练习

## 相邻色

　　相邻色是指在色轮中相邻的两种颜色。相邻色的使用在摄影创作中较常见，其能使画面达到统一协调、变化柔和的视觉效果，但相邻色缺少较强的色相对比，易使画面显得过于平淡、乏味。可以看出，相邻色构成的画面多较为协调、统一，而很难给观者带来较为强烈的视觉冲击，这时则可依靠景物独特的形态或精彩的光线为画面增添视觉冲击力。但是在大部分情况下，运用相邻色构成的画面进行拍摄，还是可以获得较理想的画面效果。

↑ 深深浅浅的粉色在画面中将女孩如水的气质表现得很好（焦距：180mm｜光圈：F3.5｜快门速度：1/320s｜感光度：ISO200）

## 互补色

　　当色轮中两种颜色之间的夹角在150°~180°时，这两种颜色就可以称为互补色。例如，红色与蓝色、红色与绿色都是最为典型的互补色。

　　在一幅画面中如果出现互补色，画面就会具有明朗的色彩对比效果。运用互补色构成的画面进行拍摄，能增强摄影作品的感染力，让画面看起来更加清澈和亮丽。

→ 前景中虚化的绿叶将女孩身上的红色衣服衬托得更加艳丽（焦距：200mm｜光圈：F4｜快门速度：1/500s｜感光度：ISO100）

# 色彩运用的准则

## 单色

与多种色彩搭配使用不同的是，单一用色显得单调，基本只有一种颜色。然而正是因为这种单调，却可以使得画面显得很简单，不复杂，使人们在视觉上容易接受。

➡ 利用单色拍摄的画面给人一种复古、怀旧的感觉（焦距：135mm ┊ 光圈：F3.5 ┊ 快门速度：1/125s ┊ 感光度：ISO100）

## 五彩缤纷

多种颜色组成的画面看起来比较突出，画面可形成强烈的对比，在视觉上很有冲击力。需要注意的是，若是饱和度很高，容易显得杂乱无章，降低饱和度会使画面感觉更整体一些。

↘ 利用五彩缤纷的玩具球作为陪体，衬托着女孩青春朝气的气质，画面给人活泼、生动的感觉（焦距：35mm ┊ 光圈：F10 ┊ 快门速度：1/250s ┊ 感光度：ISO100）

## 重彩

重彩画面是由那些色彩都比较深厚，能使画面产生浓郁色彩效果的颜色组成的。这样的色彩组合，能够表现出十分强烈的色彩效果，给观赏者深刻的色彩印象。

采用这样的色彩组合时，如果选用饱和度高的鲜艳色彩，可以形成一般明暗的影调；若利用明度低的暗色组成画面，则可以拍出色彩低调的照片。

↑ 利用艳丽的颜色营造一种明朗的画面效果，如果希望色彩饱和度高一些，可在拍摄时减少曝光补偿（焦距：45mm ┊光圈：F10 ┊快门速度：1/320s ┊感光度：ISO100）

## 淡彩

与重调相反，轻调画面都是由一些颜色较淡、明度较高、不够饱和的色彩组合在一起的。

轻调的色彩显得清淡、典雅，能得到和谐协调的效果，给人一种平静、质朴的感受。在轻调画面中，可以存在少量的调子较重的色彩，但这些色彩所占的面积一定要小。

← 淡淡的画面有一种若有似无的感觉，将女孩灵动的感觉表现得很好（焦距：70mm ┊光圈：F7.1 ┊快门速度：1/250s ┊感光度：ISO100）

# 色温对画面的影响

## 色温的概念

色温是一种温度衡量方法，通常用在物理和天文学领域，这个概念基于一个虚构的黑色物体，在被加热时到不同的温度时会发出不同颜色的光，其物体呈现为不同颜色。就像加热铁块时，铁块先变成红色，然后是黄色，最后会变成白色。

使用这种方法标定的色温与普通大众所认为的"暖"和"冷"正好相反，例如，通常人们会感觉红色、橙色和黄色较暖，白色和蓝色较冷，而实际上红色的色温最低，然后逐步增加的是橙色、黄色、白色和蓝色，蓝色是最高的色温。

## 低色温的暖调色彩

暖调色彩是指红色、橙色等可以给人温暖感觉的色彩，从色温的角度来说，属于低色温色彩，可以使人联想到太阳、火焰、热血等，因此给人们一种热烈、活跃的感觉。日出后、日落前具有典型的暖调色彩，对于拍摄风光、人像、动物等诸多题材来说，都是非常好的光线。

→ 黄昏景色常带有强烈的暖调色彩，如果将白平衡设置为"阴影"或"阴天"，这种暖调效果会更强烈（焦距：30mm；光圈：F16；快门速度：1/1250s；感光度：ISO100）

拍摄暖色调人像前，可以根据需要选择颜色合适的服装，例如红色、橙色的衣服都可以得到暖色调的效果，同时，拍摄环境及光照对色调也有很大的影响，应注意选择和搭配。比如，在太阳落山前的3个小时中，可以获得不同程度的暖色光线。

如果是在室内，可以利用红色或者黄色的灯光来进行暖色调设计。当然，除了在拍摄过程中进行一定的设计外，摄影者还可以通过后期软件的处理来得到想要的效果。

→ 画面中到处充满着喜庆的红色，将节日的气氛表现得很好（焦距：85mm；光圈：F2.8；快门速度：1/160s；感光度：ISO200）

## 高色温的冷调色彩

**拍摄冷调画面的技巧**

如果想要将画面拍摄成为冷色效果，在拍摄过程中，可以采取以下方法：

1.选择或调整被摄体的色彩，多使用蓝、青一类的颜色，使被摄体具有冷调特征。

2.在黎明时分，未出太阳时，以及日落以后或月夜的时刻拍摄户外风景，可以得到蓝青色的冷调效果。选择未出太阳时的光线拍摄，画面显得宁静、深邃、辽阔。

3.在正常拍摄条件下，在照相机镜头上加用蓝色的滤镜。

4.将相机的色温数值调整为一个较低的色温值。

**摄影问答** **为什么低色温呈现暖调，而高色温反而呈现冷调**

这是很多初学者都会遇到的一个问题。这里需要特别注意的是，色温的高低与我们平时所说的温度的高低是不一样的，或者说是相反的。

从色温制定的标准来看，它是科学家在绝对零度（－2730℃）时，对一黑体（如铁块）进行加热，随着温度的升高，铁会依次变为红色、橙色、白色等，当温度上升到6000℃以上时，颜色开始向蓝色区域扩展，于是科学家们就将这个不同的温度下，黑体辐射出的颜色作为"色温"的标准，因此，色温越低，其色彩就越偏向于红、橙色，给人以温暖的感觉；而色温越高，其色彩越偏向于蓝、青色，给人以冷酷的感觉。

**摄影问答** **除了设置白平衡，还有什么方法可以改变色温**

在大部分情况下，使用相机中自带的白平衡预设或手动调整色温功能，就已经可以满足日常拍摄的需要了，但如果还需要强化某一种色调，且调整色温又无法满足时，则可以尝试在镜头前加装彩色滤镜（又称滤光镜或滤色镜）。

滤色镜有多种不同的色彩类型，安装后可实现校正色温或对某种色彩进行补偿的目的。

另外，若是以 RAW 格式进行拍摄，并使用 Adobe Photoshop 附带的 CameraRaw 软件打开文件，则可以设置超出相机范围的色温参数，从而实现更多样化的色彩效果。

冷调色彩主要是指青色、蓝色等给人凉爽、冷酷感的色彩，从色温的角度来说，属于高色温色彩，可以让人联想到蓝天、海洋、月夜、冰雪等，给人以一种阴凉、宁静、深远的感觉。即使是在炎热的夏天，人们在冷色环境中也会感觉到清凉、舒适。

↑ 通过恰当的白平衡设置，使画面具有冷调的效果，更突出冰天雪地的寒冷（焦距：30mm ┊ 光圈：F9 ┊ 快门速度：1/100s ┊ 感光度：ISO100 ）

与人为干涉照片的暖色调一样，我们也可以通过在镜头前面加装蓝色滤镜，或在闪光灯上加装蓝色的柔光罩等方法，为照片增加冷色调。

↑ 利用冷色调拍摄女孩，将其青春、清秀的感觉表现得很好（焦距：50mm ┊ 光圈：F2.5 ┊ 快门速度：1/125s ┊ 感光度：ISO100 ）

经典构图

Chapter 05

# 不同拍摄视角带来的视觉效果

拍摄视角指的是相机相对于被拍摄人物拍摄位置的高低，拍摄时相机所处的高度不同，其产生的画面效果也不同。

## 平视

平视角度指相机的高度与被摄对象处于同等高度，这个角度最符合人的视觉习惯和观察景物的视点。由于镜头与人眼处于相同的高度，画面呈现出平视、平稳的效果，是一种纪实角度。采用这样的视角拍摄出来的照片，更符合人的视觉感受，有助于观众对画面产生身临其境的感受。

由于平视角度拍摄的画面的透视关系、结构形式、景物大小对比和我们人眼看到的大致相同，所以很容易使观者在心理上有一种认同感和亲切感。这种拍摄视角最适宜表现人物间的感情交流和内心活动。

↑ 以平视的角度拍摄层峦叠嶂，带给人们一种熟悉的视觉感受（焦距：150mm ┊ 光圈：F20 ┊ 快门速度：1/125s ┊ 感光度：ISO100）

**摄影问答** 怎样从相机的角度去观察

人类拥有两只眼睛，看到的是三维立体空间，而相机通常只具有一个镜头，其通过机械感知拍出的往往是二维平面照片。而且人们对于眼前景物的视觉、听觉、触觉甚至嗅觉等感知，表现在相机里只是一部分视觉信息，因而在将人们观察到的景物转换为相机拍摄的照片时，其空间维度往往丢失了一部分。

尽管人们所感知到的所有信息并不能完全在照片中得到表达，但是通过相机拍出的许多画面依然具有丰富的表现力。这需要拍摄者具有敏锐的判断力，能从相机的角度出发观察周围的景物，采用适合主体的拍摄方式，以弥补相机的成像弱点；并弃繁从简，删掉多余的景物，而保留摄影者想要表达的主要内容。

这两幅作品中，一幅是平淡无奇的作品，另一幅则通过调整位置，并充分利用广角镜头的透视性能使画面神奇地发生了逆转，形成了透视牵引构图。

这就是从相机的角度去观察景物的魅力。

← 利用平视的角度可以更好地表现模特的面部特征（焦距：50mm ┊ 光圈：F2.8 ┊ 快门速度：1/250s ┊ 感光度：ISO200）

# 俯视

俯视拍摄指的是将相机的位置置于视平线之上，其中最极端的例子就是航拍。俯视的视角广阔，有利于表现景物的宏大场面，反映主体与环境的关系，能够产生深远的视觉纵深效果，通常在拍摄湖面、城市全景、山脉等题材时常用此角度。

↑ 俯视拍摄蜿蜒的公路，S形的公路在草原仿佛一条银蛇，指向画面的远方，使画面更具空间感、延伸感（焦距：22mm　光圈：F8　快门速度：1/25s　感光度：ISO200）

俯视拍摄人像时，通常会将被摄人物与其周围环境同时纳入到画面中来，交代一定的环境信息，加之近大远小的透视关系，能够使画面呈现出较不错的空间层次。俯视适合表现女孩的面部，因为透视的原因，可以使眼睛看起来更大，下巴变小，突出被摄者的妩媚感。需要注意的是，如果画面中被摄人物的四周留下许多空间，会产生孤单、寂寞的感觉。

↑ 俯视拍摄的画面中女孩楚楚动人的眼睛非常引人注目（焦距：50mm　光圈：F1.8　快门速度：1/250s　感光度：ISO100）

**拍摄技巧** 不同角度的人像特点

■ 正面。

正面拍摄，也就是照相机与被摄体的正面相对进行拍摄。使用正面角度进行拍摄，可以很清楚地展示被摄体的正面形象。

虽然用正面拍摄人像可以显示出亲切感，拍摄建筑能表现建筑对称的风格等，但是由于正面拍摄时，只能看到主体造型的一面，缺乏立体感，所以一般不适合用正面拍摄表现丰富、动感的题材。

■ 背侧面。

背侧面角度在表现人像面部特征时，由于面部表得不完整，常给人神秘感，让画面更富有想象空间，适合表现有丰富情感内涵的特定场景和人像。

（转98页）

（接97页）

■ 斜侧面。

斜侧面拍摄，就是相机位于正面与侧面之间是位置进行拍摄。使用前侧面拍摄，可以增加被摄对象的立体感。

选择前侧面方向进行拍摄，可以使画面的透视感得到加强。丰富画面层次的同时，使画面被摄对象更加鲜活、生动。

■ 侧面。

侧面拍摄，就是相机位于与被摄体正面成90°角的位置进行拍摄。使用侧面进行拍摄，可以凸显被摄体的轮廓。

当使用侧面拍摄人像时，眼神朝向的方向一定要留有空白，为画面增添想象的空间。而且，侧面拍摄还能给人一种含蓄的感觉，使观者产生一种想一睹"庐山真面目"的感觉。

## 仰视

仰视角度拍摄是指摄影师降低机位自下而上进行拍摄，这一拍摄视角会使得画面中的线条向着画面上方的透视点汇聚，从而产生较强的视觉透视效果。在拍摄全景或中景人像时，可将模特的腿部在视觉上拉长，从而将被摄人物衬托得高大、挺拔。

由于这种拍摄角度不同于传统的视觉习惯，也改变了人眼观察事物的视觉透视关系，给人的感觉很新奇。

拍摄山川使用仰视构图可以使大山显得更巍峨，拍摄树木使用仰视构图可以使树木更挺拔，拍摄花卉时使用仰视构图可以使花朵看起来更加高大，灵活使用仰视构图可以获得更有视觉冲击力的作品。

➡ 以10mm的超广角镜头进行拍摄，树木的顶端汇聚在一起，直插向天空，画面的视觉冲击力非常强（焦距：10mm；光圈：F5；快门速度：1/100s；感光度：ISO100）

如果拍摄的目的是想让被摄人物的形象显得高大一些，可以降低拍摄角度，由下向上拍摄。这样可以强化主体在画面中的地位，使被摄人物显得更加高大、挺拔，但此时俯视的角度不宜过大。

在拍摄人物的近距离特写时，如果用仰视的方法，不仅能够夸大人物的神情，还能够凸显人物的面部特征。

➡ 利用仰视角度拍摄的人像，身材看起来很修长，而且在这个角度拍摄可避开杂乱的地面景物（焦距：24mm；光圈：F16；快门速度：1/250s；感光度：ISO100）

# 常见常用构图法则

## 黄金分割法构图

黄金分割是公元前6世纪由古希腊数学家毕达哥拉斯发现的几何学公式，其数学解释是将一条线段分割为两部分，使其中一部分与全长之比等于另一部分与这部分之比。其比值的近似值是0.618，由于按此比例设计的造型十分美丽，因此这一比例被称为黄金分割。

"黄金分割"公式也可以从一个正方形来推导，将正方形底边二等分，取中点$X$，以$X$为圆心，线段$XY$为半径画圆，其与底边直线的交点为$Z$点，这样将正方形延伸为一个比率为5:8的矩形，$Y$点即为"黄金分割点"，$A:C = B:A = 5:8$。

黄金分割法是已经被绘画等艺术形式证明了的美学定律，采用这种构图方法能使画面看起来更舒适、和谐。

↑ 将昆虫安排在黄金分割线上，并通过大光圈将背景虚化，使画面更简洁，主体更突出（焦距：200mm｜光圈：F11｜快门速度：1/320s｜感光度：ISO100）

运用黄金分割法构图时，摄影师可将画面表现的主体置于画面横竖三等分的位置或者其分割线交叉产生的4个交点位置，使其处于画面视觉兴趣点上，较易引起观者的注意，同时避免长时间观看而产生的视觉疲劳。在拍摄花卉、昆虫时常采用此构图形式。

---

知识链接 **黄金分割在摄影中的表现**

在摄影中运用黄金分割规律来构图时，可以使画面更有形式美感，主要表现在以下3个方面：

- 用于确定画幅比例，如直画幅的高8与宽5或横方形画面的高5与宽8。
- 确定地平线或水平线的位置，如拍摄水面在画面中占5，天空占8；或水面占8，天空占5，两种视觉效果各不相同。
- 用于确定主体在画面的视觉位置，这一部分可以参考"井"字格构图。

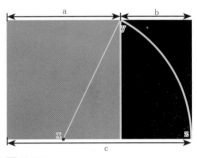

↑ 原理图

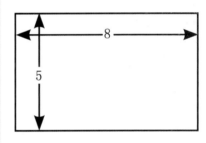

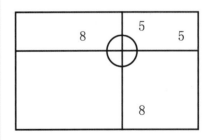

学习视频 黄金分割构图讲解

知识链接 **利用网格辅助三分构图**

尼康和佳能相机都提供了网格功能以便拍摄时辅助构图。

尼康相机在取景器中的网格，可以在自定义菜单的 d 拍摄 / 显示菜单中进行设置，如果是在即时取景模式下，则可以按 info 按钮显示网格。

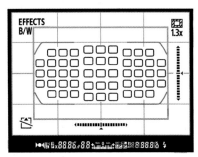

↑ Nikon D7200 的取景器网格

佳能相机在实时显示模式下也可以按 info. 按钮显示网格，而取景器中的网格，只有 EOS 7D 及 EOS 5D Mark Ⅲ 等较新的机型中，可以在设置菜单中启用。

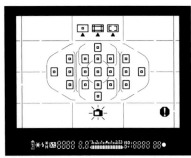

↑ Canon EOS 70D 的实时取景网格

使用这些网格功能，可以在三分、水平、垂直等规则构图中起到很大的辅助作用。

## 三分法构图

三分法构图是黄金分割法的一个简化版，它以 3×3 的网格将画面进行分割，而主体位于任意一条三分线上时，都可以很鲜明地表现出主体，且给人以平衡、不呆板的视觉感受。

现在大多数单反相机都有取景器网格，利用取景器网格，可以帮助我们很快地进行三分法构图。

↑ 利用三分法构图表现体积较小的昆虫，可使其在画面中突出（焦距：200mm┊光圈：F13┊快门速度：1/200s┊感光度：ISO100）

如果拍摄的是全景或半身照片，人体的线条通常应该在垂直方面的三分线，如果拍摄的是特写，可以将眼睛放在横向三分线上。

↑ 三分法构图不仅使用方便，画面效果也很舒服（焦距：85mm┊光圈：F8┊快门速度：1/160s┊感光度：ISO100）

## 水平线构图

水平构图即通过构图手法，使画面中的主体景物在画面中呈现为一条或多条水平线的构图手法。根据水平线位置的不同，可分为低水平线构图、中水平线构图和高水平线构图。可根据水平线的高低来表现天空或辽阔的大海、宽广的草原。

### 高水平线构图

高水平线构图指画面中主要水平线的位置在画面靠上1/4或1/5的位置，采用这种水平线构图的原因是为了重点表现水平以下部分，例如大面积的水面、地面。

学习视频 水平线构图讲解

↑ 利用高水平线拍摄的海面，天空在画面中只占了很小的面积，重点突出了如丝绸般的海水（焦距：20mm│光圈：F16│快门速度：5s│感光度：ISO100）

### 中水平线构图

中水平线构图指画面中的水平线居中，以上下对等的形式平分画面，采用这种构图形式的原因，通常是为了拍摄到上下对称的画面。

↑ 利用中水平线表现平静的水面，很好地表现了夕阳时分静谧的气氛（焦距：10mm│光圈：F8│快门速度：1/80s│感光度：ISO100）

### 低水平线构图

低水平线构图指画面中主要水平线的位置在画面靠下1/4或1/5的位置，采用这种水平线构图的原因是为了重点表现水平以上部分，例如大面积的天空。

➡ 利用广角镜头拍摄天空的云彩，利用低水平线构图减少画面中地面景物的纳入，更好地突出了天空的云彩（焦距：17mm│光圈：F9│快门速度：1/100s│感光度：ISO100）

知识链接 **垂直线构图与镜头的关系**

当画面中单一的元素重复出现时，例如马路边的树木、电线杆、走廊的柱子等，此时采用广角镜头并利用垂直线构图来组织画面，可以利用这些元素之间的渐变关系形成空间感、纵深感，而且还可以使画面更具韵律和节奏感。

而如果拍摄像树林这样密集重复出现的景物，则可以采用中焦镜头进行拍摄，利用其畸变小的特点，使树木可以在画面中以垂直效果出现。但如果使用广角镜头拍摄树林，则有可能因为离树木过近，而导致前面的树木变形。

学习视频 **垂直线构图讲解**

## 垂直线构图

垂直线构图能使画面在上下方向上产生视觉延伸感，可以加强画面中垂直线条的力度和形式感，给人以高大、威严的视觉感受。垂直线构图是拍摄树木时常用的构图形式。

摄影师在构图时还可以通过单纯截取被摄对象的局部，来获得简练的垂直线构成的画面效果，使画面呈现出较强的形式美感。在具体构图时，要注意形成垂直线条的景物的粗细分布与疏密分布要得当，不能有淤积的感觉。

↑ 画面中树木紧凑而富有节奏感地垂直排列，形成具有形式感的画面，这样的构图方式还强调了树木向上的生长趋势（焦距：33mm｜光圈：F7.1｜快门速度：1/20s｜感光度：ISO100）

## 斜线构图

斜线构图是利用景物的形态及空间透视关系，将图像表现为斜向的线条。

斜线构图打破了画面规规矩矩的布局，能使画面产生动感，并沿着斜线的两端方向产生视觉延伸，加强了画面的纵深感。另外，斜线构图打破了与画面边框相平行的均衡形式，与其产生势差，从而使斜线部分在画面中被突出和强调。尤其是在拍摄单枝的花卉时，采用斜线构图不会使画面显得太呆板。

拍摄人像时常用到斜线式构图，这种构图一般是由模特的身姿和摄影者的拍摄角度相结合而成的。由于人本身的直立性，摄影者通常采用竖幅的形式，利用模特身体的前倾或后斜来形成斜线构图。斜向构图避免了人物的呆板，使画面更加生动活泼。还可以更好地表现被摄者修长的身体。

↑ 使用广角镜头仰视拍摄大桥，结合斜线构图的使用，充分表现了大桥的气势感（焦距：23mm┊光圈：F11┊快门速度：1/2s┊感光度：ISO100）

↑ 利用斜线构图的不稳定表现人物给人一种很新奇的视觉感受（焦距：85mm┊光圈：F1.8┊快门速度：1/160s┊感光度：ISO200）

## 对角线构图

对角线构图即在摄影取景范围中，经过摄影者选择和提炼，使主体景物呈现为明显的对角线线条。采用这种构图拍摄的照片，能够引导读者的视线随着线条的指向而移动，从而使画面有一定的运动感、延伸感。

采用明显或不十分明显的对角线构图来拍摄建筑，如桥梁，能够拓展画面的空间感。

↑ 以仰视的角度利用对角线表现大桥，将其高大的气势表现得很好（焦距：17mm┊光圈：F8┊快门速度：1/500s┊感光度：ISO200）

摄影问答 **斜线构图与对角线构图的区别是什么**

斜线构图中包含对角线构图，对角线构图也是一种斜线构图。

1.斜线构图可以多种多样，只要不是垂直线或水平线都可以称为斜线；而对角线构图则只能够在画面的4个角做斜线延伸，有一定的局限性，且稍有倾斜就变成斜线构图。

2.斜线构图更加灵活，可以同时出现很多斜线，并且可以跟垂直线、水平线同时出现；而对角线一般只能出现一条。

为了更好地使读者认识斜线构图及对角线构图的区别，下面以图形的方式来说明。

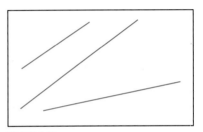

↑ 斜线构图

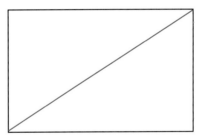

↑ 对角线构图

学习视频 **斜线构图讲解**

学习视频 **对角线构图讲解**

**对称构图使用技巧**

运用对称构图时，如果方法不当，容易给人一种呆板，缺少变化的感觉，因此，最好在对称的图像中，为照片添加能够打破照片平衡感的趣味景物，以使画面在平稳中充满生机。

需要注意的是，对称式构图并非要求照片在整体上"绝对对称"，那样必须导致照片呆板而又毫无生趣。

↑ 画面过于对称略显呆板

↑ 在画面中纳入小面积的草地为前景后，打破了蓝天、湖水单一的元素和颜色，使画面显得更生动

学习视频 **L形构图讲解**

→ 通过调整人物摆姿使其在画面中呈 L 形，从而使得人物的身体躯干在视觉上看起来更为舒展、修长（焦距：50mm ┊光圈：F4.5 ┊快门速度：1/320s ┊感光度：ISO100）

## 对称式构图

对称式构图通常是指画面中心轴两侧有相同或者视觉等量的被摄物，画面显得平衡、稳定，在风光摄影中常用于表现对称的物体、建筑和特殊风格的物体，均匀地分割画面产生对称的画面感，但这样的构图有可能导致视觉点分散。因为这一特点，对称式构图常常会因为缺少变化而显得呆板无趣。因此，对称式构图"中轴线"的选择十分重要，它既是画面分割的中心，也是视觉分散汇聚的中心，是主体所在。

学习视频 对称式构图讲解

↑ 连同水面倒影及主体一同纳入镜头形成上下对称的画面效果，给观者带来一种视觉及心理上的平稳感，同时，天空中浓郁的色彩为对称的画面增添更多生机（焦距：25mm ┊光圈：F14 ┊快门速度：1s ┊感光度：ISO200）

## L形构图

在拍摄人物的坐姿时，L形构图是很常用的，一方面可以形成比较稳定的画面感觉，同时也是比较不易出错的模特腿部摆姿方法。

# 三角形构图

### 正三角形构图

三角形形态能够带给人向上的突破感与稳定感，将其应用到构图中，会给画面带来稳定、安全、简洁、大气之感。三角形构图在人像摄影中经常用到，往往给人以平稳、大方、稳定的视觉感受，是使画面均衡的有效方·法。

在实际拍摄中会遇到多种三角形形式，例如正三角形、倒三角形等。

正三角形相对于倒三角形来讲更加稳定，带给人一种向上的力度感，在着重表现高大的三角形对象时，更能体现出其磅礴的气势，是拍摄山峰常用的构图手法。

↑ 利用正三角形来表现金字塔，获得视觉及心理上极为稳定的感觉，同时还增强了金字塔宏伟感与体量感的表现（焦距：20mm┊光圈：F11┊快门速度：1/160s┊感光度：ISO400）

### 倒三角形构图

倒三角形在构图应用中相对较为新颖，相比正三角形构图，其稳定感不足，但更能体现出一种不稳定的张力，一种视觉以及心理的压迫感。拍摄集体照时可利用此构图方式表现一种活泼的感觉。此外，在拍摄树木时如果能够找到形成倒三角空间的树杈，也可以按此构图形式拍摄。

↑ 以俯视的角度拍摄大海，海边的岩石以倒三角的形式衬托出了大海辽阔的气势，画面也给人一种不稳定的感觉（焦距：35mm┊光圈：F7.1┊快门速度：7s┊感光度：ISO100）

### 侧三角形构图

侧三角形构图在画面中可以形成势差的斜线，能够打破画面的平淡和静止状态，强调画面中产生势差的上方与下方的对比，从而在画面视觉中形成一种不稳定的动感趋势。在采用这种构图方式时，通常可以在画面中安排一些特别的元素，以打破三角形的整体感，使画面更灵活。表现成排的树木时可用此构图方式。

↑ 利用车灯轨迹形成的长斜线形成侧三角构图形式，给人一种不稳定感，也增加了画面的空间感（焦距：24mm┊光圈：F6.3┊快门速度：10s┊感光度：ISO100）

---

**知识链接** 通过图形认识三角形构图

为了更好地使读者认识正三角形、倒三角形及侧三角形的区别，下面以图形的方式来说明。

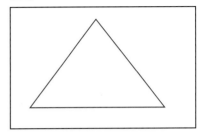

↑ 正三角形

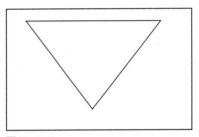

↑ 倒三角形

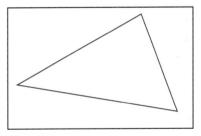

↑ 侧三角形

---

**学习视频** 三角形构图讲解

知识链接 **通过图形认识透视牵引线构图**

为了更好地使读者认识透视牵引线构图，下面以图形的方式来说明。

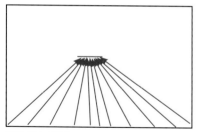

↑ 透视牵引线构图

知识链接 **通过图形认识放射线构图**

为了更好地使读者认识放射线中离心式和向心式放射线构图的区别，下面以图形的方式来说明。

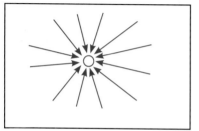

↑ 向心式放射线构图

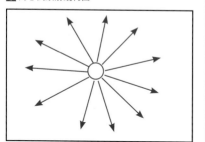

↑ 离心式放射线构图

学习视频 **透视牵引线构图讲解**

➜ 树林中的放射光线不仅为画面增添了神秘的气息，也使得画面看起来很有张力（焦距：17mm ┊光圈：F16 ┊快门速度：5s ┊感光度：ISO100）

## 透视牵引线构图

透视牵引线构图是指以画面中景物的线条形成透视感觉的构图方法，画面中的线条不仅对视线具有引导作用，还可以加强画面的空间感。在拍摄道路、河流、桥梁、建筑时，常采用这种构图形式，突出被拍摄对象的空间透视感觉，从而使画面的纵深感更强烈。

↑ 利用广角镜头拍摄建筑内部，向中心点汇聚的线条不仅给人一种肃穆感，也增加了画面的空间感（焦距：20mm ┊光圈：F8 ┊快门速度：1/60s ┊感光度：ISO800）

## 放射线构图

放射线可根据视觉倾向表现出两类不同的效果：一类是向心式的，即主体在中心位置，四周的景物或元素向中心汇聚；另一类是离心式的，即四周的景物或元素背离中心扩散开来。

向心式放射线构图能够将观众的视线引向中心，但同时产生向中心挤压的感觉。离心式放射线构图具有开放式构图的功效，能够使观众对于画面外部产生兴趣，给人舒展、分裂、扩散的视觉感受。夕阳的光芒、仰拍的树木、烟花都有放射式的特征，拍摄这些题材时经常采用放射线构图。

## 框式构图

框式构图是借助被摄物自身或者被摄物周围的环境，在画面中制造出框形的构图方法。在拍摄时，可以借助前景的树、窗户、门、栅格等对象来形成画面中或规则或不规则的框，在表现山脉、建筑、人像时常用这种构图形式。

在拍摄时为了突出表现人物主体，使其成为画面的视觉中心，常常使用框式构图来引导观者的视线。

在人像摄影中，如果要使用框式构图，应该充分利用前景作为框架，框架可以是任何形状，可以是前景与边框形成的框架或前景与画面中的地面景物形成的框架等。

框式构图能够丰富画面的景物层次，强化画面的空间感，将观者的视线引向人物主体，使人物主体更加突出，同时还具有一定的装饰性，能够美化画面、增添画面的形式美感。此外，框式构图也是排除杂乱背景的有效手段。

⬆ 利用有异域风情的石门框起远处的建筑，既有汇聚视线的作用，还很好地表现了建筑的特点（焦距：30mm┆光圈：F16┆快门速度：1/320s┆感光度：ISO100）

⬆ 透过虚化前景中的花枝，有效地将观者视焦点锁定在女孩的脸上（焦距：85mm┆光圈：F2.2┆快门速度：1/160s┆感光度：ISO100）

## 散点式构图

散点式构图是指将呈点状的被摄物集中在画面中的构图方式，其特点是形散而神不散，所谓的散布并非松散地胡乱分布，而是有内在联系的，并可以牵动人的视线。可用于以俯视的角度表现遍地的花卉时常用此构图，还可以用于拍摄草原上的蒙古包、牛、羊。

⬅ 利用散点式构图表现草原上的马群，给人一种悠哉、惬意的感觉（焦距：200mm┆光圈：F8┆快门速度：1/160s┆感光度：ISO400）

**拍摄技巧 使用框式构图的技巧**

框式构图一般应用于前景构图中，在表现前景中有规则的"框架"如门、窗等景物时，多以广角镜头居多，利用广角镜头的透视畸变及宽广的视角可以将框架表示完整，且可以展现出景物的立体感和纵深感。

而在表现不规则的"框架"时，如树枝、阴影等景物，则多以中长焦镜头为主，利用中长焦镜头压缩画面的功能，将前景虚化或简化，从而形成简洁的框架，以更好地突出主体。

**拍摄技巧 使用散点式构图的技巧**

在使用散点式构图进行拍摄时，为了确保画面中的每个元素都能清晰地呈现，建议使用小光圈进行拍摄，以更好地突出散点式构图的形式美感。

另外，该构图的关键在于，取景时要排除多余的背景，多余的背景会严重干扰主体的表现，在拍摄黑色移动的主体如牛、羊等时，一定要注意保持主体不能脱离画面的中心。在需要有一定幅度的留白时，应控制其空间不能占画面的太大比例。

**学习视频 框式构图讲解**

**学习视频 散点式构图讲解**

拍摄技巧 **灵活地运用各种构图形式**

　　本章讲的这些常规的构图形式，只要能够熟练地掌握，一般都能拍出和谐、稳定的画面。不过，仅仅掌握这些只是让画面不难看而已，要想达到让人过目不忘的效果，还有些距离。所以我们要学会灵活地运用各种构图的形式才能拍出更精彩的画面。

　　1.多种构图方式组合呈现精彩画面。

　　2.运用一些看似不出彩的构图，比如难有新意的对称式构图；给人呆板、停滞感的中心点构图等，其实只要运用得当，一样可以创造出意想不到的画面效果。

　　3.干脆打破常规构图，创造独特的构图方式。需要注意的是，无论采用哪种构图方式，都是为了突出画面的主题、明了视觉中心、简洁画面服务的。因此，当要表达的主题需要拍摄者使用更加丰富的构图技巧和方法时，应勇于突破常规，大胆取舍，自由地发挥想象，有时反而会拍出让人眼前一亮的照片。

　　由此可见，有时看似简单的构图，只要在表达主题上恰当、巧妙，也能创作出好的作品。

名师指路 **国际知名摄影名师箴言集锦**

　　摄影是一套视觉编辑系统。它实际上是在正确的时间站在正确的地点时，为人们想象力主体的一部分包裹一个框架的问题。如同弈棋或写作，它是从既定的可能性当中做出选择的问题。但是就摄影而言，可能性的数量并非有限，而是无穷无尽的。

　　　　　　　　　　——约翰·什扎科斯基

　　我以一种笨拙的方式拍照，我不安排对象，我站在他们面前，我不安排他们，我安排我自己。

　　　　　　　　　　——黛安·阿勃丝

## 满画面构图

　　这种构图方法是指让人物的局部充满画面，除此之外，没有或很少有其他画面元素。

　　满画面构图能够极为清晰地突出主体，通常用于表现人物富有魅力的局部，如漂亮的眼睛、红润的嘴唇、沧桑的手部皮肤等。

↑ 利用满构图拍摄美女，在小景深的画面中重点表现了其精致的五官（焦距：50mm ┊ 光圈：F1.8 ┊ 快门速度：1/250s ┊ 感光度：ISO100）

人像摄影初了解

Chapter 06

## 设定拍摄主题

对于拍摄的主题，可以说它简单，也可以说它复杂，简单到只需要一个关键字，而复杂的，也可能需要设定一个故事情节，围绕着故事的进展进行拍摄，这其中又涉及模特的气质、身高、发型、场地及时间的选择等诸多因素——有时候，这些因素也可能成为拍摄的主题，比如由一个非常有特色的环境来确定整个拍摄主题。

↑ 在模特后方打光，使其与背景分离并将其轮廓勾勒得很好。左图（焦距：35mm┊光圈：F8┊快门速度：1/250s┊感光度：ISO100），右图（焦距：30mm┊光圈：F3.2┊快门速度：1/125s┊感光度：ISO100）

## 制订计划

在确定了拍摄主题后，首先要熟悉拍摄环境，并且有必要去实地看一下，同时还需要制订出一个大致的拍摄计划及线路等。

熟悉环境要做到"知己知彼"，只有事先了解、熟悉了拍摄环境，才可以在拍摄时更灵活地运用现场的道具或者光线等，甚至在灵感产生时，可以具体规划到在某个位置以什么样的光线及模特造型进行拍摄。

另外，外拍时的环境受太阳光的影响和制约很大。在室内进行拍摄时，何时的光线强度满足拍摄需求、太阳光何时能够直接照射进室内等，都是直接影响作品成败的重要因素。

当然，在熟悉拍摄环境的同时，也要注意一些细节，比如附近是否有商店以方便购买饮料、最近的洗手间的位置、适合模特换衣服的地点（洗手间是不错的选择）等，这些细节都是整个拍摄过程能否顺利进行的重要保证。

↑ 不论是要表现居家小女人，还是表现夏日美人可在拍摄前就设定好主题，然后再选择拍摄场景、服装、道具等等。左图（焦距：30mm┊光圈：F3.2┊快门速度：1/100s┊感光度：ISO100），右图（焦距：200mm┊光圈：F4┊快门速度：1/500s┊感光度：ISO100）

# 人像摄影常见主题

人们常说，一幅好的人像摄影作品，要简洁、突出主体等，并将其视为人像摄影的理论指导与先决条件。但从整个人像摄影的流程上来看，拍摄主题才是最核心的内容，必须在拍摄前确定下来，它直接影响着拍摄环境、道具、模特、衣服搭配、表现手法及器材的选择等诸多工作。

那么，主题究竟是什么呢？简单来说，主题即指画面要表现的核心思想，借由对某种事物或现象的感悟，由此而产生的想法、观点、情感等，并结合对艺术的理解，经过摄影的创作，最终通过摄影画面的形式把它表现出来。

人像摄影的主题是多种多样的，例如表现精明、干练的"白骨精"主题，表现甜美、可爱的"邻家女孩"主题，表现活力十足的"音乐风暴"主题等，甚至一个局部裸露的性感服装、大大的毛绒玩具等，都可以成为摄影师表现的主题。

↑ 利用低调画面表现豪车、美女，局部的光线将汽车的质感表现得很好，模特冷酷的气质与豪车也很相符（焦距：24mm┊光圈：F13┊快门速度：1/250s┊感光度：ISO100）

↑ 利用高调画面表现室内人像，干净的画面与女孩恬静的气质很相符（焦距：24mm┊光圈：F10┊快门速度：1/125s┊感光度：ISO100）

↑ 稍微仰视以蓝天为背景拍摄的画面给人一种夏日清爽的气息（焦距：50mm┊光圈：F8┊快门速度：1/200s┊感光度：ISO200）

↑ 表现甜美女孩时采用了垂直俯视的角度，这样画面看起来很新奇，在布景上也采用了比较清新、甜美色调的道具，整个画面很符合人物气质（焦距：35mm┊光圈：F7.1┊快门速度：1/125s┊感光度：ISO200）

**摄影问答** 在白背景前拍摄人像，主体总是很暗，而周围的一些物体却是过曝的，这到底是怎么回事

在大多数情况下，TTL闪光测光总是能获得很好的效果，但如果拍摄的画面中有过于明亮的区域（比如白色的背景），这部分区域拍出来的结果往往是欠曝的，这时你就需要加一挡闪光曝光补偿，来获得真正的"白"色。

但此时，如果被摄主体不在画面的中央，而画面的中央正好是远离主体的一大块空白背景，那么因为加了一挡闪光曝光补偿，这部分就会严重过曝。对此的解决办法是，先将镜头拉近人物，尽量使人物面部充满整个画面，然后启动"闪光值锁定"。在这之后，再将镜头拉近，重新选择你需要的构图，并按下快门。

白色或浅色的物体常常会让你的闪光测光判断出现失误。解决的方法就是增加闪光曝光补偿。

**摄影问答** 什么是**糖水片**，如何拍好糖水片

糖水片是指画面影调明亮、色彩鲜艳、模特靓丽、焦点清晰、虚化得当的照片，这类照片会让绝大多数人感到愉悦。

虽然许多专业的摄影师不屑于拍摄糖水片，但对于摄影爱好者而言，拍出漂亮的糖水片也并非易事。

首先要确保所选择的场景与模特具有一定的美观度，还要在拍摄时确保照片的画质精细、曝光准确、色彩搭配得当、模特神情到位，最后，要根据需要对照片进行修饰，如适当磨皮、增加眼神光、修饰身形等。

➡ 拍摄海边的画面时不必将背景完全虚化，可保留一些轮廓使观者能分辨出拍摄场景，这样会更有地域特点。上图（焦距：27mm┊光圈：F8┊快门速度：1/320s┊感光度：ISO100），下图（焦距：60mm┊光圈：F2.8┊快门速度：1/250s┊感光度：ISO100）

## 选择拍摄场景

严格来说，拍摄人像摄影是没有固定场景限制的，很多时候，初学者拍不出好的作品就抱怨说没有找到好的场景，对场景不够满意。

选择场景在人像摄影中占有重要位置，拍摄人像不必去特别漂亮的景点拍摄，朴实的庭院、简单的楼梯、狭长的胡同、幽静的咖啡小店，甚至是草丛、树林都可以进行创作。

在欣赏别人的作品时，总是感觉人家的照片背景怎么如此漂亮，其实只要你留心观察，细心拍摄，处处都可以作为"上镜"的背景。

人像摄影中背景也占着非常重要的位置，通过人物与背景之间的关系，既可以交代人物所处的环境位置，又可以突出主题揭示人物的内心世界。从实际拍摄来看，背景的选择也是多种多样的，从大的角度分有平面的、纵深的、有室内的，也有室外。

# 拍摄人像常用道具

在拍摄前期，如果可以事先确定拍摄主题，并选择适当的道具与人物搭配，不但可以强化主题，突出画面的美感，还可以使道具与人物相互衬托，是人像摄影的常用手法。常用的人像摄影道具主要分为3种：主题性道具、掩饰性道具和辅助性道具。

## 主题性道具

在选定了拍摄的主题后，在进行人像拍摄创作时，如果拍摄道具与拍摄主题密切相关，甚至它即是拍摄主题，则这种道具称为主题性道具。

常见的主题性道具有两种。一种是具有广告意味的人像创作，在画面中人物是配角，是衬托道具的各种美感和用途的，常用于给厂家的产品做广告。拍摄时，需要以道具为主体，切不可喧宾夺主，影响了道具的主体地位。

另一种主题性道具的应用是借助道具的美感和风格，来创作一组以人物和此道具为风格的人像写真。在这种与道具相结合的拍摄创作中，道具是陪体，起到画龙点睛的作用，用来辅助主体人物，使其表现更完美。

**知识链接 美化画面用道具**

为了使画面更具有气氛，一些辅助性的道具是必不可少的，例如玩偶、鲜花、雨伞。这些道具不仅能够为画面添加气氛，还可以使人像摄影中较难处理的双手呈现较好的姿势。道具的使用不但可以增加画面的内容，还可以营造出一种更加生动、活泼的气息。

**摄影问答 为什么在树林中拍摄的人物皮肤会偏绿**

简单来说，这是由于环境中的反射光带有草地的绿色，再反射到人物身体上，就容易出现这种问题。如果拍摄环境影响到被摄体，可利用反光板之类的附件，挡住反射光的来源，从而尽量避免这一现象的发生。

◄ 琵琶、扇子的古典气质是根据人物的装扮来选择的，更加增添了画面中的年代感。左图（焦距：38mm；光圈：F8；快门速度：1/125s；感光度：ISO200），右图（焦距：55mm；光圈：F8；快门速度：1/125s；感光度：ISO200）

## 掩饰性道具

　　掩饰性道具在画面中可以起到遮掩的作用。它既可以遮掩主体人物，也可以遮掩拍摄环境中的某个特定元素，得到戏剧性的效果。

　　掩饰性道具的应用大多数是为了掩盖画面中某些难以避免的瑕疵，如防止服饰穿帮、遮掩模特皮肤上的胎记或伤痕等。掩饰性道具与拍摄主题没有关系，在拍摄时摄影师要将这种遮掩处理得不留痕迹。在少数情况下，模特利用遮掩性道具遮掩自己并不是为了掩饰缺陷，而是为了表现羞涩、俏皮等特定的情绪，这也是掩饰性道具的常见用法。

↑ 面具遮挡给人以神秘的感觉（焦距：200mm ┊ 光圈：F2.8 ┊ 快门速度：1/125s ┊ 感光度：ISO10）

↑ 利用道具遮挡杂物使得画面简洁又美观（焦距：180mm ┊ 光圈：F3.2 ┊ 快门速度：1/500s ┊ 感光度：ISO100）

↑ 利用树枝构成框式构图，鲜艳的红花与女孩俏皮的气质很相符（焦距：200mm ┊ 光圈：F3.2 ┊ 快门速度：1/1250s ┊ 感光度：ISO200）

## 辅助性道具

　　辅助性道具是指可以烘托画面气氛，营造画面氛围、衬托人物性格的道具。一般来说，辅助性道具在画面中不惹人注意，也不应成为画面的焦点。合理地使用辅助性道具可以恰当地为画面增添美感和气氛。在拍摄时，要充分考虑辅助性道具在画面中的位置，以及与人物之间的呼应关系。

　　辅助性道具可以分为很多种类，生活中到处都可以找到用来做道具的东西，比如帽子、眼镜、丝巾、窗帘等。只要具有善于发现的眼睛及富于创意的思想，只要敢想、敢做，就可以拍摄出不一样的摄影作品。善于利用身边的物品作为道具，便可以拍摄到意想不到的作品。下面就举例说明辅助性道具的典型范例。

↑ 以口红为漂亮女孩的道具，画面看起来很生活化，很轻松（焦距：28mm｜光圈：F2.5｜快门速度：1/80s｜感光度：ISO250）

**摄影问答** **怎样寻找模特**

　　人像摄影最重要的当然是模特，没有模特就没有办法拍摄，所以寻找一位好的模特至关重要，只要模特找得好，照片怎么拍都不会太差。下面就简单总结一下作者平时寻找模特的途径。

　　1.在自己朋友圈中寻找适合做模特的人选。因为彼此熟识，所以拍起来也会很容易。

　　2.在街上寻找陌生人，这是概率问题，一是遇见的人是否满意，二是路人会不会理你，这就需要你有足够的信心与耐心，然后向人证明你的用心，必要时使用作品说服他们。

　　3.加入摄影群、论坛、微博，这里会有人定期组织一些外拍，一般情况下负责人都会准备好模特。

　　4.网上寻找，发达的网络时代无所不能，你可以在这个平台上根据不同的标准，如身材、头发的颜色、甚至是眼睛的颜色，以及从事的职业、所在地区等，来寻找你心目中理想的模特人选。

**学习视频** **营造视觉焦点的技巧**

← 以可爱的狗狗为道具，清新的画面尽显女孩的柔情与爱心（焦距：105mm｜光圈：F2.8｜快门速度：1/40s｜感光度：ISO100）

# 提前熟悉环境

作为摄影师，你需要对所有事情都运筹帷幄，勘察环境是很有必要的，对环境的光线、场景、背景等有了初步了解以后，就可以根据环境等因素来制订拍摄计划。

比如在室外拍摄时，上午7点至10点以及下午3点至6点，这两个时段的光线比较充足，同时光质比较柔和，比较容易控制和发挥，可以与模特及工作人员约定这个时间段。当然一些细节也需要注意，比如附近是否有商店来购买饮料、最近的洗手间的位置、适合模特换衣服的地点等，这些细节也是整个拍摄过程能否顺利拍摄的重要保证。另外，拍摄地点的游客或者工作人员的多少，以及拍摄地点是否允许拍摄等也需要考虑。

## 拍摄技巧 培养发现意识

如果你没有什么想法，或找不到灵感，可以利用现在先进的媒体手段和资源，例如网络、图书、画册等。当然一些关于化妆、设计或者类似的杂志也会隐藏着很多摄影的奥秘，很可能会给你带来非同凡响的灵感。

或者当你身处美景或遇见漂亮的人时，也可以试着想象一下这样的美景该配合什么样的人物，或者这位美女适合什么样的服装与环境才能充分发挥她的美。这就是培养发现意识，寻找灵感的过程。

## 拍摄技巧 拍摄时让模特放松的方法

作为摄影师，可以准备一些小笑话来活跃现场气氛。另外，如果模特较为紧张，心情很难放松下来，绝大多数情况下这种紧张会出现在拍摄过程中，因此，摄影师不妨谎称已经拍完了，此时模特往往会松一口气，表情、肢体语言等都会更加自然，有意识地抓拍能够获得不错的画面效果。

另外，使用较长焦距的镜头，可以在较远的位置进行拍摄，从而避免由于摄影师靠得太近而导致的模特表情和动作不自然。

## 拍摄技巧 拍摄中注意留意细节

在拍摄过程中，应随时留意一些细节，让整个拍摄过程更加顺利。例如，根据拍摄的摆姿强度，选择合适的时间让模特休息一下，以保证模特拥有充沛的体力和精力。

摄影师在拍摄时，也不要只是盯着相机取景框猛拍，应该时常抬起头，从整体上看一下模特，看是否需要补妆，或是调整衣服等。

另外，摄影师还应该时刻注意场地的情况，保证模特的安全，危险动作尽量别做，除非征得模特同意。

## 学习视频 使照片具有视觉焦点

➜ 来到新环境拍摄的时候，应该先让模特适应环境，这样拍出来的照片才会自然（焦距：135mm ┆ 光圈：F2.8 ┆ 快门速度：1/1000s ┆ 感光度：ISO100）

## 出发之前检查装备

在开始拍摄的前一天，建议对相关的摄影装备做好充分的准备，并确认无误。

相机设置：按照最常用的拍摄设置，以及对拍摄环境情况的预估，进行一些基本的设置，比如感光度ISO数值过高、光圈太小等。

存储卡：首先应决定以何种文件格式进行拍摄，大多数数码单反相机都能够根据所设置的文件格式及尺寸，预计出存储卡能够保存多少张照片，看看该数量是否能够满足需求。另外，最好能够清空存储卡中的数据，为存储照片提供最大的空间。

电池：没电的数码单反相机连玩具都算不上，所以在拍摄前，一定要确认一下电量是否足够，如果有的话，也确认一下备用电池的电量，以备不时之需。

外置闪光灯：如果拍摄时要用到外置闪光灯，事先应查看一下闪光灯用的电池是否有足够的电量，最好能够带一份备用的电池。另外，用闪光灯拍摄人像，柔光罩是必不可少的。

道具：对于道具的选择，可以综合拍摄主题、模特的气质及着装等多方面因素进行选择，比较常见的如太阳镜、帽子、遮阳伞、玩偶、纱巾、花、书、手机、笔记本电脑、椅子、沙发等。另外，也可以充分利用环境中的一些天然道具，比如石头、树枝、汽车、摩托车、自行车等，恰当地使用这些道具，使之成为构图的一个因素，也可以增加人与物之间的联系，给画面增加故事情节。

辅助装备：如果需要使用类似于反光板、三脚架等装备，建议将其装在摄影包中，或将其与摄影装备放在一起，免得匆忙离开的时候忘记携带。总之，要充分预估拍摄时可能遇到的情况，避免因准备不足，导致乘兴而去、败兴而归的情况。

↑ 合适的装备在外出拍摄时会很方便

# 如何与模特交流

与模特交流是一个非常必要的过程，我们可以从交流拍摄环境、拍摄目的及大致的流程等方面入手，间或询问一下模特是否有过相关的拍摄经验等，让模特对此次拍摄有一个充分的了解，会让模特放松心情，拍摄时表情和动作也会自然很多，从而得到最大程度的配合，比如在着装、气质及造型等方面的表现。

在交流的过程中，可以多注意一下模特的形体特征，例如模特有良好的身材和体态，那么拍摄全身的效果会不错；反之，则可以考虑多拍摄半身或面部特写。值得一提的是，每个人都具有他最美的角度，作为摄影师，应该敏锐地把握到这一点，尽可能地发现并捕捉这个最美的角度。

另外，建议适当叮嘱模特多带几套衣服、相关饰品等，尽量不要整套照片下来都是一身衣服，如果模特是长头发，也可以考虑变换几个发型——当然是那种比较简单的，比如披散开、简单束起来的马尾或盘在头顶等，都可以给人耳目一新的感觉。

而作为摄影师，通过一系列的交流，应该对模特的气质有一个大体的了解，比如活泼开朗型的模型，在实际拍摄时，可以安排多做一些动作，甚至安排一些小的场景活动、游戏等，在拍摄时以抓拍、连拍为主，充分彰显人物的特性；如果是文静端庄的模特，则要尽量使面部表情含蓄微妙，表现出朦胧之美，那么摆姿势时就不要让模特的造型显得太过活泼，人物的姿态造型应该是静态的。

# 观察并简化画面的方法

在拍摄人像时，摄影师需要练就"眼观六路"的本领。首先，观察模特的外貌、性格等特征，然后以自己的方式来塑造模特、诠释主题——当然，这是一个需要长期积累的过程，只有不断实践，才能够随心所欲地运用。

另外，在构图过程中，可以运用排除法，先从"要去除"的元素开始观察，常见的要去除的元素有大阳、浮云、异常的影子、行人、头顶的树、建筑等。

在排除了部分要去除的元素之后，就可以根据拍摄意图进行构图了。观察画面的时候，视线应从边缘开始逐步移向中心区域，在此过程中必须确认是否存在以下问题：

1.照片的边缘有无障碍物。需要注意的是，很多中低端数码单反相机的视野率是低于100%的，在拍摄完成的照片中，会出现一些在取景时看不到的影像，因此在拍摄后要注意检查边缘是否有多余的内容。

2.从画面中心到边缘，被摄体是否保持着完满的形态。

3.模特的摆姿是否与周围环境协调。

4.模特的表情及神态如何。

上面所说的内容，看起来非常复杂，实际上，通过大量的拍摄练习，将它们变成自己的潜意识动作以后，就简单容易得多了。

## 拍摄中的气氛把握

在整个拍摄过程中，应该保持一种轻松、自然的拍摄气氛，摄影师尤其不要对模特大呼小叫，或是流露出不满意的表情，因为那样会让模特感到紧张，导致其肢体变得僵硬、不自然，表情也失去自信。

↑ 在拍摄过程中可以与模特进行交流，这样可以活跃下拍摄的气氛，拍出来的画面会更自然（焦距：100mm｜光圈：F1.8｜快门速度：1/500s｜感光度：ISO100）

## 拍摄中的尺度掌控

走光、偷拍这两个词汇，放到任何一个人，尤其是女性身上都是不可忍受的，摄影师在拍摄时要避免这种情况的发生，这是一个摄影师最基本的职业操守，同时也是对模特的尊重。摄影师在检查照片时，应该将走光的照片都删掉，更不能使这样的照片流传到网络上。

如果摄影师和模特不是很亲密的关系，如男女朋友或亲人等，最好不要与模特有肢体接触。在拍摄时，如果需要模特进行调整，应尽量做口头指导，或请模特的朋友及女性助理帮忙。这样做不仅可以保护模特，使模特保持轻松、愉快的心情，还可以避免给模特和摄影师造成不必要的麻烦。

另外，穿短裙的模特在变换姿势时，为了让模特能安心摆好动作，摄影师不要把镜头对着模特，以免让模特误会。

↑ 林间女孩酣睡的样子非常惹人怜爱，在拍摄时由于穿的是比较短的裙装，可找女性摄影助理帮忙摆好姿势，整理好服装（焦距：35mm｜光圈：F2.8｜快门速度：1/200s｜感光度：ISO100）

人像摄影用光高级技巧

Chapter 07

# 反射光

　　反射光摄影又称为反光摄影，是利用水面、镜子或光滑的金属表面等介质的反射特性来重新构图、美化画面、表现主题、增强作品表现力的一种摄影手法。无论是使用水面还是镜面，都会得到与主体对称的倒影，而如果拍摄不平坦的金属表面倒影，则能够得到夸张、变形的有趣影像。

↑ 从女孩的背面拍摄其镜中的眼睛，这样的画面不仅视角新鲜，也很好地表现了女孩漂亮的眼睛（焦距：85mm｜光圈：F2.2｜快门速度：1/640s｜感光度：ISO100）

　　从某种意义上来说，反射光摄影扩大了拍摄的题材范围，各种反光体反射出来的各式各样的影像，既有情趣，又具有表现力。如果在拍摄时扩大关注点并放飞想象力，会发现除了湖水、玻璃镜面等常见的反光体，利用路边的小水洼、手中的化妆镜也能够拍摄出不错的反射影像。

→ 将水面上恋人的倒影也纳入画面中，更为画面增添了浪漫的氛围（焦距：135mm｜光圈：F2.8｜快门速度：1/1250s｜感光度：ISO100）

**拍摄技巧** 利用窗户倒影拍摄或虚或实影像

　　有玻璃的窗户是反光物体，站在窗户旁边，如果光线合适，在窗户的玻璃上会出现人物的影像，倘若加以利用，将其纳入画面，不但可以使画面内容更丰富，虚虚实实的对称效果还可以使画面更耐人寻味。

　　如果背对窗户，还可以透过窗户看到室外的景色，室内景色与室外景色合一，留在半透明的窗户上，以标新立异的构图形成独特的影像效果，使画面更具吸引力，增强作品看点。

**拍摄技巧** 用影子增加人像画面的趣味性

　　这种意境的画面比较奇特，图片的组成元素以其特别的表现形式出现在画面中，使画面中形成似有还无、虚虚实实的感觉。通常可以用影子完成创作，这种影子可以是水中倒影，也可以是因光线照射的阴影。

　　这种效果同样能够引发观众对于画面外部的猜想，增加照片的趣味性。

**拍摄技巧** 调整速控屏幕显示亮度技巧

　　为了便于查看、编辑所拍摄的照片，通常应将液晶监视器的明暗度调整到与计算机显示屏幕相当的程度，这样能够减少前期拍摄与后期处理时可能出现的色差、亮度差。

**操作步骤** Canon EOS 70D液晶屏的亮度设置

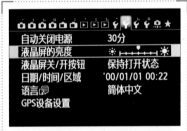

❶ 在**设置菜单 2**中选择**液晶屏的亮度**选项

❷ 在参考灰度图的同时点击◀或▶图标，然后点击 SET OK 图标确认

　　在环境光线较暗的地方拍摄时，为了方便查看，可以将液晶监视器的显示亮度调得低一些，不仅能够保证清晰地显示照片，还能够节电。

# 利用斑驳的光影拍摄有年代感的照片

在树荫下拍摄，很容易会出现斑驳的树影，一般情况下，我们会选择避开这些影子，因为如果斑驳的树影正好映在人物脸上的话，不但影响画面效果，还会破坏人物形象。

合理利用这些树影则会出现不同的效果，光线透过树枝、树叶在画面上留下斑斑的光点，极易形成非常具有年代感的画面，不仅如此，这些斑驳的树影还可以增强现场感，使画面更和谐、自然。拍摄时只需注意引导模特脸部避开树影的地方即可。

此外，为了给画面营造古老沧桑的感觉，可以通过改变白平衡设置，使画面呈现微微泛黄的暖色调。

↑ 光线透过长廊的柱子在地上留下斑驳的光影，画面有种怀旧的气氛（焦距：135mm┆光圈：F3.5┆快门速度：1/125s┆感光度：ISO100）

↑ 身穿旗袍的少女走在石板路上，背景被斑驳树影渲染的陈旧建筑，昏黄的色调使观者仿佛穿越了时光（焦距：50mm┆光圈：F5.6┆快门速度：1/320s┆感光度：ISO100）

# 室内窗户光的运用

窗外光线是一种很常见的光线，利用在人像摄影中，也是非常容易拍摄出自然和现场感极佳的光线。窗外光线更柔和，相比人工影棚光要朴实、自然，更贴近现实，更重要的一点，是窗外光随时可取，信手拈来，还不会受到天气的影响，即使雨雪天气同样可以拍摄，更随心。

↑ 由于室内光线较暗，选择了在窗前拍摄，得到了明亮的画面效果（焦距：135mm ┊ 光圈：F3.2 ┊ 快门速度：1/250s ┊ 感光度：ISO100）

## 利用窗帘改变窗外光线的通光量

众所周知，太阳东升西落，早中晚的光线各有不同，表现的效果也不同，在室内拍摄时，也需要考虑到光线的强弱、方向的变化问题。

例如中午光线最强烈的时候，如果仍在窗边拍摄，很容易造成曝光过度、亮部或暗部缺少细节等问题。这时候可以通过窗帘的打开程度来控制窗外光线进入的多少，甚至还可以形成独特的光线效果，增加画面的视觉吸引力。

↑ 利用窗户处照进来的光，形成聚光灯的效果，很好地突出了窗边甜蜜的恋人（焦距：45mm ┊ 光圈：F8 ┊ 快门速度：1/320s ┊ 感光度：ISO100）

拍摄技巧 **在室内拍摄人像的对焦操作**

在室内拍摄人像相当于在弱光环境下拍摄，此时，首先要考虑的就是对焦问题，根据相机和镜头对焦系统性能的不同，对焦速度或多或少都会存在延迟的现象。因此，可以使用中央对焦点进行对焦，其对焦性能通常是最高的。

另外，绝大部分数码单反相机都提供了对焦辅助功能，例如尼康相机的对焦辅助灯，佳能相机利用相机的内置闪光灯进行频闪，可以帮助拍摄者进行辅助对焦。

拍摄技巧 **在室内拍摄人像的感光度设置**

在室内拍摄人像时，感光度设置很重要，原因是弱光环境下的快门速度较低，因此需要提高感光度来提高快门速度，但同时还要注意的是，要保证一定的画面质量，即以不会产生明显噪点为原则。在实际拍摄时，可以多拍几张不同感光度的照片进行测试，然后再选择一个合适的感光度进行拍摄。

拍摄技巧 **在室内拍摄人像的快门速度**

弱光环境下的快门速度通常都会比较低，因此要特别注意会不会由于快门速度过低，使得轻微的抖动造成画面的模糊。通常情况下，快门速度不应该低于当前拍摄时所使用的等效焦距的倒数。例如以50mm的等效焦距进行拍摄，那么通常会设置1/50s以上的快门速度——当然，这也因各人手持相机的稳定性而有所不同。

拍摄技巧 **避免拍出"黑脸"模特的技巧**

要避免拍出"黑脸"模特，关键就是让模特的面部充分受到阳光照射，而要做到这一点，其实只需要摄影师给模特一个口令——看天空找太阳。这样即可使模特的面部朝向正确的方向，而摄影师需要在模特看向太阳的极短时间内进行抓拍。但这种方法不太适合阳光过于强烈的情况。

**拍摄技巧** 利用浅色窗帘为光线增加颜色

除了可以使画面更柔和外，浅颜色的窗帘还可以渲染画面，充当彩色滤镜。当光线透过窗帘时，窗帘上的颜色会淡淡地留在室内，仿佛加了一个带颜色的柔光板，淡淡的色调会使整个画面更有情调。

比如白色的窗帘非常容易营造一种清纯、干净的效果，而粉色的窗帘则给人一种可爱、俏皮的感觉，鹅黄色给人感觉温暖、舒适，淡蓝色的窗帘给人感觉清凉、舒爽。

↑ 利用浅色窗帘营造一种梦幻般的画面效果（焦距：45mm ┊ 光圈：F3.5 ┊ 快门速度：1/250s ┊ 感光度：ISO100）

**学习视频** 只是模仿是无法拍出出彩的照片的

## 改变拍摄方向控制光源

窗外光线的方向性是令人挠头的问题，因为我们无法改变窗外光线的方向，因此必须通过改变拍摄角度、控制光线进入的通光量和辅助光源补光的配合使用，来完成窗外光线的拍摄。

例如引导模特正面对向窗户，从外面拍摄就会出现顺光，而侧面对向窗户，就会出现侧光，以此类推，想要拍摄逆光效果，可以从室内拍摄，模特背向窗户。但需要注意考虑室外光源的方向，根据实际情况控制光源的方向。

↑ 拍摄窗边的模特时，由于光照方向是固定的，指引模特朝向不同的方向可拍出不同效果的画面。左图（焦距：40mm ┊ 光圈：F9 ┊ 快门速度：1/200s ┊ 感光度：ISO320），右图（焦距：70mm ┊ 光圈：F3.5 ┊ 快门速度：1/200s ┊ 感光度：ISO100）

## 利用窗帘为光线做柔化效果

像柔美的纱帘、细腻的丝绸帘等通光效果良好的窗帘都可以作为"柔光罩"以柔化画面效果。当光线强烈或较强烈时，将窗帘都拉上，可以说是一个天然的柔光罩，柔柔的光线照进屋内，不但可以增加画面气氛，还可以使人物皮肤更细腻。值得注意的是，通光量不强的窗帘不适宜用此方法拍摄。

→ 如果拍摄时窗外是比较强烈的光线，可拉上纱质的窗帘使透过来的光线变柔，得到柔和的画面效果（焦距：70mm ┊ 光圈：F3.5 ┊ 快门速度：1/200s ┊ 感光度：ISO400）

## 配合辅助光源更好地表现人像

在光线不充足，或模特离窗户较远时，较弱的光线下很难拍摄出好的人像作品，这时就需要采取一些弥补光源的措施。反光板首当其冲，它是最便捷、自然的补光工具，闪光灯也不错，补光效果更强烈。如果没有这些工具，台灯、手电筒也可以，或者将室内的灯全都打开，但要注意，不要使光线太杂，过乱的光线会使模特脸上出现多重阴影，影响画面效果。

↑ 从模特背面照过来的窗户光，在模特身上形成好看的轮廓光，也使其与背景分离（焦距：75mm ┊ 光圈：F9 ┊ 快门速度：1/200s ┊ 感光度：ISO100）

↑ 从模特的前侧方拍摄，这个角度下窗户光变成了前侧光的效果，使得模特看起来很白皙，且五官很立体（焦距：70mm ┊ 光圈：F2.8 ┊ 快门速度：1/80s ┊ 感光度：ISO320）

拍摄技巧 **避开窗口拍摄**

拍摄窗外光线，不必一味追求画面中要有窗户，避开窗口拍摄的画面可以更简洁，还可以随心设定模特所在位置及光线的方向，拍摄的画面也更自然、生动。

拍摄技巧 **选择合适的地点、道具营造不同气氛**

在咖啡厅或甜品店里，一杯咖啡、一份甜品，慵懒的阳光照射在模特身上，给人一种安静、祥和地品下午茶的感觉；在书店或阅览室中，一本书、一副眼镜则可以凸显模特的知性美；如果在阴雨天，外面淅淅沥沥的雨、阴霾的天气，再配合模特伤感的表情，则可以表现一种忧伤、凄美的画面；如果想要拍摄比较疲惫和安静的感觉，可以选择墙边，引导模特微微低头，去掉眼神光，这种似懒散休闲的感觉同样可以使画面变得唯美。

↑ 在晴朗的天气里，身穿白纱的女孩手捧着鲜花给人一种非常清新、动人的美感（焦距：35mm ┊ 光圈：F8 ┊ 快门速度：1/200s ┊ 感光度：ISO400）

# 人工光

## 内置闪光灯

除少数顶级数码单反相机外，其他大部分入门级中高端相机都提供了内置闪光灯功能。在弱光环境下，使用它来为人物补光，也是不错的选择。

需要注意的是，在不同的拍摄模式下，内置闪光灯所支持的快门速度（即内置闪光灯的同步速度）有所差别。以尼康D90相机为例，在光圈优先模式下，仅支持最高1/60s的快门速度，而在快门优先和手动模式下，则支持最高1/200s的快门速度，当前者不能满足安全快门速度的要求时，可以切换到后者，以获得更高的快门速度。

柔光罩是一种置于闪光灯前面的装备，它可以让闪光灯射出的生硬光线变得柔和一些，从而使补光效果更加自然。

在光线不足的情况下，当需要将人物提亮或者需要补光的情况下，可使用闪光灯拍摄。由于闪光灯射出的光属于硬光，会产生明显的阴影，所以，为了柔和光线，可在相机上安装柔光罩，以使被摄者的受光面变得柔和，削弱、减淡比较硬的阴影，从而得到更加自然的画面。

↑ 3 种颜色的柔光罩示意图

↑ 外置闪光灯使用柔光罩示意图

↑ 内置闪光灯使用扇形柔光罩示意图

↑ 由于在棚子内，光线较弱，使用了内置闪光灯进行补光，得到了明亮的画面效果，模特的皮肤也表现得很白皙（焦距：45mm ┆光圈：F8 ┆快门速度：1/250s ┆感光度：ISO100）

↑ 使用闪光灯仅打亮了模特，利用周围较暗的环境衬托得模特在草地上很突出（焦距：70mm ┆光圈：F2.8 ┆快门速度：1/250s ┆感光度：ISO100）

## 外置闪光灯

外置闪光灯是指需要另外购买，可以安装在相机热靴上的闪光灯。相对于外置闪光灯，内置闪光灯只能算是弱光环境下一个不得已的选择而已，外置闪光灯在闪光指数（GN，可简单理解为在相同环境及拍摄参数下所能达到的最大闪光强度，数值越大越好）、可调整角度和同步速度等方面，都远胜于内置闪光灯。

⬆ 在较大的环境中拍摄时，由于距离模特较远，使用了外置闪光灯进行补光，使得模特更加白皙，从背景中分离出来（焦距：200mm ┊ 光圈：F2.8 ┊ 快门速度：1/250s ┊ 感光度：ISO100）

在布置创意性的光线时，外置闪光灯更能大显身手。由于可以调整发光的角度，外置闪光灯可以在上方有遮蔽物的情况下，对其进行闪光，从而利用反射光为人物进行补光，即"跳闪"手法。

另外，在使用闪光灯补充光线时，由于闪光灯的光线偏冷，因此，如果对拍摄结果的色调不满意，建议将白平衡设置成"闪光灯"，以便得到正常的色彩。

⬆ 在室内拍摄时使用了闪光灯进行补光，得到了明亮的画面效果（焦距：55mm ┊ 光圈：F9 ┊ 快门速度：1/125s ┊ 感光度：ISO100）

**知识链接 利用散光板避免闪光暗角**

外置闪光灯的照明角度也是一个重要的性能指标。一些较简单的外置闪光灯在闪光的时候只有一个固定的角度，比如它会按照28mm焦距的角度闪光。如果我们拍照时使用的焦距是100mm，那么就会使外置闪光灯发射出来的闪光不能得到有效利用而造成浪费。

好一点的高端外置闪光灯都带有焦距调节功能，摄影师使用什么焦距拍摄，外置闪光灯就按照这个焦距的角度进行闪光，这样就使外置闪光灯的续航能力大大增强了。

另外，外置闪光灯的最大照明角度也很重要。因为当使用镜头的广角端拍摄时，如果外置闪光灯的照射角度足够大，画面中就不会出现黑边，否则就会产生很多黑边。

中高端外置闪光灯均带有散光板，可以在使用广角焦距拍摄时将其拉出，以避免画面中出现黑边。

**摄影问答 没有反光板如何补光**

虽然反光板是拍摄人像必备的工具之一，但并不是所有摄影爱好者都会购买，也并不是所有摄影师在外拍时都会携带，因此，有必要掌握没有反光板的情况下进行补光的技巧。

由于反光板的原理是通过反射光线来进行补光的，因此，可以按此原理在拍摄场景周边寻找能够反光的景物，例如，白色的墙壁、浅色的窗帘、大面积的白色海报、白色的浴缸等都可以临时充当反光板来反射光线。

此外，如果摄影师自身穿的是白色或颜色较浅的衣服，也可以利用衣服进行补光。

知识链接 **使用闪光灯拍摄时要注意的问题**

在使用闪光灯时，无论是内置还是外置，都应该注意以下一些问题：

■ 避免因距离背景过近而产生阴影。

在使用闪光灯时，尤其是从正面直射，或采用竖拍方式进行拍摄时，人物距离背景（如墙面）较近，容易产生浓重的阴影，此时可以使用柔光罩来减轻并虚化阴影效果。当然，最好的选择莫过于干脆让模特远离背景。

■ 使用慢速同步闪光模式亮化背景。

在夜间拍摄人像时，使用闪光灯后会照亮主体人物，但背景却常常是一片漆黑。此时可以使用慢速同步闪光模式，相机在闪光的同时会设定较慢的快门速度，使主体人物身后的背景也能曝光充足。

需要注意的是，根据背景的亮度不同，快门速度会有较大的变化，最低甚至可以达到30s的长时间曝光，这对模特和摄影师而言是一个考验。首先，在长时间曝光的情况下，要保证模特不要移动，否则可能会出现局部曝光错误或重影的问题；其次，同样是由于长时间曝光，因此可能需要使用三脚架来保持相机的稳定。

■ 避免闪光灯在脸上造成的油光。

在使用闪光灯拍摄时，可能会发现模特脸上有难看的油光，无论换用哪种闪光，也都存在这种问题，而想要避免这种问题发生就要了解为什么会产生油光。

这是因为闪光灯的光线比较集中而且比较硬，照射在人物脸上时，尤其是画面环境明暗对比较强时，人物脸上就会产生油光，此时可以使用柔光罩来避免这种情况。

另外还有一种情况就是，离模特过近，在越近的距离进行闪光，越容易让模特（尤其是面部）显得没有立体感，而且会产生非常难看的闪光印记，即使添加了柔光罩，效果也不是特别好。较合适的做法是让闪光灯距离模特远一些，保持在两米左右的距离时再进行拍摄，问题就会减轻很多。

## 用闪光灯在光线较弱的环境中提亮主体

在光线较弱的环境中拍摄人像时，通常利用提高感光度的方式来提高快门速度，但过高的感光度会降低画面的质量，这时可利用闪光灯对被摄者进行补光，以提亮画面的亮度，在暗光的环境中得到较高的快门速度。

→ 在较暗的环境中使用了闪光灯使得模特在画面中脱颖而出（焦距：50mm ┊光圈：F6.3 ┊快门速度：1/125s ┊感光度：ISO100）

## 利用闪光灯缩小画面的明暗反差

在强烈的光线下拍摄时，由于光线比较硬朗，会在被摄者的面部留下明显的阴影，而画面拍摄出来也显得很硬朗，不适合表现女性柔美的感觉。为避免出现这样的情况，可使被摄者背对阳光，并利用闪光灯对其进行补光，这样可以缩小明暗差距，提亮被摄者的面部，得到柔和效果的画面。

↑ 由于户外的光线较强，使用了闪光灯进行补光，缩小了明暗差距得到了明亮的画面（焦距：135mm ┊光圈：F3.5 ┊快门速度：1/250s ┊感光度：ISO100）

## 利用闪光灯提高画面亮度表现白皙的皮肤

即使在光线较佳的环境中拍摄时，也可以使用闪光灯。在表现女性时，为了使被摄者的面部看起来更加白皙，可利用闪光灯进行补光。需要注意的是，由于闪光灯的光线比较硬，可在闪光灯前加装柔光罩或是将光线照射到旁边的白色墙壁折射回来，这样可以得到较柔和的光。

在室内拍摄时由于光线较暗，使用了闪光灯进行补光，不仅使得画面明亮，女孩的皮肤也表现得很白皙（焦距：125mm｜光圈：F4｜快门速度：1/160s｜感光度：ISO100）

**拍摄技巧 使用柔光罩把闪光变得更柔和的技巧**

柔光罩是专用于闪光灯上的一种半透明塑料罩，由于直接使用闪光灯拍摄会产生比较生硬的光照，而使用柔光罩后，可以让光线变得比较柔和，当然，光照的强度也会随之变弱，可以使用这种方法为拍摄对象补充自然、柔和的光照。

外置闪光灯的柔光罩类型比较多，其中比较常见的就是肥皂盒、碗形柔光罩等，配合外置闪光灯强大的功能，可以更好地进行照亮或补光处理。

**摄影问答 闪光补偿和曝光补偿有什么区别**

曝光补偿和闪光补偿都是对相机曝光结果的一种人为干预。二者的使用需求基本相同，都是由于相机的测光系统与闪光灯的测光系统返回了不准确的信息，相机无法正确曝光，又或者我们需要拍摄一些特殊效果，因此需要调整曝光补偿或闪光补偿。

二者的区别在于，曝光补偿是通过提高/降低相机的光圈、快门速度或ISO感光度（视拍摄模式的不同而异）数值，从而改变照片的曝光。例如在光圈优先模式（A）下，相机的曝光组合为F8、1/250s、ISO200，此时若设置曝光补偿为EV+1，即照片曝光量增加一倍，此时会自动降低一半的快门速度，以达到该要求，因此曝光组合将变为F8、1/125s、ISO200；而闪光补偿则是通过提高/降低闪光灯的输出光量，进而改变拍摄对象被照亮的强度。

**摄影问答 什么是光比，在画面中有什么作用**

光比是指被摄体主要部位的受光面与背光面的亮度比值。光比越大，画面感觉越明朗，常用于表现硬朗、坚毅的事物，如山川、男性、老人等；反之则画面感觉柔和，常用于表现柔美的事物，如花卉、女性、儿童。

◤ 为了提亮女孩的面部使用了闪光灯，还使其与较暗的背景分离，在画面中很突出（焦距：75mm｜光圈：F7.1｜快门速度：1/250s｜感光度：ISO100）

# 光线调节——反光板

反光板在拍摄人像时起辅助照明作用，其反射的光线有时也作为人像摄影的主光使用。反光板的材质有锡箔纸、白布、米波罗等材料，制成不同的反光表面，可产生软硬不同的光线。

常用的反光板有白色、金色、银色等几种。

## 白面反光板

白面反光板反射的光线较为柔和，在拍摄人像时能取得较好的效果，而且因其是白色的，还可以使人物皮肤变得更白皙。

另外，在户外拍摄时，通常以太阳光为主光，但太阳光一般难以掌控，拍摄到的人像往往明暗反差过于明显，因此需要使用反光板对阴暗面进行补光，以有效地减小反差。

→ 在户外拍摄时，为了避免绿草的颜色影响脸色，可使用白面反光板进行补光，得到的画面中女孩的皮肤看起来很白皙（焦距：200mm┊光圈：F4┊快门速度：1/320s┊感光度：ISO100）

↑ 逆光拍摄时，为了提亮面部，在模特面前使用了白面反光板进行补光（焦距：180mm┊光圈：F3.5┊快门速度：1/250s┊感光度：ISO100）

知识链接 **区分反光板的白面和银面**

反光板距模特的距离设置非常重要，使用反光板控制光线，关键在于如何结合现场光线和拍摄意图，灵活运用因反光面质地不同而导致的反射率差异，以及反光板与模特的距离和角度。

反光面的质地不同，主要分为白色和银色反光面。直观就可以看出银色面的反光率更高，其反射的光线强烈，光质较硬。晴天时使用银色面会形成强烈的光效，在逆光状态下近距离使用，拍摄效果不自然，而且还会令模特感觉刺眼。通常，银色面仅在晴天顺光状态下用于消除头发的投影，在逆光状态下需远距离使用。不过在光线较弱的阴天时，可以充分发挥其强大的反射效果，而且也可以近距离使用。白色面的反射率低，但光质柔和，主要用于晴天逆光时。白色面整体为漫反射，会在模特的眼睛里形成反光板形状的光斑。其反射强度可通过微调与拍摄对象的距离和角度进行控制。阴天的时候，反射率较低，有时会因反射效果太弱而无法使用。

此外，反光板还会因放置的位置不同而使光线的方向发生改变。如果可能的话，可以寻求他人的帮助，将其放在下方或左右两侧进行尝试，以充分发挥其反光效果。

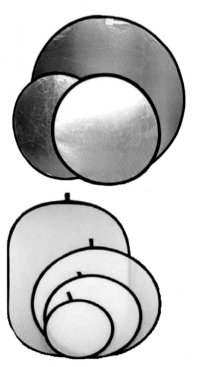

↑ 反光板示意图

## 银面反光板

　　银面反光板反光能力很强，而且反射的光通常都比较亮，非常适合在明暗反差较大的环境使用，在弱光环境或夜间拍摄时，使用银面反光板还可以使人物的皮肤显得明亮、有光泽。

　　在阴天、多云的天气下我们往往会使用阴天的白平衡进行拍摄，否则画面可能会偏黄。在阴天拍摄人像时，为了纠正脸部的偏色，需要选择银色反光板，这样可以让被摄者的肤色更加亮丽，尤其特别适合拍摄肤色偏黄的人。

⤴ 在阴天的户外拍摄时，为避免拍出来的画面偏色，使用了银面反光板纠正，画面中女孩的脸色很正常（焦距：70mm ┊ 光圈：F4 ┊ 快门速度：1/200s ┊ 感光度：ISO100）

　　银面反光板还有一个功能，就是为人物塑造眼神光，因其较强的反光能力，可以很容易地在眼部形成漂亮的眼神光，使人物看起来更有神。但需要注意调整银光板的摆放位置。

**拍摄技巧　用银面反光板补硬光**

　　通常五合一反光板有 5 种颜色，其中最常用的是银面。由于银面反光板的反光度很高，因此，通常用于在光线较弱的环境中为人物补光。在拍摄时，可以通过改变银面反光板与被摄者的距离调整反光强度。当反光板距离补被摄者较远时，反射光线较弱；反之，当反光板距离被摄者较近时，反射光线较强，但也正因如此，需要注意调整反光板的角度，以避免被摄者由于强反射光无法睁开眼睛。

⤴ 使用银面反光板为人物补光，并适当缩小光圈，保持对背景的曝光不变，在拍出来的画面中可看出经过补光，人物的面部得到提亮，且皮肤也更细腻了

　　◤ 在距离模特适当的位置使用银面反光板对其眼睛补光，得到好看的眼神光，使得模特看起来更加有神（焦距：80mm ┊ 光圈：F2.8 ┊ 快门速度：1/200s ┊ 感光度：ISO100）

↑ 金面反光板示意图

知识链接 **反光板的使用步骤**

在使用反光板补光时，要先找到太阳的光源，即辨识出光线照射的方向，然后根据需要引导模特站到指定位置，调整反光板的角度与位置，使光线照射到反光板上，再用反光板把光线反射到模特身上，在此过程中通过调整反光板的角度及其与模特的距离来调整光线的强度及角度，以便为模特打造出最理想的光线。

知识链接 **反光板补光的时机**

当太阳斜射时，是利用反光板进行补光的最佳时机，一般情况下，顺光、顶光使用反光板补光的效果都不是特别理想。

顺光下光线直射模特的面部，一般不需要反光板补光，但需要使用反光板控制面部的阴影；而顶光下补光只能将反光板置于模特下方才能进行补光，且如果光线较强，会使人物脸上产生较强的反光，看上去会很像油光，不利于表现模特的娇美。

↑ 使用反光板示意图

↑ 吸光板示意图

## 金面反光板

金色反光板顾名思义，就是表面是金色的反光板，这种金色反光板可以起到改变画面中被摄体色调的作用。尤其是在寒冷的秋冬季节，在拍摄人像时，使用金色反光板可以使观者从视觉上感受到画面的温馨感。

↑ 由于使用了金面反光板，模特脸色看起来很红润，显得特别有朝气（焦距：30mm ┆光圈：F1.8 ┆快门速度：1/320s ┆感光度：ISO100）

## 吸光板

黑色表面的反光板，称为吸光板或减光板，这种吸光板可以减少某个方向上的光线照射强度。尤其是在拍摄周围反光率较高的环境中较常用，例如泳池、玻璃前等。

↑ 在水边拍摄时，为了避免水面的反光导致大面积的空白而使用了吸光板，得到模特肤质细腻的画面（焦距：200mm ┆光圈：F4 ┆快门速度：1/500s ┆感光度：ISO100）

## 柔光镜

在拍摄女性人像时，由于数码单反相机镜头成像较为锐利，会把人物脸部的斑点、疤痕等缺陷也清晰地拍摄出来。然而这些是被摄人物所不喜欢看到的，所以经常要通过后期处理来加以修正。有一种更好的办法可以不通过后期处理也能拍摄出很好的照片，就是使用柔光镜，也叫柔焦镜。

柔光镜的镜面无色透明但不光滑，镜面上有许多凹凸不平的小圆点或其他不规则图案。用柔光镜在拍摄人像时，可以柔化人物脸部的缺陷，同时还可以使画面产生一种梦幻般的美感。所以经常拍摄女性人像的摄友可以考虑选购一支柔光镜，只需花几百元的价格就可以买到。

柔光镜的柔和效果和光圈、焦距成正比，即光圈越大、焦距越长，柔化效果强；光圈越小、焦距越短，柔化效果弱。通常情况下宜选用中等光圈拍摄。此外，在强光下使用柔光镜的效果更加明显。

↑ 使用柔光镜拍摄的画面锐度虽然没有之前那么高，不过柔和的画面可使女孩看起来更加柔美（焦距：200mm ┊ 光圈：F2.8 ┊ 快门速度：1/500s ┊ 感光度：ISO100 ）

**知识链接** 柔光镜

柔光镜又称柔焦镜，柔光镜由透明玻璃做成，玻璃的表面被腐蚀得凹凸不平，当光线经过镜片表面时就会被散射，从而使被摄物的轮廓柔化、反差降低，产生一种"柔光"效果。

↑ 肯高 72mm PRO SOFTON 柔光镜 A(W)

**拍摄技巧** 拍摄蓦然回首、嫣然一笑画面的技巧

要拍摄这种效果，摄影师一定要告诉模特要诀——向前走、大转身、找镜头。

按此方法拍摄时，一定要注意观察太阳的位置，模特转身后面对的方向绝不可以背光，否则会拍出"黑脸"的效果。另外，在拍摄前一定要练习转身后手臂的摆放位置，转身时一定要适当扭胯部，这样才能使模特的裙子飘扬起来，同时眼神要坚定地看向镜头。

**学习视频** 多看电影作品

# 如何表现人物的眼神光

在人像摄影中，对眼睛的表现十分重要，而要把眼睛表现好，很重要的一点就是要恰当地运用好眼神光。眼神光能使照片中人物的眼睛里产生一个或多个光斑，使人像照片显得更具活力。

在户外拍摄时，天空中的自然光就能在人物的眼睛上形成眼神光。如果是在室内利用人造光源布光，主光通常采用侧逆光位，辅光照射在人脸的正前方，用边缘光打出眼神光。但要注意用全光往往会冲平脸部的层次。

眼神光的大小与光源的面积大小相关。宽大的光源，如明亮的天空、窗口或反光的墙壁，它们形成的眼神光就会大而柔和；而太阳、闪光灯等点光源形成的眼神光会明亮而细小。眼神光的大小会表现出不同的情感特征，明亮、细小的光，可以表现出锐利、欢快的情感效果，面积较大的眼神光显得散漫而柔和，能够造就迷离、舒适的感情状态。

在拍摄人像时，为了使模特的眼睛看起来更加灵活、精神，可使用反光板组合进行反光，使被摄者眼睛中出现眼神光。在拍摄时，需要对反射光线的角度进行细致的调整，仔细确认反光板的位置，直到被摄者眼中出现满意的眼神光。通常，反光板要略高于模特的头部，以使眼神光点位于眼球偏上方，如果眼神光点靠下，人像会显得有点"走神"。

盲目地使用眼神光也会造成麻烦，例如想要表现人物忧郁、凄美的画面，眼神光的出现反倒会影响这种效果的表达。另外，戴眼镜时不适合使用眼神光。所以在进行人像摄影时，眼神光的取舍很重要，要仔细分析拍摄人物的性格与要拍摄的主题等，是不是适合使用眼神光。

当然也要根据拍摄场景与拍摄景别，例如远景时即使使用了眼神光也很难看出来，但拍摄近景或特写时，使用眼神光却可以为画面加分不少。

↑ 使用了反光板对模特的眼睛进行补光，使其明亮的眼睛看起来更加水灵动人（焦距：200mm ┆光圈：F2.8 ┆快门速度：1/500s ┆感光度：ISO100）

↑ 在光线较暗的户外拍摄时，使用了闪光灯对其面部进行补光，不仅提亮了面部，还为其补充了眼神光，使其看起来更有神（焦距：70mm ┆光圈：F2.8 ┆快门速度：1/250s ┆感光度：ISO100）

# 晴天时可以这样拍

当光线较强时拍摄人像，很容易出现强烈的反差及浓重的阴影，甚至是曝光过度的现象。所以很多人都不喜欢选择在强光下拍摄人像。但这不代表在强光时不能拍出好作品。

在强光下拍摄时，可以使用帽子、雨伞等道具，不但可以对强光进行遮挡，合理安排还可以作为道具，衬托主体、美化画面。

→ 如果是戴网眼的草帽可选择合适的角度使其投影在脸上形成好看的光斑（焦距：35mm ┆ 光圈：F7.1 ┆ 快门速度：1/200s ┆ 感光度：ISO100）

如果光线十分强烈，建议寻找凉亭、树荫等有阴影的地方拍摄，即可避免强光的照射。在强光照射下，阴影中的漫射光也会非常充足，同样可以拍摄到很好的人像照片。拍摄时，可适当增加0.3~1挡的曝光补偿。

但在树荫下拍摄时需要注意避免树荫下斑驳的光线，这是因为当强烈的阳光被树荫打散开，照射在人物主体身上时，会产生不均匀的一块亮、一块暗的效果，此时可以通过改变主体位置或引导模特转头等方式，避开这些斑驳的光线。

↑ 如果在户外拍摄时光线较强，可使用反光板在其背光的一面进行补光，明暗差距使得模特肤质看起来很细腻（焦距：135mm ┆ 光圈：F2.5 ┆ 快门速度：1/1000s ┆ 感光度：ISO100）

知识链接 **户外人像摄影最佳光线时段**

在户外拍摄人像时，由于光线是自然光（阳光），不能像室内人工照明一样自由地摆布，所以要根据不同的天气及一天当中的不同时刻来掌握光线。

一天当中，以清晨和傍晚时候的光线为佳，因为此时的光线较为柔和，温暖的色调和较长的阴影能给人愉悦的视觉感受。在清晨和傍晚时，通常会以侧光进行拍摄，使人像显得富有明暗层次和立体感，如果背光面过暗，可以用反光板进行补光；逆光拍摄会导致人像一片漆黑，必须用闪光灯进行补光。

↑ 可以在树林里寻找一处遮光效果较好的地方，以免杂乱的光斑落在脸上破坏美感，而草帽上透过来的光斑则起到了点缀的作用（焦距：50mm ┆ 光圈：F4 ┆ 快门速度：1/250s ┆ 感光度：ISO200）

如果碰到"蓝蓝的天上白云飘"的天气，可以拍摄出别样味道的照片。使用广角镜头，进行小光圈、大景深的拍摄时，应使用反光板为人物补光，以免留下浓重的阴影，影响画面表现。有些喜欢拍摄商业片的摄影爱好者很喜欢在这种天气中拍摄，拍摄出的画面会有一种大气、宽阔的感觉。

在蓝天白云的天气下拍摄时，可利用低水平线构图来大面积地表现天空，这种大面积的留白也更好地衬托出了画面下方这对恋人对未来充满美好憧憬的感觉（焦距：45mm ┊光圈：F8 ┊快门速度：1/800s ┊感光度：ISO100）

# 阴天环境下的拍摄技巧

阴天环境下的光线比较暗，容易导致人物缺乏立体感。但从另一个角度来说，阴天环境下的光线非常柔和，一些本来会产生强烈反差的景物，此时在色彩及影调方面也会变得丰富起来。

我们可以将阴天视为阳光下的阴影区域，只不过环境要更暗一些，但配合一些解决措施还是能够拍出好作品的。而且也不必担心强烈的阳光会造成曝光过度，不需要再使用反光板为模特补光了。

⬆阴天拍摄时颜色会比较饱和，但脸色也会有些偏色，可使用银面反光板进行纠正（焦距：135mm ┊光圈：F5 ┊快门速度：1/40s ┊感光度：ISO320）

**摄影问答　如何用反光板纠正肤色**

使用反光板可以纠正被摄者的肤色，其中效果最显著的是银面与金面反光板。通常银面反光板反射出来的光线色温较高，拍摄出来的画面偏冷一些，因此，如果被摄者的肤色偏黄，可以使用银面反光板在距离被摄者较近的位置进行补光，使其肤色看上去更白皙一些。金面反光板反射出来的光线色温较低，拍摄出来的画面偏暖一些，因此，如果被摄者的肤色白皙或血色不足，可以使用金面反光板进行近距离补光，使其肤色看上去更红润、有光泽一些。

**摄影问答　如果用于补光，反光板放在什么位置比较好**

通常情况下，如果没有使用闪光板或其他补光用具，仅使用反光板进行补光，则反光板要尽量靠近相机的位置，以使反射出来的光线从接近相机的方向照亮模特的阴影区域，使眼窝等凹陷处得到充足的补光。

**摄影问答　是否能够用反光板制造出逆光或侧逆光效果**

如果在拍摄时，将反光板安排在模特的侧后方，使反光板与相机的夹角在150°左右，则可以使反光板反射出来的光线成为逆光或侧逆光，但此时使用的反光板面积应该较大，以确保反射出来的光线比较强。

**学习视频　出错与献丑可能是初学者常态**

**拍摄技巧** 利用压光技巧逆光拍出天空与人像曝光均正常的照片

逆光拍摄人像时，如果依据天空进行曝光，则人像就会成为剪影，而如果依据人像进行曝光，则天空处就会过曝，成为一片无细节的白色区域。如果希望拍摄出天空与人像曝光均正确的照片，就需要运用压光技巧。

压光是指压低、减少充足的自然光，使天空处曝光相对不足，而前景的人像通过闪光灯补光后得到正常曝光。

具体拍摄方法是，将光圈缩小至F16左右（此数值可灵活设置），但快门速度并不降低（或仅降低一点，此处也需要视拍摄环境的背景亮度灵活确定），ISO数值也并不提高，因为如果在拍摄时完全按这样的曝光参数组合拍摄，得到的照片肯定会比较暗。因此，最重要的一个步骤就是，在拍摄时使用闪光灯对前景处的人像进行补光，使人像曝光正常。拍摄时要注意将闪光灯的同步模式设置为高速同步模式。

由于天空的曝光效果取决于光圈、快门速度、感光度这3个要素，因此天空部分会由于曝光相对不足而显得色彩浓郁、厚重；而前景处的人像由于有闪光灯补光，会获得正常曝光。

➡ 在一片黄花的衬托下，身着红色裙子的女孩显得更加娇俏动人（焦距：85mm ┊ 光圈：F2.8 ┊ 快门速度：1/400s ┊ 感光度：ISO100）

## 恰当构图以回避瑕疵

阴天时的天空通常比较昏暗、平淡，很难拍出层次感，因此在拍摄人像时，应注意尽量避开天空，以免拍出一片灰暗的图像或曝光过度的纯白图像，影响画面的质量。

⬆ 拍摄第一张照片时，由于地面与天空的明暗差距有点大，因此画面中天空的部分苍白一片，拍摄第二张照片时提高了拍摄角度，避开了天空，得到整体层次细腻的画面（焦距：135mm ┊ 光圈：F2.5 ┊ 快门速度：1/400s ┊ 感光度：ISO100）

## 巧妙安排模特着装与拍摄场景

阴天时环境比较灰暗，因此最好让模特穿上色彩比较鲜艳的衣服，而且在拍摄时，应选择相对较暗的背景，这样会使模特的皮肤显得更白嫩一些。

## 用曝光补偿提高亮度

无论是否打开闪光灯，都可以尝试增加曝光补偿，以增强照片的光照强度，尤其手在没把握使用闪光灯进行补光的情况下，曝光补偿可以说是阴天拍摄时的法宝。

→ 由于阴天时的光线较暗，因此在拍摄时增加了曝光补偿，得到的画面中女孩的皮肤看起来很白皙、细腻（焦距：85mm ┆ 光圈：F2.8 ┆ 快门速度：1/100s ┆ 感光度：ISO100）

## 切忌曝光过度

值得一提的是，如果在拍摄时实在无法把握曝光参数，那么宁可让照片略有些欠曝，也不要曝光过度。因为在阴天情况下，光线的对比不是很强烈，略微的、欠曝也不会有"死黑"的情况，我们可以通过后期处理进行恢复（会产生噪点）。而如果、曝光过度，在层次本来就不是很明显的情况下，可能会产生完全的"死白"，这样的区域在后期处理中也无法恢复。

↑ 在拍摄时，可稍微"欠曝"一点，还可以通过后期调整再提亮画面，这样可减少细节损失（焦距：75mm ┆ 光圈：F2.8 ┆ 快门速度：1/200s ┆ 感光度：ISO125）

**拍摄技巧** 利用曝光补偿去除画面中杂乱的环境

当画面中的环境比较杂乱不利于突出被摄者时，可以利用曝光过度去除不利于表现主体的细节部分。

这种方法适用于光比较大的环境中，当人物较亮环境较暗时，可利用减少曝光补偿的方法，这样，画面中较暗的环境处于黑暗中，看不到杂乱的细节，而人物则曝光合适，在较暗的背景衬托下，反而显得皮肤更白皙；而在较亮的环境中拍摄时，可利用增加曝光补偿的方式进行拍摄，这样可使环境中的杂乱因曝光过度而失去部分细节，而本来较暗的人物则会因曝光补偿提亮面部。总的来说，这种拍摄方式就是确保人物曝光正常，而忽略环境的细节。

**拍摄技巧** 使模特的皮肤看上去更白皙

在拍摄女性时，为了使模特的皮肤看上去更加白皙，通常要在拍摄时增加曝光补偿，以提高模特皮肤的亮度。

**拍摄技巧** 右侧曝光的拍摄技巧

由于数码相机的 CCD 和 CMOS 感光元件以线性的方式计算光量，比如，大部分数码单反相机记录 14 比特的影像，在 6 挡下能够记录 4096 种影调值。但这些影调值在这 6 挡曝光设置中并不是均匀分布的，而是以每一挡记录前一挡一半的光线为原则记录光线的。也就是说，一半影调值（2048）分给了最亮的一挡，余下影调值的一半（1024）分配给了下一挡，以此类推。这样，6 挡中的最后一挡，也就是最暗一挡能够记录的影调值只有 64 种。因此，根据上述理论，最好的曝光策略应该是"右侧曝光"，也就是使曝光设置尽量接近曝光过度，而实际上又不削弱高光区域细节的表现。需要特别强调的是，这种曝光策略更适合使用 RAW 格式拍摄的照片。虽然，这样的照片看上去也许有些亮，但有利于在后期处理时通过调整其亮度和对比度加以修正。

人像摄影构图高级技巧

Chapter 08

# 人像摄影中的前景处理手法

在画面中离镜头最近的景物或处于画面主体前面的景物，均可以称为前景。前景可以帮助主体在画面中构成完整的视觉印象，因为有时候，仅依靠主体很难展现事实全貌或事物，甚至使观者无法了解摄影意图。

在拍摄人像照片时，适当地以前景作为辅助，不但可以交代环境、说明画面，还可以美化整体效果，使画面内容更丰富，最常见的前景是花丛。

↑ 在阴天散射光线下，使用大光圈可以获得更高的快门速度，同时还能够使前景和背景得到有效的虚化，从而突出人物主体（焦距：100mm │ 光圈：F3.5 │ 快门速度：1/125s │ 感光度：ISO100）

## 利用前景交代时间、地点

在拍摄人像时，可以利用一些具有季节性或者是地方性特征的花草树木作为前景，来渲染季节气氛和地方色彩，使人物具有浓郁的生活气息。

例如，春天的桃花、迎春花等，既可交代季节，又让画面充满春意；夏天的竹子、秋天的红叶等前景也可对人物的表现形成有力的烘托。

### 拍摄技巧 塑造画面前景的几个技巧

前景是塑造画面空间感及纵深感的重要组成部分，恰当地运用前景，可以让作品更具有气氛，下面来讲解一些常用的塑造前景的方法。

■ 用画框做前景。

用前景为作品搭建一个天然的画框，可以让画面更显浑然一体。生活中的门、窗、葡萄架等，都可以为照片搭一个画框前景。

■ 用线条作前景。

此时的线条常用于视觉引导，产生远近的延伸感，引导人们的视线至主体。

■ 花草树木。

在风光摄影中，最常用的前景莫过于花草树木了，除了具有美化画面的作用外，还能渲染季节信息，丰富画面的信息量，将摄影师的情感融入到作品中去，增强作品的艺术表现力。

■ 留白。

前景的大面积留白，除了可以让画面变得简洁、主体突出外，更可以增加画面的纵深感，在拍摄以地面为主的照片时尤为常用。

■ 虚化前景。

要获得虚化的前景，较常见的方法就是通过大光圈或长焦距将其虚化。另外，也可以使用低速快门拍摄运动的前景，达到虚化的目的。这种表现手法，除了可减少对主体的干扰，有助于突出主体，更重要的是，可以营造朦胧、梦幻的虚境。虚境是指画面中虚化的部分及由画面中实境引发的想象。

■ 大小前景。

利用物体本身的大小，或近大远小的透视规则，使前景与远处物体之间形成大小的对比，以小衬大，或以大衬小，能使主体得到突出，并通过二者的前后呼应，深化主题思想。

■ 复杂前景。

复杂前景的运用，难度更大，但只要表现得当，会让画面更加精彩。复杂前景应该是繁而不乱的。它有着强烈的装饰效果，带给人丰富的审美感受，可是运用不好，就容易抢了主体的风头，喧宾夺主，拍摄时需要多加注意。

← 遍地的红叶点缀着画面非常好看，也很好地表现了秋意正浓的氛围（焦距：200mm │ 光圈：F2.8 │ 快门速度：1/100s │ 感光度：ISO200）

学习技巧 **利用微信公众号学习人像摄影的技巧**

许多知名人像摄影工作室都开设了微信公众号，并定期发布自己的作品，通过随时随地欣赏这些微信公众号的人像作品，可以使自己的人像摄影审美水准在不知不觉中提高，并在第一时间接触到最前沿的摄影理念与作品风格。下面是笔者订阅的微信公众号知名婚纱摄影集团——V2视觉其中的一期作品。

## 利用前景加强画面的空间感和透视感

在拍摄人像时，可以利用前景成像大、色调深的特点，与远处景物形成体量的大小对比或者色调的深浅对比，强化画面的空间感，这实际上也是透视原理在摄影中的具体应用，而且由透视原理可以推断出，前景与人物在画面中所占的面积比例相差越大，则画面的空间感越强。

➡ 利用广角拍摄的画面视野很开阔，前景处的栈桥起到了加深画面空间感的作用（焦距：24mm ┊光圈：F8 ┊快门速度：1/800s ┊感光度：ISO100）

## 利用前景使观者有现场感

在拍摄人像时，可以选择门、窗、建筑物等具有鲜明特征的景物作为前景，让其在画面中占有较大的面积，通过这些生活中熟悉的物体，无形中就会缩短观众与画面之间的距离，让其产生一种身临其境的亲切感，这对增加画面的艺术感染力是很有帮助的。

⬆ 当模特身处较杂乱的环境中时，使用大光圈可以将环境虚化，得到简洁的画面效果，也有使人身临其境的现场感（焦距：135mm ┊光圈：F2.8 ┊快门速度：1/160s ┊感光度：ISO100）

# 人像摄影中的背景处理手法

　　背景通常指主体后方的景物，可以简单地理解为距离摄影镜头最远的景或物。对于人像摄影而言，其背景必须以简洁为原则，以减少背景对主体的干扰。因此，在实际拍摄时，通常用大光圈虚化背景，使背景形成漂亮的虚化效果，从而突出主体人物。

↑ 由于模特的道具是泡泡，因此选择了暗调的背景衬托，在五彩泡泡的点缀下画面有种浪漫的氛围（焦距：135mm ┊ 光圈：F2.8 ┊ 快门速度：1/320s ┊ 感光度：ISO100）

　　人像摄影作品中背景的重要性丝毫不亚于前景，背景的运用应该与主体人物之间形成相互作用，让整个照片看起来联系紧密，不仅能够辅助说明人物所在的环境，而且为照片增加美感。

　　如果人物处在杂乱的背景中，尤其是在户外拍摄人像时，应该通过一定的构图手法，从背景中找到秩序或韵律，或利用光线掩饰杂乱的背景，从而使背景不至于影响人像的整体表现效果。

→ 通过虚化背景等手法对人物进行渲染，是一幅很有浪漫的人物摄影作品（焦距：200mm ┊ 光圈：F2.8 ┊ 快门速度：1/100s ┊ 感光度：ISO200）

**摄影问答** 为什么拍摄业余模特时，有许多好照片反而是意外拍摄出来的

　　许多专业的人像摄影师会通过引导使模特进入专业表演状态，从而拍出好照片。但这种方法不适用于业余模特，因为她们通常没有专业的表演才能，无法在眼神或肢体动作方面进入摄影师需要的状态。此时，摄影师会同样采取引导的方法使模特慢慢进入需要的状态，但拍摄的重点不在于模特最终进入的状态，反而是模特进入状态之前所表现出来的努力、尝试与思索，而这就是许多摄影师所指的"意外"。

　　例如，摄影师可能会要求模特表现一种心事重重的状态，模特可能经过种种尝试均无法完美地达到摄影师需要的效果，但这并不妨碍摄影师将模特的种种尝试状态都拍摄下来，并从中找到令人满意的佳片。

　　这种拍摄方法也被称为"摆中抓"，即在模特摆姿势的过程中进行抓拍。

# 人像摄影中的留白手法

知识链接 画面空白的作用

画面的空白大小决定了形态在空间的方位、大小和远近，空白与形态构成了画面的总体空间系统。空白不仅起着沟通和联系形态的作用，还起着创造画面意境的作用。

虽然留白没有具体的形象，但是在画面中却是不可缺少的，它会使得画面在视觉上更加舒适自然，在拍摄人像照片时，可以通过大面积的单色天空、白云、草地、水面、墙壁等空白来为照片增加意韵。

画面中的留白通常是指画面中没有具体形象的部分，它在视觉上给观者留下更多的想象空间，可以使画面看上去较舒适、没有压抑感，摄影师可以根据留白控制画面的情绪节奏、疏密等；很好地处理画面中的留白部分可以留给观者一个激发想象的空间，使画面产生主题上的延伸感，为画面表达烘托独特意境。

人像摄影是以表现人物为主题的摄影题材，摄影师可以利用留白更好地控制画面的节奏与情绪，烘托意境，给观者留下更大的想象空间，使得观者的视点留在画面之内，而情感却游离于画面之外，使画面体现出独特的意境。

↑ 利用蓝天白云作为大面积的留白，不仅起到了美化画面的作用，也容易使观者的视线停留在这对甜蜜的恋人身上（焦距：20mm ┊ 光圈：F8 ┊ 快门速度：1/500s ┊ 感光度：ISO200）

拍摄人像时，一般常用的方法是在人物视线方向的留白，这样可以使人物视线方向的空间得以延伸，增加画面的流通性与宽松感，让观者对人物视线方向的内容产生遐想，不至于让画面产生拥挤、堵塞的感觉。

利用留白的形式表现手持荷花的女孩，不仅使画面有种意境美，也将女孩恬静的性格表现得很好（焦距：200mm ┊ 光圈：F2.8 ┊ 快门速度：1/100s ┊ 感光度：ISO100）

## 处理人像摄影中的画外空间

画外空间并不是指画面内景物的外延，而是指画面内容与意境空间的外延。

运用到人像摄影中，可以使观者通过画面中的景物，联想到画面外部的空间，从而实现"一滴水折射太阳的光芒""见微知著"的效果，从而大大扩展画面的空间，产生"画外有话，画中有景"的意境。

↑ 孩子伸向画面外的手将观者的思绪也带到了画面外，不知是有可爱的小鸟飞过，还是有妈妈在旁边（焦距：135mm ┊ 光圈：F2 ┊ 快门速度：1/320s ┊ 感光度：ISO400）

## 主体

主体是画面构图的主要组成部分，是集中观者视线的视觉中心，也是画面内容的主要体现者，可以是人，也可以是物，可以是任何能够承载表现内容的事物，但在人像摄影中，画面中的主体必须是人。

一张漂亮的照片会有主体、陪体、前景、背景等各种元素，但主体的地位是不能改变的，搭配其他元素都是为了突出主体。

在人像摄影中，要想突出主体，可以采用多种方法，最常用的方法是对比。例如，通过虚实对比、大小对比、明暗对比、动静对比等来突出主体。

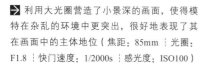 利用大光圈营造了小景深的画面，使得模特在杂乱的环境中更突出，很好地表现了其在画面中的主体地位（焦距：85mm ┊ 光圈：F1.8 ┊ 快门速度：1/2000s ┊ 感光度：ISO100）

# 让主体更突出的技巧

## 虚实对比

人们在观看照片时，很容易将视线停留在较清晰的对象上，而对于较模糊的对象，则会自动"过滤掉"，虚实对比的表现手法正是基于这一原理，即让主体尽可能地清晰，而其他对象则尽可能地模糊。人像摄影是最常使用虚实对比手法来突出主体的题材之一。

➜ 利用大光圈不仅将背景中的光源虚化成了漂亮的光斑，也通过虚实对比的方式使得模特在画面中更突出（焦距：200mm │光圈：F2 │快门速度：1/500s │感光度：ISO200）

## 明暗对比

这种手法就是通过主体与其他元素之间亮度的差异，来突出主体对象的。

大部分情况下，我们多是让背景变暗，而主体相对明亮，但这并非是一成不变的手法，将二者的位置互换，即让背景明亮起来，让主体变暗，以突出其轮廓，也是非常常见的手法，例如剪影就是其中最具有代表性的表现形式。

⬆ 利用室内光仅打亮了模特，在黑色背景的衬托下使得模特在画面中非常突出（焦距：85mm │光圈：F3.5 │快门速度：1/200s │感光度：ISO100）

## 冷暖对比

　　暖色与冷色对比是最常用的色彩对比手法。暖色通常包括红色、黄色、橙色等，其在视觉上易产生膨胀、扩张感，在心理上给人以热烈、温暖的感觉；而冷色通常包括蓝色、青色等，其在视觉上则易产生收缩、收敛感，而在心理上则给人以一种冷静、安静的感觉。

　　暖色和冷色在画面中会形成鲜明的对比，可以更好地突出画面主体，如果在运用时注重面积的大小区别，还可以营造不同的画面气氛。在拍摄人像时，常用的手法是通过人物衣物的颜色与环境的颜色形成冷暖对比。

身着红色衬衣的女孩在绿色树叶的衬托下显得非常醒目（焦距：85mm ┊光圈：F2.8 ┊快门速度：1/30s ┊感光度：ISO100）

## 动静对比

　　运动的主体与静态的背景对比，可以让主体显得更为突出，例如体育、活动等纪实性题材的摄影。

　　拍摄时也可以采用追随的拍摄技巧，使用较低的快门速度，在曝光过程中跟随运动员保持相同的速度向同一个方向移动，这样在画面背景上会出现流动的线条，快门速度越慢，线条感越明显，画面就越显得动感十足。

　　`拍摄技巧` 追随拍摄技巧

　　在拍摄体育比赛时，经常会用到追随拍摄。所谓追随拍摄，就是在拍摄时，相机跟随运动员保持相同的速度向同一个方向移动，在运动员进入最佳拍摄位置时，按下快门，完成拍摄。这样，画面背景上会出现流动的线条，快门速度越慢，线条感越明显，画面越显得动感十足，当然，此时的拍摄难度也越高。

　　运用追随法拍摄时应注意以下问题：

■ 相机的移动速度一定要和动体和移动速度始终保持一致。

■ 相机的移动要在一条水平线上，眼要随动体移动，不能前后左右晃动。

■ 按动快门要轻，时间不能过早或过晚，一般在平行追随时，以和拍摄对象在75°～85°角时按动快门为宜。

■ 按动快门的时间应该是动作的高潮。若不能保证准确抓取瞬间，那么建议启用连拍模式。

■ 快门速度应根据动体的移动速度和所要追求的拍摄效果确定，一般为1/15s~1/60s，最快不能超过1/125s。

■ 使用快门优先模式优先保证要使用的快门速度。

◄ 风吹动裙摆形成虚化的效果，使女孩看起来更加飘逸（焦距：35mm ┊光圈：F5.6 ┊快门速度：1/80s ┊感光度：ISO100）

# 陪体

拍摄技巧 **陪体的运用技巧**

一般情况下，可以利用直接法和间接法处理画面中的陪体。直接法就是把陪体放在画面中，但不能压过主体，往往将其安排在前景或背景的边角位置，花朵、玩偶、乐器等是人像摄影的常用陪体。

间接法，顾名思义，就是将陪体安排在画面外，通过人物的动作及视线使观者对画面外的陪体产生联想。这种方法比较含蓄，也更有韵味，可形成无形的画外音。

一部好电影，除了要有好的主角，并进行精彩演绎外，还需要有配角的配合。同样，一幅好的图片，除了有吸引人视觉的主体外，还需要一些配角来帮助主体表现主题，这些配角就是陪体。

陪体是陪衬主体的景物或人物。在人像摄影构图中，有美化画面、渲染气氛等作用。陪体与主体之间应该是相互呼应的关系，而不是毫无联系的两个画面构成因素。

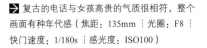
➡ 复古的电话与女孩高贵的气质很相符，整个画面有种年代感（焦距：135mm ┊光圈：F8 ┊快门速度：1/180s ┊感光度：ISO100）

陪体的出现，一定是为主体服务的，不能够分散观众的注意力，影响主体人物的突出地位，因此其在画面中的面积不宜过大。

没有陪体或环境的人像照片，无法使观众通过画面产生联想，也不可能有深度，这样的照片多数属于纪录型或肖像类照片，因此在拍摄时应该通过各种手法，使画面中出现陪体。

⬆ 利用各种色彩鲜艳，又新奇的小物品来衬托古灵精怪的女孩，整个画面洋溢着一种青春朝气的气氛（焦距：45mm ┊光圈：F9 ┊快门速度：1/125s ┊感光度：ISO100）

# 保持简洁让你的画面大气十足

　　无论是何种题材的摄影，让背景保持简单都是拍摄出成功作品的必要因素，这在人像摄影中也毫不例外。不管是在影棚里拍摄人像，还是拍摄外景人像，让人物所处的环境背景保持简洁，都能让我们的人像作品主题更加突出、画面更具魅力。

　　大多数人像更多的是在户外拍摄的，在取景构图时，可以选择色彩单一、图案较简单的背景，如草地、大片的树木、蓝天等。如果拍摄现场的环境背景实在无法通过选择来使之简化，可以通过设置较大的光圈或者使用焦距较长的镜头来使背景虚化，同样不失为一种使背景简洁的办法。

↑ 干净、简洁的画面中，身着兔子服装的女孩看起来更加清纯、可爱（焦距：35mm｜光圈：F10｜快门速度：1/125s｜感光度：ISO100）

**摄影问答** 如何轻松地拍出小清新人像

　　小清新人像给人一种柔柔淡淡、清清爽爽的感觉，受到许多女孩的喜爱。

　　■ 选择合适的拍摄地点。

　　适合拍摄小清新感觉照片的地点多数是简单的自然景点，如公园的树下、花丛中、青草遍地的小山坡上等，也可以在木结构的建筑里、玻璃窗前进行拍摄，这些景点的共性是简洁。

　　■ 穿着合适的服装。

　　通常，颜色淡雅、质地轻薄带点层次的服饰，较能展现出清新气息。此外，模特还应该注意鞋子、项链、帽子等的颜色不要过艳。

　　■ 在自然光下拍摄。

　　如果在室内，可以借用窗户的光线进行拍摄；如果在室外拍摄，也尽量以自然光为主，最多使用反光板进行补光，避免使用闪光灯，以免破坏自然的感觉。

　　■ 利用留白构图。

　　无论在哪里拍摄，构图时都要注意留白，以配合简洁的场景、淡雅的服装。

　　■ 表情是重点。

　　既然拍摄的是小清新风格的画面，模特的表情就不能过于沉重或欢快，最好是淡淡的、若有所思的感觉。

再构图工具

随着数码相机的更新换代，越来越多的数码单反相机都具备"裁切"功能，例如尼康的 D7200、D5100，佳能的 600D、70D 等都具备此功能，使用相机内部自带的裁剪工具只能大概裁剪，相比之下软件更精细。除此之外，Photoshop 软件是众所周知的摄影后期处理软件，而光影魔术手、美图秀秀、可牛等则是相对 Photoshop 较业余的处理软件，但用于裁剪的话绰绰有余。

↑ Photoshop 软件裁切示意图

↑ 尼康 D7200 裁切功能示意图

拍摄技巧 以减法构图时的技巧

■ 切忌无目的地裁切。

这是大忌，在确定要裁切之前，一定要做到心中有数，要有目的、有思想地裁切，等一切都想妥当后再裁切。

■ 切忌盲目裁切。

在没有高像素做前提的情况下，若画面内容过满，建议不要裁切。

■ 建议多练习。

可以找一张图多练练，各种构图、各种角度，各种画幅都尝试一下，找到最好的，也为以后拍摄及后期做准备。

→ 通过二次裁切将原来画面中多余的背景裁切掉了，使得女孩在画面中更加突出

# 再构图大胆裁切

如果你对拍摄的构图不满意，或者拍摄之初因为某种原因纳入了过多的信息元素，都可以通过再构图来扭转局势，也就是在数码照片源文件的基础上，以摄影取景的画面为基础，对其画面的构图进行再次裁切修正处理，使其构图更美观，或更符合要求的操作。

现在有很多数码相机也都配有裁切功能，充分利用这些功能对不满意的作品进行裁切，经过裁切后的作品相当于重新构图，弥补了前期拍摄的不足，使作品化腐朽为神奇。

# 没有大光圈，怎样玩虚化

众所周知，使用大光圈可以使背景虚化，而除此之外呢？还可以用别的方法令背景获得完美的虚化吗？下面就介绍几个没有大光圈也能虚化的方法。

## 长焦镜头获得浅景深营造层次感

想要获得浅景深，除了大光圈以外，拍摄者还可以通过长焦镜头来获得。镜头的焦距越长，景深越浅；焦距越短，景深越深。根据这个规律，拍摄者在拍摄时可以使用长焦镜头来获得想要的浅景深效果。拍摄人像时，如果长焦镜头配合大光圈使用，效果会更好，不但可以得到较浅的景深，还可以虚化掉不利于画面的元素，使画面虚实对比更强烈，使被摄者更加突出。

↑ 即使在没有大光圈的情况下，也可使用长焦镜头并靠近被摄女孩进行拍摄，一样可得到小景深的画面（焦距：200mm 光圈：F6.3 快门速度：1/640s 感光度：ISO200）

摄影问答 为什么虚化的光斑形状不是漂亮的圆形

如果光圈不是圆形的，虚化的光斑就很难呈圆形。

背景虚化的形态受到光圈形状的影响很大。光圈叶片构成的光线通道形状会原封不动地出现在虚化中。也就是说，如果想拍摄出美丽的虚化效果，镜头就必须拥有形状漂亮的光圈，这里所谓的"拥有形状漂亮的光圈"的镜头，就是采用"圆形光圈"的镜头。

而且，如果光圈的叶片数越多，就会越接近理想的圆形（通常是7~9枚叶片）。一般情况下，镜头光圈全开或收缩1~2挡时，光圈的形状最接近圆形。搭载圆形光圈的难度在于需要增加构成光圈的叶片数目，这样就无法忽视在连续拍摄时叶片之间的摩擦。部分数码单反相机的机型不管是否搭载圆形光圈，都通过光圈值设置来限制连拍功能。

**学习人像摄影应该从小景别开始,还是从大景别开始**

小景别指的是近景、特写,最多到半身人像的景别类型,而大景别通常是指全景、远景景别。由于小景别的主体更容易突出,布局更容易安排,因此对于初学者而言,拍摄小景别的难度更低,更容易出好片。而大景别场景中的元素多样,需要较高的构图水准才能够使画面中的主体更突出。

由此,不难得知,如果从小景别入手,则遵循的是循序渐进的学习规律,学习难度由低到高,只要不是一直练习拍摄小景别,终究能够掌握大景别拍摄技巧。而如果直接从大景别入手,虽然刚开始上手有一定难度,但只要掌握了大景别场景拍摄的技巧,就能够轻松驾驭小景别场景。

小景别照片通常被称为"大头照",即画面中模特的头、肩部突出。只要模特够靓丽、光圈较大、前景及背景虚化得当,这类照片通常都能够令人满意,但如果要拍摄出更出色的照片,就应该以大景别进行拍摄,让人与景物充分融合。

**多拍才能从量变到质变**

## 靠近模特拍出虚化背景

想要获得浅景深,让背景得到虚化,最简单的方法就是在模特和背景距离保持不变的情况下,让相机靠近模特。这样可以轻易获得浅景深的效果,人物较突出,背景也得到了自然虚化。

但需要注意在实际拍摄的过程中,有些模特会因为离镜头太近,而感觉很不自在,故表情和姿势都会不自然,这样拍摄出的照片很难获得理想的效果。这时候,摄影师需要与模特进行沟通和交流,使模特放松,在模特慢慢放松的时候,迅速按下快门。

↑ 通过对比可以看出,距离模特较远的画面,背景虚化不是很明显,而靠近模特拍摄的画面,背景虚化效果非常明显(焦距:85mm ┊ 光圈:F6.3 ┊ 快门速度:1/500s ┊ 感光度:ISO400)

## 模特远离背景拍出虚化的背景

在相机位置不变的情况下，安排模特与背景保持一定的
距离，也一样可以获得完美的浅景深效果。简单来说，模特
离背景越远，就越容易形成浅景深，从而获得更大的虚化效果。

由于模特与背景的距离较远，因此画面中背景虚化的效果很明显，鲜艳的
油菜花衬托着白纱新娘非常清新、动人（焦距：135mm；光圈：F2.8；
快门速度：1/640s；感光度：ISO100）

## 利用投影增加画面空间感

　　傍晚时分，太阳光线的角度较低，因此可以形成长长的影子，将影子纳入画面不仅可以增强人物的表现力，还可以增强画面的空间感。

→ 利用广角镜头逆光拍摄时，将地面的影子也纳入了画面中，增加了画面的空间感（焦距：35mm ┊ 光圈：F8 ┊ 快门速度：1/250s ┊ 感光度：ISO100）

## 让模特融入场景中

　　在拍摄人像时，尤其是在烘托主题、表现含义时，环境与陪体一样，具有非常重要的作用，但很多初学者拍摄的作品往往人物与环境不够融合，或者周围的环境过多，而影响模特表现，干扰主体突出。

　　最好的方法是模特置身环境中，再利用环境中现有的景物作为道具，比如身处花丛中，可以引导模特手中拿一朵鲜花，既可以融入场景又可以突出主题，表现环境。除此之外，如果前景与主体人物抢镜头，还可以使用大光圈将其虚化，有时虚化本身也能帮助照片产生一种梦幻般的效果，实现一种特殊的意境。

→ 虚化的油菜花既可以美化画面，还可以使模特有种融入场景之中的感觉（焦距：135mm ┊ 光圈：F2.8 ┊ 快门速度：1/500s ┊ 感光度：ISO100）

# 通过构图提升照片档次

充分掌握构图知识后，就需要灵活运用，在拍摄时尽可能地多拍多想，把所有能使用的构图方式都试一试，寻找到更好的构图，以拍出更完美的作品，使你的拍摄水平更上一层楼。

↑ 只是简单的特写镜头，虽然人物的表情和背景的虚化都很不错，但是照片多少有些平淡（焦距：100mm ┊ 光圈：F4 ┊ 快门速度：1/250s ┊ 感光度：ISO200）

↑ 将前景中虚化的栅栏作为视觉牵引线，引导观赏者的视线看向模特，与正在看镜头的模特的眼神产生交流，画面的层次感与构图美感也就提升了（焦距：105mm ┊ 光圈：F4 ┊ 快门速度：1/160s ┊ 感光度：ISO200）

↑ 改变了传统的拍摄方式，颠倒构图拍摄俯视的模特，将人物的头部放置在画面的三分线上，既有创新又不失基础构图的美感，使照片达到非常完美的效果。另外，绿色草地上黄色的叶子也为画面增添了许多美感（焦距：50mm ┊ 光圈：F2.8 ┊ 快门速度：1/500s ┊ 感光度：ISO200）

## 光与色也会影响构图

　　利用闪烁的光线及阴影产生的线条和图形，形成有情调的构图、色彩的分配及光的明暗变化也是决定构图的重要因素。

　　阳光所产生的光与影以及色彩，是决定构图的重要因素。人类的眼睛最容易被画面中模特漂亮的形态和线条所吸引，但照片则要依靠光的明暗与色彩来给人以强烈的印象。

　　因此，光与色彩和形状、线条一样，都是构图时非常重要的因素。如果画面整体能够在明暗之间找到平衡点，并融入色彩的对比，那么照片就可以变得栩栩如生。

↑ 透过草帽的光斑点缀在脸上很有装饰性效果（焦距：28mm ┊ 光圈：F4 ┊ 快门速度：1/500s ┊ 感光度：ISO200）

↑利用各种光影营造出不一样的画面效果

# 组合构图

　　一张照片中仅使用一种构图固然没错，可是看久了也会让观者产生审美疲劳，如果你对最常用的构图已经可以熟练掌握并运用了，不妨试着将多种构图组合，比如框式构图与S形构图，既可以利用框式构图突出主体，还可以利用S形构图表现人物曼妙的曲线。

　　多种构图方式的组合可以更好地突出人物、表现主题，也给观者一种新的视觉感受。所以大家应该大胆地尝试，努力地发掘，拍摄出更有张力、更有突破感的画面。

↑ 在看似简单的画面中利用了几种构图形式，使得画面既有新意，又很好地表现了恋人间甜蜜的感觉（焦距：124mm │光圈：F6.3 │快门速度：1/500s │感光度：ISO100）

❶ 桥柱形成的框式构图

❷ 人物造型形成的曲线构图

❸ 水面倒影形成的抽象构图

## 无规则的构图

其实真正好的构图并没有真正意义上的标准，没有必要生搬硬套某种构图。当然所谓的三分法构图、曲线构图着实不错，可以让你更快捷地选择构图，但这种构图千篇一律，并没有新意可言。所以我们在熟练掌握普通构图方式后，还要继续发掘新的构图，所谓无招胜有招，无规则的构图更新颖，与众不同的拍摄手法更深入人心，更能感染读者，使之过目不忘。

需要注意的是想要打破经典构图的常规，不仅需要十足的勇气，熟练地掌握基本构图知识，还需要良好的创新精神及对场景的充分理解。

← 利用看似随性的构图表现探出身子的女孩，画面给人感觉很轻松、惬意（焦距：200mm ┊光圈：F1.8 ┊快门速度：1/250s ┊感光度：ISO100）

↘ 利用前景中的窗户结构不仅增加了画面的空间感，也增加了形式美感（焦距：135mm ┊光圈：F2 ┊快门速度：1/100s ┊感光度：ISO100）

摆姿无难事

Chapter 09

**这样摆坐姿更好看**

模特上半身微微后仰的方式会给人一种不稳定感，同时也会为画面增添动感，如果配合双腿的摆姿，会形成斜线构图，可以进一步拉伸模特的体型。两种摆姿拍摄方法各有千秋，在实际拍摄时可以都尝试一下。

一般情况下，不要采用正面坐姿拍摄，因为这样一来膝盖冲向镜头，大腿就会显得粗短，有碍于画面效果。如果模特儿习惯跷二郎腿或者外翻、盘腿等这些容易使腿部的肉显露的姿势，应及时纠正。当然，一些苗条的模特儿在摆这样的美姿时，就不会出现腿肉问题，便可以尝试不同的摆姿。

→ 侧过身体且两脚分开，不仅很好地凸显了模特消瘦的身形，也将其长腿表现得很美（焦距：85mm ｜ 光圈：F6.3 ｜ 快门速度：1/160s ｜ 感光度：ISO320）

# 坐姿要点

拍摄人像除了要看构图、用光、用色，摆姿也很重要，如果一幅作品中模特的表情不自然或者摆姿很生硬，即使是再好的光线，构图也不会有美感可言。

有些模特不经常被拍摄，所以在镜头下难免会显得紧张，四肢也会随之僵硬，拍出来的效果也一定非常不自然。这时候就可以试着从坐姿开始，让模特坐下来，紧张的情绪也会缓解一些，拍摄也就会更顺利一些。

## 坐在椅子前端

拍摄坐姿时一定要切记不要把椅子做到满，这样会使腰部不自觉地依靠椅背，拍出来的效果不仅不能凸显模特的线条美，还会使模特显得有点驼背，导致整个人看起来很慵懒没精神。所以在拍摄时，要提醒模特儿坐在椅子前缘，只要稍微坐一点，不会摔下来即可。

## 上半身前倾

　　有时，即使坐下来模特也会略显紧张，因为紧张也会保持直坐的姿势，导致姿态仍显僵硬，此时可以试着让模特前倾或者后仰。

　　将上半身轻轻往前压，让模特的身体更加舒展开来，这种上半身前倾的好处就在于可以让模特儿的脸部更靠近镜头，从而可以很好地突出模特姣好的面容及可爱的表情，同时倾斜还能缩短上半身的比例，使下半身显得更修长一些。但需要注意的是，肚子上有赘肉的美眉不适合这种方法。

➡ 模特轻轻地靠在梯子上，上身向前倾的样子看起来非常俏皮、可爱（焦距：85mm｜光圈：F11｜快门速度：1/160s｜感光度：ISO400）

　　模特上半身微微后仰的方式会给画面带来一种不稳定感，同时也会增添动感，如果再配合上双腿的摆姿，形成斜线构图，可以进一步拉伸模特的体型。两种拍摄摆姿的方法各有千秋，在实际拍摄时都可以尝试一下。

➡ 模特一条腿伸直，一条腿蜷起，在画面中形成对角线的形式，很好地表现了模特修长的身材（焦距：24mm｜光圈：F7.1｜快门速度：1/250s｜感光度：ISO100）

**拍摄技巧** 拍出轻松自在感觉的人像

　　要拍出轻松自在的人像，需要模特在表情与姿势上相互配合。一个非常实用的技巧是让模特做出伸懒腰的动作，同时以愉快的表情配合这个动作，就能够充分地展现轻松自在的感觉。

**拍摄技巧** 将模特身形拍瘦的摆姿

　　前面介绍过将模特的面部拍瘦的技巧，但仅仅将面部拍瘦是不够的，使用下面的摆姿技巧，可以将模特的身形拍瘦一些。引导模特在站立时一只脚放在另一脚前侧，同时身体轻轻扭动偏向一侧；双肩轻轻向前或后探，同时双臂要稍稍离开身体的两侧。

　　另外，在拍摄时模特最好不要穿亮色服装，不要拿臃肿的包饰。

⬆ 模特侧转身姿不仅很显瘦，也使其看起来很有女人味（焦距：200mm｜光圈：F3.5｜快门速度：1/500s｜感光度：ISO100）

## 脚的摆放

人像摄影一般以美女为主，而拍摄美女最主要的表现方向也就是女性的女人味和可爱感。

因此在拍摄坐姿人像时，腿部及脚部的摆姿就显得尤为重要了，建议在拍摄时尽量以内八字为主，这样的摆姿会使模特的小腿肌肉不会被挤压到，从视觉效果上看起来也会显得更加修长、迷人。另外，两脚前后分开会比两脚放在一起显得更加自然，拍摄时模特的脚尖尽量不要翘起来，防止变锄头脚，应该稍稍用力向下压，这样可以使腿部更有延伸感。

如果模特儿习惯跷二郎腿或者外翻、盘腿等这些容易使腿部的肉显露的姿势，应及时纠正。当然，一些苗条的模特儿在摆这样的美姿时，就不会出现腿肉问题，便可以尝试不同的摆姿。

↑ 双腿并拢，双脚朝向一个方向，很好地体现了女孩含羞的样子（焦距：200mm ┊ 光圈：F4 ┊ 快门速度：1/100s ┊ 感光度：ISO100）

↑ 利用双脚一前一后使得身子自然转动，更显女孩娇俏的特点（焦距：24mm ┊ 光圈：F11 ┊ 快门速度：1/250s ┊ 感光度：ISO100）

↑拍摄时可随时改变姿势，并依据环境特色进行拍摄，通过多次尝试得到好看的姿势

人像摆姿技巧之站姿

表现站姿时，通常至少从腰部开始取景，此时已经能够完整地表现整体各部位的姿势。因此在拍摄时，模特要注意头、手及脚部的姿态，适当做一点小动作，可以让画面看起来更加丰富、活泼。

例如，倚靠支撑物站立时，可以翘起一只脚，这样看起来会比较活泼。脚往后跷时，通常不会对整体效果产生太大影响，但是往前跷脚时，举起的脚膝盖一定要挺直，否则看起来会有些别扭。

为什么高跟鞋对于突出女性的曲线很重要

许多摄影师认为如果拍摄的是特写或半身人像，穿不穿高跟鞋并不重要。其实这是一个认识上的误区，众所周知，高跟鞋能够让模特的身形显得更加挺拔，因此，即使拍摄的是看不见足部的人像，也应该让模特穿上高跟鞋，以避免其身体松懈、垮沉。

➡ 穿着高跟鞋的女孩将身体的重心全部放在前面的脚上（焦距：135mm ┊ 光圈：F2.5 ┊ 快门速度：1/100s ┊ 感光度：ISO200）

# 站姿要点

一般来说，站姿是非常自然的美姿，这种姿势不受环境、道具的限制，走到哪里都能拍。通常情况下，站姿都是从腰部取景的，从上半身的动作开始，循序渐进地拍摄。

## 寻找重心

人物在站立时，腿部重心点很重要，如果在开始时就放错了，便会导致模特上半身姿势特别别扭。所以，在拍摄时可以针对模特儿的动作与取景环境，对模特儿进行引导，使模特儿找到合适的重心，例如一腿弯曲，另一条腿作为支撑点（用力点），如果模特仍旧进入不了状态，还可以借环境中的景物或道具做支撑，例如倚靠树木或墙壁来帮助模特寻找重心。

## 收腹、挺胸

大多数女性肚子上多少都会有一些赘肉，在拍摄时如果不注意，尤其是在拍摄侧面角度时，腹部的赘肉会影响模特的整体表现。

因此在拍摄时可以引导模特收腹、挺胸，这样不仅可以使模特显瘦，还可以使模特更有精神，同时也会显得更有自信，优美的线条也会得以体现。

➡ 拍摄泳装美女时，要记得提醒她收腹、挺胸，这样拍出来的画面才会显得身材妙曼且结实（焦距：200mm｜光圈：F2.8｜快门速度：1/500s｜感光度：ISO100）

## 以腰部为轴心

拍摄人物正面形象时，模特的姿态往往很单一，画面看起来也会比较死板，不够活泼。

在拍摄时可以引导模特侧身或背身站立，再以腰部为轴心微微转动身体，将头部转向镜头，这样不仅可以表现女性优美的曲线，还可以使画面更加生动。

如果再进一步加上手部的动作，例如把手叉在腰间或放在头上，这样拍摄出来的人物曲线将会更加突出。

### 拍摄技巧 利用新摄姿拍摄出新画面的技巧

"摄姿"指的是摄影师在拍摄时采用的姿势，大部分摄影爱好者会采用端正站立的姿势拍摄人像，但这种常用的摄姿往往拍摄出来的是在视觉上较平淡的画面。因此，摄影师要因地制宜，采取新的摄姿进行拍摄。例如，可以站在椅子上、躺在地上、趴在沙发上、斜侧着身体进行拍摄，以通过改变摄姿来改变视角，拍摄出令人耳目一新的人像作品。

### 拍摄技巧 拍摄身材娇小模特的技巧

如果要拍摄的模特身材较为娇小，可以考虑在拍摄时使用下面的几个小技巧。

1. 使用广角拉伸。广角镜头具有拉伸线条的作用，在拍摄时可以用全景以仰视角度拍摄模特，从而使模特的身材看上去更挺拔。注意拍摄时一定要靠近模特，并在拍摄时检查画面，确保画面中没有杂乱物品出现。

2. 变换摆姿。拍摄此类模特时，可以优先考虑采用蹲姿、坐姿进行拍摄，以营造小鸟依人、清纯可爱的感觉。

3. 避免出现参照物。人们总是通过参照物来判断模特身材的高矮，如果在画面中没有明显的参照物，则模特身材的劣势就不再明显。

### 拍摄技巧 让模特面部看上去更瘦的摆姿技巧

在拍摄时，让模特的头部向前伸出，可以达到瘦脸的效果。这个动作的好处是，一来可以延伸颈部的长度，二来可以拉伸面部的肌肉，让面部看上去更瘦，三来避免出现双下巴。这个姿势从侧面看很怪异，因此不适合从侧面进行拍摄，只适合从模特的正面进行拍摄。

⬅ 背对着镜头时，回转身体使面部面向镜头，并且肩膀一边高一边低，将女孩羞怯的感觉表现得很好（焦距：30mm｜光圈：F8｜快门速度：1/250s｜感光度：ISO100）

拍摄技巧 人像构图技巧之手部摆姿

模特手部姿态的控制，是人像摄影姿态控制的难点。手的变化可以强化人物的神态，摄影师要合理地运用手部姿态，让它为画面锦上添花。

手部的动作不仅是简单的身体姿态，也可以传递出特定的情绪化暗示。利用手部的动作来给照片赋予情绪，是对手部姿态控制的最好处理。

手部要想放得自然，可以参考 6 个字：头疼、胸疼、牙疼。意思就是，模特可以把手部置于头部、胸部和嘴部，再适当地对手掌的张合、手指的动作进行创造和变化，往往能够产生不错的效果。将手置于嘴部，往往可以产生很多生动的表情。

↑ 女孩双手拉着裙摆，胳膊向内收的样子非常可爱（焦距：45mm｜光圈：F6.3｜快门速度：1/200s｜感光度：ISO1200）

→ 拍摄一组照片时可以随意安排手的位置，随着手的位置胳膊的姿势自然就有了

## 手臂摆放

人在紧张时肩膀容易僵硬，两只手也会不自然地紧贴身体，这样会使画面显得十分僵硬死板，影响画面及模特的形体表现。

其实手臂的摆放是没有具体位置的，比如双手抱肩膀、或者双手叉腰、一手叉腰一手摸头等，都是可以的，但需要注意的是，模特的肩膀一定要放松，手臂一定要自然。

在实际拍摄时可以时刻提醒模特调整到放松状态，肩膀、手臂自然下垂，两只手与身体保持一定的距离，这样身体的线条会比较自然，看起来也会很舒服。此外，上手臂稍稍离开身体还有一个好处，就是不会把手臂的肉挤出来，使手臂显得更瘦一些。

在拍摄时，模特可以一只手自然下垂，另一只手可以叉腰或做其他动作，如抱着胳膊、或两只手一起叉腰、自然放在头上等。

→ 扭转身体，双手做叉腰的姿势，这个姿势会使模特的胳膊感觉比较舒服，在画面中也可避免呆板（焦距：35mm｜光圈：F7.1｜快门速度：1/250s｜感光度：ISO100）

## 脚的变化

　　如果拍摄站姿时一味摆一个姿势，难免会有些乏味，除了改变手臂、头部姿势外，尝试改变脚尖的变化也会收到不错的效果。拍摄时，脚的重心需要放在脚尖，而不是脚后跟，这样人物才可以更有精神，如果再稍稍踮起脚尖就更好了，可以使腿部看起来更漂亮、修长。

　　倚靠支撑物站立时，可以翘起一只脚，这样看起来会比较活泼。脚往后抬起时，角度大小通常不会太影响效果，但脚往前抬起时，举起的脚膝盖一定要打直，否则会因为镜头的透视使之看起来很别扭。

↑ 女孩在回转身体的时候将手中的鲜花甩出去，而脚自己曲起的样子显得很活泼、俏皮（焦距：35mm｜光圈：F2.8｜快门速度：1/500s｜感光度：ISO100）

↑ 站在钢琴前的女孩优雅地将一只脚微微后移，靠近镜头的肩膀耸起的样子看起来很恬静（焦距：35mm｜光圈：F8｜快门速度：1/250s｜感光度：ISO100）

↑ T 台上的模特每个姿势都很讲究，脚的摆放位置不仅要好看，还要注意保持身体的稳定

## 跟T台模特学摆姿

　　T台模特的姿势通常是经过长期训练的结果，不仅将服装诠释得很好，也非常美观大方，所以对拍摄摆姿没有经验的人来说，是很好的学习榜样。可根据自己喜欢的选择不同的摆姿，比如，俏皮的、端庄的、活泼的、优雅的等。

▶ 穿着运动装的女孩举手投足间都透着活泼、可爱的感觉

## 蹲得漂亮还要防止走光

　　蹲下时，由于脚部受力，肌肉会挤在一起，显得很粗，有很多赘肉，因此可以采用膝盖一上一下的形式，这样模特可以根据情况调整受力的腿，比如拍摄左腿时可以让右腿受力，这样左腿的线条就会保持比较好的状态。

　　另外，通常不建议采用正面角度拍摄蹲姿，这样不仅容易拍到走光，大腿跟小腿的肉还会挤压在一起，影响腿部线条美感，如果一定要拍，则应该让模特用手或道具挡住容易走光的位置。

　　比较理想的蹲法应该是侧蹲，全侧或斜侧都比较不错，这样拍摄可以引导模特很自然地摆出一高一低有节奏的蹲姿，即使是双腿并排蹲，也不会造成走光。

↑ 拍摄蹲姿时为避免走光除了可以侧对镜头，还可以一腿高一腿低来避免走光( 焦距：50mm┊光圈：F4.5┊快门速度：1/250s┊感光度：ISO100 )

## 魅惑躺姿

　　采取躺姿时，动作成功的关键在于是否将腰部曲线展现出来，如果不能表现出曲线，则会使人物看起来僵硬、不自然。要记得腰部要用力往地上压，这样身体的曲线才会表现出来。

　　躺在地上时，建议翘起或蜷曲小腿，或让两腿交错成剪刀状。但要注意的是，在取景时要将头部与双脚分开，以免看起来像头上长"脚"的样子。

拍摄技巧 **压低视角增加画面立体感**

　　在拍摄人像时，取景拍摄的角度是决定画面立体感的关键因素之一。

　　通常，当模特端正站立时，如果以趴下的姿势拍摄，地面的消失线会位于模特的脚踝处；如果以蹲姿进行拍摄，地面的消失线会位于模特的膝盖或腿的上部；如果以站姿拍摄，则地面的消失线会继续升高而位于模特的腰部或臀部。

　　当地面的消失线越低时，模特在画面中显得越发突出、立体。因此，拍摄时取景的角度越低，画面的立体感就越强。许多专业的摄影师在拍摄时，往往在采用常规角度拍摄后，会再趴在地上拍摄一组，就是因为这个原因。

　　下面的两张照片中，上方照片的立体感比下方的更强，也是因为压低了拍摄视角。

← 从模特的头部拍摄时，其大大的眼睛望向镜头的样子楚楚动人( 焦距：200mm┊光圈：F4.5┊快门速度：1/80s┊感光度：ISO200 )

## 手的摆放位置

很多MM在拍照的时候不知道把手放在哪里，尽管我们的双手创造了整个世界，但拍照时经常会觉得怎么放都不自在，其实这是因为没有掌握技巧。学学明星吧，她们的拍照次数和我们吃饭的次数不相上下，学习要找最有经验的人，当然她们就是我们的首选老师！

**让手为画面增色**

当被摄者站立时，手的摆放是一件非常重要的事。

如果拍摄的是男人，可以让他的胳膊交叉放在胸前，以塑造出一种给人感觉坚强、刚毅的姿势。交叉双臂时要让男性轻轻地抓住二头肌，手指稍稍分开一点，否则动作会显得僵硬、拘束。另外，双臂要稍离开身体一点，否则胳膊会由于紧贴着身体而被压平，此时双臂看上去会显得更粗大。如果希望塑造一个稍显轻松的姿势，可以将手放进裤兜中，或者把拇指放在外面钩住口袋。

如果拍摄的是女性，要让其一只手放在臀部，另一只手放在身体的一侧，稍稍侧身站立，以展示优美的身体曲线。如果要用手扶住面部或另一侧的胳臂，一定不能太用力，以防止面部或胳臂肌肉变形。

总而言之，女人的手应该含蓄、优美，而男人的手应该有力。

↑ 手的摆放可根据自己是否舒适来调整，或插口袋，或掐腰，或交叉都可以

### 按头

所谓的按头动作，最常见的就是在头部上半部分，做出一些抚摸、撩起头发等动作，让人能够感受到女人妩媚的一面。

↑ 一手抚头，一手叉腰，眼睛看向侧面的模特看起来很妩媚（焦距：135mm｜光圈：F2｜快门速度：1/320s｜感光度：ISO200）

↑ 模特自然地躺在草地上，一手放在额前，降低机位以平视的角度让模特的眼睛望向前方，在绿草的衬托下，更体现出其自然之感，令观者产生一种怜香惜玉的冲动（焦距：50mm｜光圈：F2.8｜快门速度：1/100s｜感光度：ISO400）

## 捂嘴

这里所说的捂嘴，当然不是受到惊吓时用力捂住嘴不让自己出声，而是犹如蜻蜓点水一般，让手以优雅、轻柔的造型游离在嘴的附近，营造一种或梦幻、或柔美的不同的感觉。

↑ 只截取了模特将手指放进嘴里的部分，这种不见庐山真面目的表现方式很有诱惑力（焦距：55mm ┊光圈：F2.8 ┊快门速度：1/250s ┊感光度：ISO100）

## 摸臂

以不同的手势做摸臂的动作，可以让女孩看起来更加柔弱，充满了让人怜爱的气质，在很多表现忧郁、安静、柔弱主题的照片中经常见到。

↑ 摸着自己的手臂拍摄会让模特很有安全感，此时拍摄的画面中可看出模特的表情都比较放松。左图（焦距：200mm ┊光圈：F2.8 ┊快门速度：1/250s ┊感光度：ISO100），右图（焦距：135mm ┊光圈：F2 ┊快门速度：1/320s ┊感光度：ISO100）

## 摸腿

　　用手摸腿或者做撩裙子的姿态，可以表现女性的柔美、性感。"腿脚痛"是目前人像摄影的热门动作。其造型分为以下几种类型：大腿"痛"：将手放在大腿处，模特正面的造型很有视觉冲击力；小腿"痛"：将手放在小腿处，一般"痛"在中间比较好看；两条腿都"痛"：两手分别摸两条腿，可以表现模特性感的感觉。

↑ 上身前倾，手臂搭在蜷起的腿部上，模特露出酷酷的表情（焦距：200mm｜光圈：F5｜快门速度：1/125s｜感光度：ISO100）

↑ 双手搭在膝盖上，身体向前倾也是常有的姿势，这样会给人一种很想与观者交流的感觉（焦距：100mm｜光圈：F2｜快门速度：1/320s｜感光度：ISO100）

## 摸腰

　　将手放在腰部的一侧，或两只手放在腰部，胯部扭出，身体向一侧倾斜，感觉像是腰痛的样子，这种姿势可以表现人物的曲线感，凸显模特的身材线条。此姿势的要点是：手臂要与身体成一定角度，胯部一定要扭出，使身体呈现曲线线条

→ 当模特是叉腰的姿势时，一般都会尽显曲线，不论是正面还是侧面表现，身材都会很优美。左图（焦距：100mm｜光圈：F2｜快门速度：1/250s｜感光度：ISO100），右图（焦距：24mm｜光圈：F18｜快门速度：1/125s｜感光度：ISO100）

## 道具

　　手拿一些道具，比如花朵、玩偶等，不但可以缓解紧张情绪，还可以利用道具拓展模特的摆姿。另外，道具的加入还可以丰富画面，为画面增添新的气氛。

↑ 以书架为背景为可爱的女孩更添一分淑女气质（焦距：85mm ┊ 光圈：F3.5 ┊ 快门速度：1/250s ┊ 感光度：ISO200）

## 数字

　　用手比画成各种数字，然后放在脸部附近，可以做出各种可爱的造型，因此被女孩子们广泛采用——就实际结果来看，也确实有着非凡的作用。

↑ 在拍摄时可尝试使用手摆出不同的数字，尽显小女生的俏皮、可爱（焦距：200mm ┊ 光圈：F2.8 ┊ 快门速度：1/500s ┊ 感光度：ISO100）

# 人物的眼神方向

人类的感情是丰富的，艺术的创造性也是从生活中提取喜怒哀乐——人物面部表情传达出来的。如果说面部表情是人物照片的视觉中心，那么眼睛就是中心的中心，尤其是在拍摄半身和特写人像时，眼睛在照片中所起的作用是不言而喻的。眼睛可以准确地传达出人物的憧憬、思念、忧郁、感怀和其他喜怒哀乐之情。

当然，最理想的表现人物神态的方式就是抓拍，那样达到的效果最逼真、自然。而在通常情况下，还是要由摄影师去调整被摄对象的心态来达到理想的效果。

## 拍摄技巧 避免拍照闭眼

眼睛的方向很重要，但还有一个比较重要的问题，就是如何避免拍照闭眼，相信很多摄影师都遇到过，摆出很好的姿势，却因为模特闭眼而失去了一张很不错的照片。

在拍照前，可以引导模特先闭上眼睛休息个几秒再睁开，然后等眼睛缓和两秒适应光线后再拍摄。

这种方法对拍摄多人照片时非常有效，但在休息后需要由摄影师倒计时数数再一起睁开眼睛，以确保所有人都是自然睁开的。

## 拍摄技巧 人像构图技巧之头部摆姿

拍照时常用的技巧是请模特把头往下压，这样做可以改变脸部与镜头的角度，让脸拍起来显得比较瘦。采取躺姿时，用手将头撑起来，如果没有撑起来，不会好看。

## 拍摄技巧 人像构图技巧之肩与手臂摆姿

拍摄时，模特可以将肩膀放松，一只手自然下垂并与身体保持一定的距离，这样不会把手臂的肉挤出来，手臂显得更瘦，另一只手可以叉腰或做其他动作，如让脸颊稍微贴着手，此时手臂不要用力以避免使脸部变形，或者用这只手与道具、环境互动。

## 学习视频 拍摄前想一下

### 直视镜头

被摄对象直视相机时，会使欣赏照片的观众觉得自己与被摄对象建立了某种联系与交流，就像人与人之间在交谈时，要直视对方的眼睛一样，给人以真诚、动人的感觉。

→ 直视对方的时候会给人很坦然的感觉（焦距：200mm ┆ 光圈：F3.5 ┆ 快门速度：1/500s ┆ 感光度：ISO100）

### 看向下方

画面中的模特视线略向下看时，会呈现出含蓄、内敛的性格特质，给人一种或沉思、或忧郁、或含羞、或伤感的感觉。诗中"美女卷珠帘，深坐琦蛾眉，但见泪痕湿，不知心恨谁"就很好地描述了当美女向下望去时给人的感受。

但值得注意的是，在表现这种眼神时，目光不能呆滞、麻木，否则会给人以疲惫、厌倦的印象。

← 眼睛看向下方时给人一种含羞带怯的娇媚感（焦距：200mm ┆ 光圈：F3.5 ┆ 快门速度：1/500s ┆ 感光度：ISO100）

## 向上看

一双炯炯有神的大眼睛向上方望去时，能充分地表现出画面中人物浪漫、天真的气质，给人一种精力充沛、神采奕奕，或向往、或祈福、或性感、或狂热的感受。此外，还可以使观者留下理想化、乐观的印象。

但在拍摄时要注意，向上看时要注意眼白不能太多，不然会给人不舒服的感觉。

➡ 望向画面斜上方的女孩，笑嘻嘻的样子看起来似乎精神很好（焦距：90mm　光圈：F3.5　快门速度：1/200s　感光度：ISO100）

## 看向旁边

当画面中的人物视线方向看向一旁时，可以使人物显得俏皮可爱、温柔感性。甚至有时在特殊的场景里，也表现出人物狂野、外向的性格特质。一些电影海报、广告设计中也经常会采用人物视线方向与人物头部相反的方法，使人物更具特点，以吸引观者的注意力，留下深刻印象。

但需要拿捏好眼睛看向旁边时表现的"度"，散乱迷离的视线也可能给观众造成漫不经心的印象，因此合理安排会使眼神的状态恰到好处，在拍摄时可多试拍几次，向左或向右都有可能产生不同的效果。

◀ 手持羽毛扇，望向镜头侧面的女孩给人一种高贵的感觉（焦距：190mm　光圈：F4　快门速度：1/400s　感光度：ISO100）

**拍摄技巧 让女性的手看上去更纤细**

在拍摄时不应该让手背正对着相机镜头，而应该通过调整手部的姿势，使手侧对着相机，减少手的可视面积，这样就能够使手看上去更纤细、玲珑。

**摄影问答 如何理解手在摆姿中的遮挡作用**

虽然有许多女性保养得很好，单纯从其面部基本上看不出岁月的痕迹，但颈部、肘部等部位的细节却会暴露女人真实的年龄。在拍摄这类女性时，可以引导模特用手部的动作来遮挡颈部的细纹，从而使照片中的人像看上去青春靓丽、光彩动人。此外，如果面部有瑕疵，如小的粉刺、暗沉的色素块，也可以通过设计适当的动作，以手来进行遮挡，以省去后期修饰的麻烦。

**摄影问答 什么是糖水片，如何拍好糖水片**

糖水片是指画面影调明亮、色彩鲜艳、模特靓丽、焦点清晰、虚化得当的照片，这类照片会让绝大多数人感到愉悦。

虽然，许多专业的摄影师不属于拍摄糖水片，但对于摄影爱好者而言，拍出漂亮的糖水片也并非易事。

首先要确保所选择的场景与模特具有一定的美观度；还要在拍摄时确保照片的画质精细、曝光准确、色彩搭配得当、模特神情到位；最后，要根据需要对照片进行修饰，如适当磨皮、增加眼神光、修饰身形等。

摄影问答 拍摄模特的左侧脸与右侧脸一样吗

虽然人的脸是对称的，但并不代表左侧与右侧是相同的，几乎所有人都有一侧脸更"上相"一些。因此，在拍摄模特时，一定要先询问模特一侧面部更上相一些，如果模特自己也不清楚，可以分别以相同的角度拍摄出来比较一下。大部分专业模特都能够清楚地告诉摄影师自己哪一侧面部的线条更优美一些。

摄影问答 什么是视向空间构图法，在人像摄影中如何运用

视向空间指模特斜视时，面部距离照片画框边缘的空间距离。通常在构图时，应该在视线方向保留充足的视向空间，从而使画面有较好的延伸感与平衡感。

但需要指出的是，如果要表现压抑、闭塞、沮丧的感觉，可以采取与上述理论完全相反的方法构图，即在视线方向不保留过多空间。

# 闭眼

用眼来传情不一定非要睁得大大的，"媚眼含羞合，丹唇逐笑开"更能体现东方女性特有的羞涩和温婉的魅力，可以将欣赏照片的观者带入无限的梦境与遐想中。

当然这里所说的闭眼是为了表现某种情绪而故意为之，并不是一味地闭着眼睛，眼睛闭得太紧或闭眼时没有表情，都不会得到预期效果。

↑ 用局部光打亮了女孩的面部，她静静地闭眼站着，画面突然多了很多故事性（焦距：70mm┊光圈：F3.5┊快门速度：1/200s┊感光度：ISO800）

↓ 夕阳下，草丛里的女孩犹如精灵一般，画面给人一种很唯美的感觉（焦距：35mm┊光圈：F2.8┊快门速度：1/80s┊感光度：ISO800）

家有天使/小鬼

Chapter 10

# 利用食物拍出可爱的吃相

知识链接 **以顺其自然为总则**

对儿童摄影而言，可以拍摄他们欢笑、玩耍甚至是哭泣的自然瞬间，而不是指挥他们笑一个，或将手放在什么位置。除了专业模特外，这样的要求对绝大部分成年人来说都会感到紧张，更何况是对那些纯真的孩子们。

即使您真的需要让他们笑一笑或做出一个特别的姿势，那也应该采用间接引导的方式，让孩子们发自内心、自然地去做，这样拍出的照片才是最真实、最具有震撼力的。

---

知识链接 **快速与孩子交朋友的技巧**

如果拍摄的是他人的孩子，为了更好地调动孩子的情绪，摄影师必须具有快速与孩子交朋友的技巧。常用的技巧有如下两种：第一个技巧是说悄悄话，绝大多数孩子都喜欢有人跟他（她）说悄悄话，至于所说的内容并不重要，重要的是说话的形式，一定要具有悄悄话的感觉，这样就能够轻易地形成一种亲密感；第二个技巧是请孩子帮助做一些事情，如将玩具放在指定的地方，并大声地赞许他（她）的行为，这有助于帮助孩子克服其胆怯、羞涩的心理。

---

拍摄技巧 **让婴儿快乐起来的4个技巧**

让婴儿快乐起来的技巧很多，但下面将讲述的 4 种技巧是被公认非常有用的。

第一种，模仿婴儿的声音。如果摄影师或引导员能够发出婴儿的声音，会让婴儿感觉到开心，因为他们认为这是一种亲密的交流。

第二种，制造微风。多数婴儿都喜欢微风，这让他们感觉到新鲜、有趣，因为他们的皮肤感觉更灵敏。摄影师可以让引导员在几十厘米外的地方，微微扇动，以制造出微风。

第三种，使用羽毛。将羽毛粘在小棍子的头部，并用羽毛轻轻挠婴儿的小脚或背部，会让他们乐不可支。

第四种，躲猫猫。摄影师将头部隐藏在相机的后面，在拍摄时不断隐藏并从不同方位伸出头来，会让婴儿感觉到有趣、开心。

美食对孩子们有着巨大的诱惑力，利用孩子们喜爱的美食可以很好地调动孩子们的兴趣，从而拍摄儿童趣味无穷的吃相。但需要注意的是，越小的孩子，其吃相越难看，摄影师要注意让引导员随时擦干净他们的嘴巴和脸蛋，尤其注意不要弄脏衣服。

 宝宝吃苹果的样子非常可爱，使用连拍功能并提高感光度可以得到较快的快门速度，以便更好地进行抓拍。上图（焦距：40mm ┊ 光圈：F6.3 ┊ 快门速度：1/200s ┊ 感光度：ISO1600），下图（焦距：40mm ┊ 光圈：F7.1 ┊ 快门速度：1/200s ┊ 感光度：ISO1600）

## 玩具是孩子的最爱

玩具可以说是拍摄儿童时必不可少的道具之一，因此在拍摄时不妨准备一些有针对性的玩具。例如男孩子喜欢的枪、汽车、变形金刚等，以及女孩子喜欢的大熊、各种毛绒玩具等。

在家中拍摄儿童时，不需要太刻意准备这种玩具类的道具，生活中一些随意的东西，只要符合孩子们的兴趣，都可以成为道具，拍摄出来的照片也更有意思。这样的道具并不一定很复杂，很简单的道具甚至是自己动手制作的道具，往往也能够获得比较好的效果。

➔ 利用鲜艳的玩具吸引孩子，不仅可增添画面的美感，也可拉近摄影师和孩子的距离（焦距：85mm ┊光圈：F6.3 ┊快门速度：1/500s ┊感光度：ISO100）

## 宠物是孩子最好的玩伴

家里的宠物是孩子的好玩伴，在给孩子拍照片时，不要忘记它们，它们完全有资格担当一个优秀的、活的道具。

在拍摄时，可以让孩子和自己的狗狗、猫猫等宠物在一起，这样一来，孩子在拍摄时不但很放松，还会觉得很好玩，甚至忘记了镜头的存在。

↑ 猫咪和孩子一起在草地上玩耍的画面看起来非常温馨（焦距：200mm ┊光圈：F4 ┊快门速度：1/640s ┊感光度：ISO100）

↑ 孩子和狗狗共同沐浴本来就很有趣，为他们戴上相同的浴帽，更增添了趣味性（焦距：35mm ┊光圈：F9 ┊快门速度：1/250s ┊感光度：ISO100）

## 把握拍摄的时间长度

　　通常来说，孩子们的好心情只能维护40分钟左右，因此整个拍摄过程建议在一个小时以内完成，并优先选择拍摄效果最佳的服装和主题开始，因为开始时孩子的状态最佳，拍摄出的效果也更好。

➜ 由于孩子的耐心比较有限，在其状态很好的时候就要适当多拍，尽量赶在孩子累了、乏了之前完成拍摄（焦距：85mm ┆光圈：F3.2 ┆快门速度：1/320s ┆感光度：ISO200）

## 正确对焦保证画面清晰

　　儿童时期正是玩耍的时候，宝宝大部分时间都是在玩耍，且行动变幻莫测。尤其是遇到好动的宝宝，想要清晰地对焦，就需要将相机设置为AI SERVO人工智能伺服自动对焦模式（佳能）或AF-C连续伺服自动对焦模式（尼康）。

　　在实际拍摄时，通过半按快门对拍摄对象对焦后，即使孩子突然移动位置，相机也可以自动进行跟踪对焦，从而可以更快速地抓拍不断运动的孩子。

　　要想拍摄好儿童照片，首先要对儿童有一定的了解。摄影师需要知道不同年龄段儿童的注意力程度及对事物的感兴趣程度，要知道如何调动儿童的情绪。

↑ 拍摄年纪较大、喜欢跑来跑去的孩子时，应设置连续对焦模式，以确保每张照片的清晰度（焦距：200mm ┆光圈：F3.2 ┆快门速度：1/800s ┆感光度：ISO100）

## 增加曝光补偿表现娇嫩肌肤

儿童的娇嫩肌肤是很多摄影爱好者都喜欢拍摄的，在拍摄时，可以增加曝光补偿，在正常的测光数值基础上，适当地增加0.3~1挡的曝光补偿，这样拍摄出的画面效果更亮、更通透，儿童的皮肤也会显得更加粉嫩、白皙。

## 忌用闪光灯

从医学角度来说，婴儿在出生后到3岁前，视觉神经系统还没有发育完全，强光会对眼疫系统的发育造成不良影响。因此，为了他们的健康着想，拍摄时一定不要使用闪光灯。

在室外时通常比较容易获得充足的光线，而在室内时，应尽可能打开更多的灯或选择在窗户附近光线较好的地方，以提高光照强度，然后配合高感光度、镜头的防抖功能、依靠物体或使用三脚架等方法，保持相机的稳定。

**摄影问答** 怎样拍摄能够使孩子的皮肤看上去更白皙、柔嫩

除了要使用明亮的散射光进行拍摄外，还可以增加 +0.3EV ~ +0.7EV 曝光补偿，如果拍摄时孩子背光，应该使用白色反光板进行补光。

◤ 增加了 1 挡曝光补偿，小女孩的皮肤显得非常白皙（焦距：50mm ┊ 光圈：F2.2 ┊ 快门速度：1/125s ┊ 感光度：ISO100）

**摄影问答** 为什么给0~3岁幼儿拍摄时不能使用闪光灯

因为 0~3 岁的幼儿视网膜还没有发育完全，使用闪光灯拍摄幼儿时，强光会灼伤他们还没有发育完全的视网膜。比较好的方法是在光线充足的室外拍摄；在室内拍摄时，应尽可能打开可用灯具，或选择在窗户附近光线较好的地方拍摄。

◤ 如果室内光线一般，可选择在窗户附近，但切忌使用闪光灯，因为孩子的眼睛非常娇嫩（焦距：70mm ┊ 光圈：F2.2 ┊ 快门速度：1/100s ┊ 感光度：ISO400）

# 连拍以更好地抓拍精彩瞬间

儿童摄影最头痛的就是孩子不像大人那样能顺利地进行沟通，而且其动作也是不可预测的，所以在拍摄时，就需要设置更高的快门速度，时刻准备抓拍，并启用连拍方式，使用AF-C连续伺服自动对焦模式（尼康）或AI SERVO人工智能伺服自动对焦工模式（佳能），以确保抓拍突然闪现的精彩瞬间时，也能够清晰、连贯地进行成功拍摄。

**摄影问答** 为什么拍摄出的孩子皮肤偏色

偏色的原因有多种，下面列出了几种常见的原因：未使用正确的白平衡模式、在有紫外线的环境中拍摄、距离某些大面积纯色对象较近、在色温较低或较高的环境中拍摄等。

**摄影问答** 不要照片中的"好孩子"是什么意思

有不少父母认为由于照片要长久保存，因此只有当孩子的姿势、表情端正才可以拍摄，这样的照片也才有资格被存入相册，因此相册中几乎尽是"好孩子"的形象。但实际上，这种做法并不可取，因为孩子听话、乖巧、安分守己是其性格的一部分，但并非全部。他（她）往往还有调皮捣蛋、自以为是、撒娇发嗲，甚至蛮横无理、气势汹汹的一面。所有这些不同的性格组合在一起，才会形成一个孩子完整的个性。所以在拍摄孩子时，应从不同侧面、不同场合、不同角度、不同成长时期进行表现，这样的照片才会有血有肉、栩栩如生，能给人留下深刻、鲜明的印象。

→ 可利用连续对焦功能将孩子的每个动作和鬼脸都清晰地记录下来（焦距：100mm│光圈：F3.2│快门速度：1/500s│感光度：ISO100）

## 使画面有情节

以全景的景别拍摄儿童，可以将被摄对象以及周围环境清楚地纳入到画面中，对于呈现情节性表达的画面较为有利。按此景别拍摄时，最好使用变焦镜头，变焦镜头解决了我们在拍摄多动的儿童时，必须跟随其走来走去的难题，并且还可以最大限度地减少对被摄儿童的干扰，使其呈现出最为自然的一面。

↑ 利用连拍记录在海边玩水的孩子整个过程，画面看起来很有趣味性

## 发挥想象力增加变数

倘若一组摄影作品中的画面都是一成不变的，再好的作品看久了也都会看腻，就像吃多了山珍海味，偶尔吃一些青菜水果感觉也不错。正如一本书、一部电影一样，需要有承上启下的转合，搞笑的剧情中总是会穿插一些感人的桥段，或是一部以感人为主的作品中偶尔穿插一些轻松的片段，也都会让人感到惊喜。如果摄影者可以吸取这种经验，充分发挥巧思与创意。

↑ 拍摄宝宝时，除了拍摄其天真烂漫的笑容，也可将其恼怒、哭泣的样子记录下来，这样的"真情表露"也很有画面渲染力（焦距：85mm ┃光圈：F3.5 ┃快门速度：1/250s ┃感光度：ISO100）

**摄影问答** 拍摄儿童一定要使用连拍吗

儿童摄影的难点在于多数儿童的动作与表情是不可预测的，因此，如果拍摄的儿童不属于安静的类型，其动作与表情多变，就应该使用连拍模式进行拍摄，以确保在拍摄的一系列照片中包含其有趣的表情、精彩的动作，从而提高拍摄的成功率，这种拍摄方法其实遵循的就是"多拍优选"的原则。

**摄影问答** 一定要拍摄孩子的正面吗

这个问题的答案显然是否定的。虽然，绝大多数情况下，我们拍摄的都是孩子的正面，但当他（她）离开父母探索未知的世界时，留下的都是背影，因此，有时拍摄孩子的背影反而会使照片显得更有内涵与想象空间。

**摄影问答** 为什么拍摄出来的照片额头显得特别大

拍摄儿童脸部的特写照片时，不要让眼睛正好在画面中间，这样会让儿童的额头看起来很大，照片也显得不太生动。

**学习视频** 多看绘画作品

# 画面简洁

在摄影构图时，简明是最基本的要求，能否传达出画面主题的表达意图是一个摄影作品成功与否的先决条件，而简约的构图则能够有效地突出被摄主体，从而强化主题。在采用简约构图方式拍摄人像时，摄影师除了可以利用长焦镜头或者较大光圈来得到景深较小、主体突出的画面效果外，在构图上还可以将干扰画面主体的背景排除在画面之外，以达到突出被摄人物的目的。

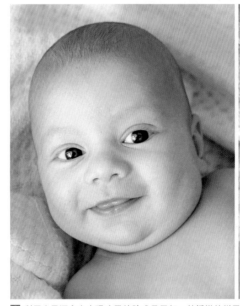

↑ 利用小景深突出表现孩子的脸或是局部，其娇嫩的样子都非常惹人怜爱（焦距：50mm ┊光圈：F1.8 ┊快门速度：1/200s ┊感光度：ISO100）

在为儿童拍照时，由于儿童活泼、好动，他们很少会乖乖地坐在指定的背景前让摄影师拍摄，在这种情况下就要求摄影师在构图前一定要做好预测。在拍摄时应结合运用有效虚化背景的镜头及相机的设置，将烦乱的环境有效弱化，通过简约的构图，将被摄儿童在杂乱的环境背景中有效地凸显出来。画面中的背景不要太复杂，否则会让背景抢了宝宝的风头。适时地拍摄一些表情丰富的特写或造型夸张的全景，都是不错的构图方法。

→ 利用黄色的背景布衬托穿着红色瓢虫装的孩子，画面既明了又鲜艳（焦距：40mm ┊光圈：F9 ┊快门速度：1/125s ┊感光度：ISO400）

拍摄技巧 选择拍摄背景的技巧

在拍摄儿童照片时，背景首选简洁素雅的类型，例如，可以利用屋内的白墙作为背景，或以俯视或仰视角度拍摄，以整洁的地板或天空作为背景。

在公园或室外等环境较杂乱的场景拍摄时，一定要注意不能让背景喧宾夺主。例如，在公园拍摄时，许多摄影师会让孩子靠近花丛进行拍摄，如果花丛的面积控制得不得当，拍摄后就会发现，照片中的花卉色彩缤纷，但真正的主体——孩子却黯然失色。在这种情况下，可以采用两个拍摄技巧。第一，增大孩子在画面中的比例；第二，用大光圈虚化背景。

摄影问答 拍摄新生儿最重要的技巧是什么

其实，拍摄新生儿时最重要的技巧并不是摄影本身的技巧，而是让他们进入熟睡状态，只有这样摄影师才能进行持续拍摄。例如，可以让妈妈在前往拍摄地点前给新生儿喂奶，这样到达地点后婴儿已经饱了，这时他们随时都可能睡很长时间。用毯子舒适地裹好婴儿，让他们的胳膊和腿部紧靠身体，这也是一个让婴儿睡着的小技巧。当婴儿睡着后，就可以移动他们，将其放到合适的地方。

# 表现孩子纯真的眼神

孩子们的眼神总是很纯真的，在拍摄儿童时应该将其作为重点来进行表现。在拍摄时应注意寻找眼神光，即眼睛上的高光反和光亮点，具有眼神光的眼睛看上去更有活力。如果光源亮度较高，在合适的角度就能够看到并拍到眼神光；如果光源较弱，可以使用反光板或柔光箱对眼睛进行补光，从而形成明亮的眼神光。

↑ 孩子毫无戒备，纯真的眼神在画面中非常醒目（焦距：50mm｜光圈：F4.5｜快门速度：1/500s｜感光度：ISO200）

# 天真无邪的表情

无论是欢笑、喜悦、幻想、活跃、好奇、爱慕，还是沮丧、思虑、困倦、顽皮、失望，孩子们的表情都具有非常强的感染力，因此在拍摄时，不妨多捕捉一些有趣的表情，为孩子们留下更多的回忆。

摄影师在拍摄时应该用手按着快门，眼睛全神贯注地观察儿童的表情，一旦儿童表情状态较佳就迅速按下快门，并采用连拍方式提高拍摄的成功率。

↑ 孩子望向镜头开心的笑脸非常有渲染力（焦距：45mm｜光圈：F5.6｜快门速度：1/80s｜感光度：ISO400）

拍摄技巧 **自然的抓拍方式**

自然的抓拍方式在家庭儿童摄影中运用得较为普遍。在儿童写真馆拍摄时，往往因为儿童不适应陌生的环境而很难有丰富的表情，而如果是在室外，在儿童不知情的情况下，使用长焦镜头来拍摄，可以把儿童的自然表情抓拍下来。儿童发呆、游戏、专注等表情细节可以在照片中表现得非常完美。在拍摄时应选择较高的快门速度以防止成像模糊。

有些摄影师会抱怨儿童照不好拍，不是没有好的环境，就是儿童太不听话，使拍摄无法正常进行，却不从自身找原因，应检查一下自己是否具备了发现儿童可爱、充满意趣瞬间的眼光。

能拍出让人眼前一亮的作品，摄影师肯定具备了独特的眼光。他们不会刻意地追求形式上的哗众取宠，而是在平凡之中拍出精彩和深意，甚至使用最简单、朴实的方法记录下最普通的瞬间。

摄影问答 **拍摄新生儿的关键点是什么**

确保安全是拍摄新生儿的关键要点，不能将无法自己坐立的新生儿放在椅子上或其他道具中，而应该将其放在地板或桌子上，使用枕头或其他柔软的东西支撑他们的身体，并且要保证他们的头部得到坚实支撑。

拍摄技巧 **以俯视角度将儿童拍出神韵**

要采用俯视角度将儿童拍出神韵，最重要的技巧是采用特写景别进行拍摄，对焦点要安排在儿童的眼睛上，拍摄时尽量使用广角镜头，以夸张表现大大的眼睛。此外，要通过调整拍摄位置或补光位置，使其眼睛上出现漂亮的眼神光。

## 表现儿童可爱的身形

拍摄儿童除了要表现其丰富的表情外，其多样的肢体语言也有着很大的可拍性，包括其有意识的指手画脚，也包括其无意识的肢体动作等。

摄影师还可以在儿童睡觉时对其娇小的肢体进行造型，凸显其可爱身形的同时，还可以组织出具有小品样式的画面以增强趣味性。

↑孩子娇小的肢体、可爱的神情、沉醉的睡态都非常惹人怜爱

## 随时变化拍摄视角记录精彩瞬间

拍摄儿童与其他人像摄影略有不同，对成人而言，摄影师站立拍摄是正常的平视角度，而对儿童来说就变成了俯视角度，因此在拍摄时要随时调整拍摄高度以获得理想的拍摄效果。例如，在俯视拍摄儿童时，可适当地将周围环境纳入到画面中来，以凸显儿童的娇小可爱。

→ 由于孩子都很好动，可将其动作作为一个系列记录下来形成一组画面（焦距：25mm｜光圈：F10｜快门速度：1/160s｜感光度：ISO100）

人像摄影误区

Chapter **11**

## 掌握背景在画面中所占的比例

初学者在拍摄人像时，都会纠结背景在画面中究竟应该占多少位置才为最佳，通常来讲这是没有具体规定的，但却有规律可供参考。

大多数摄影师在拍摄美女人像时喜欢将背景虚化，或背景越少越好，认为这样可以很好地突出主体、表现人物，这个观点多少有些片面了。在拍摄表现环境的人像时，背景就可以多留一些，以足够的环境来烘托人物主体，但切忌不要多到喧宾夺主的程度；如果是旅游纪念照片，想要既表现名胜古迹又表现人物时，则可以选择更多的背景，以避免把景色拍得残缺不全；还有，拍摄人物全身像时背景也应该多些，以免造成局促感。

↑ 摄影师以一大片开有小黄花的草地为背景，使画面的甜美风格进一步提升（焦距：35mm ┊ 光圈：F5 ┊ 快门速度：1/500s ┊ 感光度：ISO100）

↓ 留出合适的背景丰富了画面内容，也衬托了女孩俏皮的性格（焦距：40mm ┊ 光圈：F11 ┊ 快门速度：1/125s ┊ 感光度：ISO100）

# 避开误区拍摄更上层楼

## 避免四肢取舍错误

正确地裁切人物四肢可以起到突出主体的作用，但错误地裁切人物四肢却会导致人物给人残肢断臂的感觉。前面的章节讲到拍摄远景和全景景别的人像时，一般是需要保留人物的全身的，而在拍摄中景与近景景别时，则需要保留人物上半身的完整，特写及满画面构图是发挥摄影师想象力的景别，可以随意取舍。

尽管从景别中大概了解了构图时对人物四肢的取舍，但还是有很多初学摄影的朋友会出现"残肢断臂"的现象，给人感觉非常不舒服，这些照片一般是从被摄者四肢的关节中间位置断开，或者断开的位置正好是人物的关键位置，给人戛然而止的感觉，这些都会影响主体与画面的表现。

**拍摄技巧 四肢取舍技巧**

一些有经验的摄影师可以经过大胆的裁切使画面非常有冲击力，但初学者因为对构图不够了解，任意取舍很可能会造成画面的缺失，给观者造成错觉。所以初学者在没有刻意要表现的重点时，可以在构图时先把模特的四肢拍摄完整，等待后期进行二次构图时反复推敲，细细琢磨到底哪里该取，哪里该舍，这样既可以锻炼对画面的取舍能力，又可以得到不错的画面。

→ 利用广角镜头表现了模特的全身，不仅在视觉上很舒服，也很好地表现了女孩妙曼的身姿（焦距：24mm ┊ 光圈：F9 ┊ 快门速度：1/250s ┊ 感光度：ISO100）

↑ 模特翘起的脚被裁掉后，使其看起来非常不舒服，有种不完整感

↓ 虽然只表现了女孩的上半身，画面还是给人很完整的感觉，其优雅的姿势看起来非常有女人味（焦距：85mm ┊ 光圈：F2.8 ┊ 快门速度：1/160s ┊ 感光度：ISO640）

## 避免人像姿势呆板

照片中人物的姿势虽然看上去是模特自身的问题，但实际上与摄影师也有很大关系，因为在拍摄时，摄影师有责任引导模特，使其摆出更美观的姿势，这样既可以使照片更具美感，又可以通过姿势与动作使照片更具情节性。

↑ 模特正面面对着镜头看起来有些无神且呆板

↑ 模特一手下垂，一手抚天花板倾斜身体，加上直视镜头的眼睛与身体，让模特显得十分自信且睿智，又体现出其强烈的女人味（焦距：24mm；光圈：F18；快门速度：24s；感光度：ISO800）

## 避免人物在画面中过小，背景杂乱

在人像摄影中，人物在画面中所占的比例过小，是人像爱好者容易出现的失误。拍摄这种照片的初衷往往是为了强调人像周围的环境、表现人物气质、突出整体的画面氛围，但最终得到的照片却类似于到此一游的纪念照，而不像是出自专业摄影师之手的人像照片，从而显得太过平常，不具欣赏性。

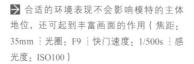

↑ 由于周围环境较杂乱，且人物又过小，使其在画面中非常不突出

➡ 合适的环境表现不会影响模特的主体地位，还可起到丰富画面的作用（焦距：35mm；光圈：F9；快门速度：1/500s；感光度：ISO100）

## 避免错误重叠

　　摄影是将三维的空间拍成二维的画面，因此不同的视角，得到的画面也迥然不同。例如摄影师稍不留神，便可能会使得画面中人物头顶上"长"出直立的树木或一双脚来，影响画面美感，这时，则可以通过调整拍摄位置或拍摄角度来避免出现这样的问题。

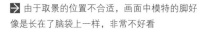
→ 由于取景的位置不合适，画面中模特的脚好像是长在了脑袋上一样，非常不好看

↑ 换一个角度进行拍摄，使模特的头与脚呈斜线的方式，这样画面看起来就舒服多了（焦距：90mm┆光圈：F3.5┆快门速度：1/200s┆感光度：ISO100）

拍摄技巧 **利用减法拯救错误构图**

　　由于摄影者在取景构图时，受到拍摄距离、摄影镜头等条件限制，而使画面出现了多余的天空、地面、树枝等元素，可以通过减法构图截去。

　　另外，一幅看起来还可以的作品，实际上还可以从中找出更精髓的画面，俗话说："有比较才能看到差距。"因此建议摄影爱好者不要停滞不前，应不断比较，不断推陈出新，利用减法中的奥妙精益求精，得到更完美的作品。

↑ 通过裁切后，模特在画面中显得更加突出

**拍摄技巧 回避干扰画面的杂物技巧**

如果不能够更换拍摄场地，可以在拍摄时使用更近的景别，例如只拍摄人物的上半身或膝盖以上的位置，以避免拍到地面上的杂物，或者利用道具或陪体遮挡的方式来隐藏地面杂物。另外，还可采取仰视拍摄手法，以天空为背景营造出简洁的画面效果，同时也修饰了人物的美感。

## 回避干扰画面的杂物

简约而不简单是大多数摄影师所要追求的画面效果，这就要求在拍摄时需要注意拍摄环境，如果地面太过杂乱就尽量避免不必要的物体纳入画面，以免破坏画面效果。

除了地面杂物外，人物背景处的杂物，如树枝、电线杆、路标等，也需要注意回避，因为这些杂物不但起不到美化画面的效果，反而还会使画面显得凌乱、主体不明确。同理，前景的杂物也要避免进入画面，以保持画面的整洁及突出人物主体。

↑利用长焦稍微俯视拍摄，避开了天空，得到以草地为背景的画面，很好地表现了主体（焦距：200mm；光圈：F4；快门速度：1/320s；感光度：ISO100）

↑由于景深过大，且模特在画面中较小，天空部分一片空白，干扰了画面主体的表现，层次损失严重

## 避免背景有人

　　拍摄繁华的市区或街时，难免会在背景中纳入多余的人物，即使是对背景进行虚化处理，仍然可以辨认出人物的基本轮廓，从而分散画面中主体的视线。当然，如果是在旅游景区拍照留念，这种问题就很难避免了。

　　这种情况下可以更改拍摄位置，利用墙体、广告牌等做背景，来避开人群，如果无法避开还可以采用长焦镜头拍摄特写，如果想要拍摄全景人像，还可采用仰视的方式以天空或高一些的建筑做背景，同样可以避开人群。

**拍摄技巧 拍摄时需要避开的背景**

　　好的背景可以起到烘托主题、美化人物的作用，但不好的背景则会影响画面的美观。笔者总结了以下选择场景时应该避开的背景：

　　1. 过于零乱繁杂的景物，不但会干扰主体表现，还会导致画面缺少层次。

　　2. 喧宾夺主的鲜艳色块（尤其是暖色调），即使做了虚化也会跳出来，与主体争抢观者的视线。

　　3. 一般情况下不建议使用特别冷色的景物作为背景，因为这种冷色反射到被摄对象脸部时，会使人物显出一种病态的样子。

　　4. 与主体服装的色彩过于相近的背景，这种背景会使人物融进背景里，使观者无法一眼看到主体，容易形成变色龙的感觉。

　　5. 在户外拍摄时，阴天时天空几乎没有细节，纳入画面会导致整幅作品都黯然无味。

↑ 由于背景在画面中面积较大，且虚化不够，路上的行人出现在画面中，使得主体显得不够突出

↖ 利用长焦镜头拍摄，并使身体前倾挡住部分背景，得到主体突出且简洁的画面（焦距：200mm ┆ 光圈：F2.8 ┆ 快门速度：1/500s ┆ 感光度：ISO100）

# 打破常规与众不同

## 空间错位拍出趣味人像

这是一种利用空间透视产生错觉的方法，在这样的照片中，虽然照片中各元素彼此独立，但由于照片将三维空间压缩在二维平面上，使画面产生了明显的夸张效果。

一般情况下是利用镜头的透视性能将前景与背景有机地融合，使根本不可能的事情变为可能，例如利用近大远小的透视效果，拍摄近距离的人物托举一座远距离的大山，这种画面就会显得特别神奇，这种别具匠心的拍摄方式一定会为你的作品增添新意。

➡ 利用错位形成有趣的视觉效果（焦距：90mm ┊ 光圈：F4 ┊ 快门速度：1/800s ┊ 感光度：ISO100）

## 颠倒构图

颠倒构图可以颠覆视觉传统，照片表现的往往是摄影师眼中的世界，照片拍摄角度的高低则代表了摄影师观察世界的角度。按照颠覆视觉传统的颠倒构图方式拍摄画面，能够打破人们长久以来的视觉惯性，呈现出景物别具特色的一面，从而使观者产生强烈的新奇感。

利用颠倒构图的方式拍摄的画面，视觉角度让人耳目一新（焦距：50mm ┊ 光圈：F7.1 ┊ 快门速度：1/250s ┊ 感光度：ISO200）

## 更改地平线

　　绝大多数情况下，我们拍摄的画面都是垂直或平行的，非常规整。而随着我们对新事物的认识越来越多，所追求的效果也越来越新颖，那些老一套的横平竖直思想就显得有点"落伍"。

　　所以在拍摄时，不妨尝试一下倾斜相机，使得画面一下子变得不一样起来，尤其是在拍摄以青春活力为主题的人像时，通过倾斜相机的方式，得到的画面中不但可以带有强烈运动感的斜线线条，在视觉上也会显得更为特别，除此之外，还能够使人物身材比例得到极大的延伸，更好地展现人物完美的身材，凸显其个人魅力。

↑ 倾斜的地平线避免了画面呆板，与舞动的模特一起营造了一种很有动感效果的画面（焦距：27mm┊光圈：F18┊快门速度：1/1000s┊感光度：ISO800）

↑ 平行的地平线不仅使画面显得很呆板，且从模特面部穿过更加破坏美感

拍摄技巧 **夸张构图的拍摄技巧**

　　一般情况下，夸张构图都是通过视觉错位、镜头透视等方法达到夸张画面的效果的。

　　拍摄时，可以利用近大远小的透视效果，将手、道具置于前景，而需要表现的景物（一般是人物），置于背景中，通过前景与背景中人物的演绎来形成呼应，即可形成不错的夸张构图。

　　此外，也可以利用视觉错位的方法，利用前景与背景的错位形成两者仿佛有关系的视差，从而获得夸张的构图效果。

风光摄影初了解

# Chapter 12

# 从发现到表现

一个优秀的摄影家在大自然中发现美的景色是一件容易的事，但普通的摄影爱好者却不然，这是因为他们还不具备像摄影家发现和选取自然美景的眼力。比如不具有摄影眼光的游人面对一挂飞流直下的瀑布，只会惊叹甚至兴奋起来，并拍摄出一般的旅游纪念照片。而摄影家则要观察瀑布所具有的线条、块面、色彩和光影效果，并从中发现真正属于摄影画面才能够表现出来的那种美，这就是摄影家与普通摄影者的区别所在。正如罗丹说的："美是到处都有的，对于我们的眼睛，不是缺少美，而是缺少发现。"

↑ 奇妙的场景遇上漂亮的光线，再经过摄影师的合理构图，才获得如此美不胜收的佳作（焦距：82mm ┊ 光圈：F8 ┊ 快门速度：1/400s ┊ 感光度：ISO200 ）

其实这种发现并不难，关键是要养成拍摄前观察景物的习惯，培养能够预测照片实际效果的能力。这就要求摄影者要学会换位观察，也就是说要以镜头的感觉去观察景物。

在摄影界称这种眼光为摄影的"第三只眼"。比如，面对场景中的山、石、水、树……在现场环境和光线的照射下，拍成照片后，画面会是怎样一种形状、颜色和光影效果，稍有经验的摄影者，应该做到"胸有成竹"。摄影实践告诉我们，要想在大自然中发现美是离不开这"第三只眼"的。

## 从想象到创造

　　"艺术的升华在于想象"，面对大自然中的千景万物，风光摄影者往往缺少的就是想象，发挥想象是风光摄影者成功的捷径。当摄影者置身于陌生的风景面前时，往往会立刻被整体或局部的色彩、图案所吸引，随后便是草率拍摄，至于有无新意则全然不顾，这就是拍摄者缺乏想象的表现。

　　如果是一位具有丰富想象力的摄影家，是不会轻易按下快门的，而是展开"想象"的翅膀，凭着感觉和经验，用心灵的眼睛去搜索，去寻找想象中的完美画面。他们会考虑如果采取特殊的拍摄方法，能否改变景物的面貌，能否创造出更新的画面，达到更为理想的意境。

↘ 静静的水面被天空中的霞云所浸染，与树木的倒影相辉映，奇幻的色彩为画面增添了美感（焦距：100mm ┊ 光圈：13 ┊ 快门速度：1/10s ┊ 感光度：ISO100）

　　丰富的想象力不是与生俱来、凭空臆造的，而是基于日积月累的实践操作与丰富的视觉经验之上的。一个摄影者，如果平日能细心观察、研究景物与自然美之间的关系，能博览群书（照片和风景画册），那么积累和经验就会丰富起来，面对熟悉和不熟悉的风景，不会贸然下手，而是以审美的眼光，从艺术的高度去静观和选择眼前的景物，做到"不拍则已，一拍惊人"。

→ 借助礁石上一块形状特异的冰凌作为前景，巧妙地将冰凌缺失的地方与太阳重合，形成一幅看似巧合却由摄影师精心设计的美妙画面（焦距：200mm ┊ 光圈：F9 ┊ 快门速度：1/1000s ┊ 感光度：ISO200）

# 画面的写实与写意

写实与写意是两种不同风格的摄影创作方式。就风光摄影而言，写实的风光作品讲究照片的精确、质感、真实可信，而写意的风光作品则是摄影家在被摄景物面貌的基础上，更多地依照主观情感和表现意图，通过技术适当地改变被摄景物的形象、色彩、空间和现场氛围，创造出更有意境的视觉图像。

写实性风光摄影注重被摄对象的人文价值和史料价值，拍摄的对象有植被、水系、山体、动物等。例如，风光摄影大师安塞尔·亚当斯在美国西部约塞米蒂拍摄的风光作品，其非凡的影调、质感、气势和卓越的艺术品质，成为了纯粹派写实风光摄影的典范。

写意风光摄影注重画面的意境、视觉艺术的魅力和艺术感染力，具有唯美的倾向，在山川、田园和小品类风光摄影中显得尤为突出。观众在欣赏写意风光照片时，一般不太注重被摄景点的明确性和场景的真实性。

**拍摄技巧 隔着玻璃拍摄风光的技巧**

在旅行途中，经常能够透过汽车、火车的车窗或酒店的窗户看到漂亮的风光，此时要想隔着玻璃拍出没有反光影像的照片，可以尝试使用下面的技巧。

1. 如果在酒店内拍摄，可以试试先落下部分窗帘，因为室内的光线会在玻璃上造成反光。

2. 镜头最好贴在玻璃上，但注意不要让镜头的镜片与玻璃接触。

3. 不要用超广角或广角镜头，因为进入镜头的画面越多，意味着进入相机的反射光越多。

**摄影问答 运气对于风光摄影师来说有多重要**

非常重要，但也并不是决定性因素。许多摄影师在谈到拍摄出优美风光摄影照片的要素时，都将运气放在首位，他们认为拍出好的风光照片，最重要的不是镜头，也不是相机，而是运气。只要运气好，美景在眼前，即使是一个摄影新手，也能够拍出漂亮的风光大片。

然而，正如谚语所说，运气只青睐那些有准备的人。因此，把握运气其实也是有技巧的，例如，在什么时间拍摄、在什么地点拍摄、要等待多长时间可能会遇到理想的光线等，都需要事先了解相关情况，做出相应的规划。

因此，那些看上去运气好的风光摄影师，表面上看他们的运气似乎总比一般的摄影师要好，其实是事先收集了丰富的资料，而且有深厚的技术功底做支撑。例如，在拍摄一个需要长时间曝光的题材时，没有携带三脚架怎么办？又如，在拍摄大光比场景时，没有中灰渐变镜也没有黑卡，又应该如何拍摄？类似这样的问题，可能出现在每一次外拍活动中，好的风光摄影师之所以出众，不仅是他们等到了漂亮的光线，遇到了难得一见的景观，更在于能够轻松解决上述问题，从而使他们能够灵活地处理各种拍摄时遇到的问题，化平淡为神奇，从而拍出大片。

◀ 以写实的手法，表现了高耸突出的建筑，利用绚丽的夕阳天空则为画面渲染了油画般的美感（焦距：35mm ┊ 光圈：F16 ┊ 快门速度：9.2s ┊ 感光度：ISO250 ）

↑ 傍晚 19；16 分拍摄的照片，天边还有一抹霞光，与浅蓝色的天空交相辉映，显得格外美丽，路灯还没有完全亮起，而建筑物里的灯光也显得较为稀疏，整个画面让人感受到喧嚣之后的一丝沉静

↑ 黎明时分 5；32 分拍摄的画面，整个城市还没有完全从睡梦中苏醒，道路上的车流也并不密集，天边的朝霞预示着新的一天到来，整个画面给人一种希望的感觉

→ 夜晚 21；30 分在同一地点拍摄的画面，天边的霞光基本退净，天空是沉静的深蓝色，路灯闪烁着璀璨的星芒，建筑物里的灯光也更加明显，整个画面给人一种夜晚特有的静寂感

# 成功风光摄影的3大要素

天时、地利、人和是指人们做事为业得以成功的3个重要条件。风光摄影系户外摄影，能否拍摄出好的风光照片，更是由天气、地理、摄影人这三大因素所决定的。

## 天时

"天时"是指自然界季节和气候的变化。同是黄山，四季景色却有很大的差异；同是长城、四季的环境和色彩也大不一样；同样是拍摄山乡景色，因气候的变化，气氛、影调、色彩都会有很大差异。如果是在特定的时间下（如雾霭朦胧的清晨、烈日当照的正午、渔歌唱晚的黄昏，或是生机盎然的初春、寒气逼人的严冬等），在某地点拍出了理想的照片，那么便是顺应了"天时"。即使是在同样一个地方，同一天的不同时段拍摄同一角度的照片，也会由于时间不同，而使画面表达的情绪有所不同。

因此，作为一个风光摄影师，必须要理解"天时"对于摄影作品的影响。

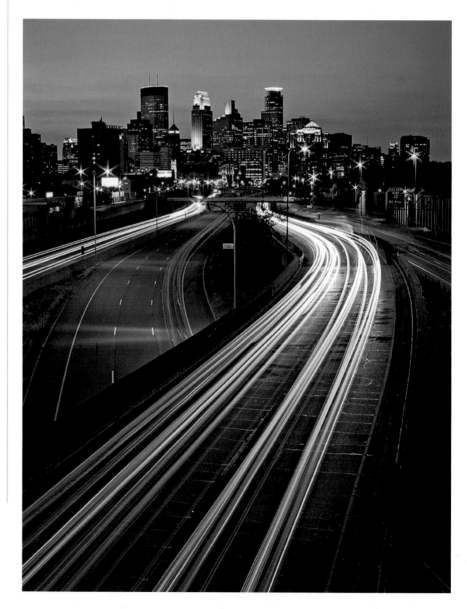

## 地利

　　"地利"，是指在摄影中要充分利用大自然中千姿百态的地理、地貌的形态特征。诸如山峦平原、峰崖洞壑、江河湖海、花草林木等。同样是风景，有些平淡无奇不宜入画，有些趣味横生，让照片增色，充满诱惑。如皖南山区的村落就要比苏北平原的有特色，其民居在山坳之中错落有致、粉墙黛瓦、诗情画意、秀色可餐。另外，即使面对同样一个景点，如果拍摄时选择的地点不同，所看到的、拍摄到画面也不一样，正所谓"远近高低各不同"，因此，风光摄影讲究拍摄地点与景点的选择，拍摄地点与景点选对了，也就是顺应了"地利"。要想拍出与众不同的风光大片，就要不辞劳苦，去寻找，去发现与众不同的地貌与更巧妙的拍摄角度。

◄ 选择俯视拍摄，利用低水平线表现了金色的云雾，整个画面给人一种天地相接的缥缈感（焦距：20mm ┊ 光圈：F8 ┊ 快门速度：1/2s ┊ 感光度：ISO200）

## 人和

　　"人和"是指摄影家的审美眼光，拍摄现场的操控能力以及拍摄的技术技巧，泛指摄影家的综合素质。如摄影家对自然美的发现、欣赏、捕捉和再现的能力，其中也包括对作品的、构图、色彩、空间、画面氛围的处理手段。

　　在平时拍摄中，如果摄影家发现了大自然中的美，但是由于个人技术上的欠缺，而没有拍摄出最美的风光大片，那么就需要增强技术水平，反之如果技术好，而缺少发现，同样也无缘于美。同一时间，同一地点，同一美景，只因拍摄的人不同，作品水准也是高低不等的。这就是"人和"因素的结果，"人和"对一个风光摄影者来说，意味着要拥有超高的综合素质。

摄影师经过细心观察，选择逆光角度拍摄，并延长曝光时间，将光线与雾化的水面融合，最大程度地展现了景色的魅力，穿过岩洞的光线照亮了海滩，使画面的前景、中景与背景相互连通、贯穿，是整个画面的神来之笔，更是摄影师功力的体现（焦距：28mm ┊ 光圈：F16 ┊ 快门速度：3.2s ┊ 感光度：ISO100）

名师指路 从布列松的作品中学习构图

法国纪实摄影大师亨利•卡蒂埃•布列松（Henri•Cartier•Bresson）在构图时非常注重等待好的时机，也就是"决定性瞬间"，并会把所有对画面表现有利的东西都考虑进去，包括主体、背景、光影等，常以"几何图形"的形式去构成他大部分的重要作品。

学习视频 选好拍摄位置

# 风光摄影中的人物和动体

在风光摄影中，人物和动体往往能对画面起到陪衬等多方面的作用，因此花上很长时间等待人物和小船、车马、家禽等适合拍摄的动体出现是必要的，这些画面元素既能活跃画面，又能有力地表现风光的环境特征，有助于主题的表达。例如，一池碧水上游弋的三两只鸭子能带来"春江水暖鸭先知"的意境，可以更好地烘托出春天的主题。

↑ 拍摄风光片不一定只单纯地表现风景，可以将马匹巧妙地融合到景色里，不但为画面增添生机，还丰富了画面元（焦距：30mm｜光圈：F8｜快门速度：1/80s｜感光度：ISO100）

在风光摄影中，人物和动体往往还在画面起到对比的作用。如拍摄某些景物时，加入几个人物作为陪衬，画面便有了比例，可以表现出景物的高大和开阔。另外，利用人物或动体的颜色与画面主体色调的对比效果，还可以使画面色彩富有变化。

要注意的是，风光摄影中的人物和动物一般是作为陪体出现的，在画面中所占比例不宜过大，以免喧宾夺主。

↑ 站在海边的美女作为美景的衬托者，为画面增添了生机感，也衬托着大海的辽阔（焦距：16mm｜光圈：F10｜快门速度：1/20s｜感光度：ISO400）

# 户外拍摄风光的必需品

| | | |
|---|---|---|
| 摄影包 | 摄影包用于收纳和保护摄影器材，好的摄影包不仅可以合理地安排器材的放置顺序，还可以将相机受损的可能性尽量降低。市场上的摄影包大多具有防水、防尘、防震的功能，以有效地保护摄影器材 | |
| 旅游鞋 | 鞋子必须要选择舒服合适的，因为拍摄风光时，大多数时间是在徒步行走，如果鞋子穿起来不舒服，则会直接影响拍摄心情 | |
| 保暖衣 | 在拍摄风光作品的过程中，经常会遇到恶劣的气候和环境，有些摄影师为了拍到美妙的照片，常常跋山涉水，甚至是为了捕捉清晨第一缕阳光滋润大地的美景，可能在半夜就冒着寒风到野外做准备了 | |
| 帐篷 | 帐篷是夜宿的必备品，其携带方便，又可以使摄影师美美地睡上一觉。帐篷的料子都是防风、防雨的，有的是加厚的，有的是薄的，如果在春秋天拍摄要选择厚一点的，在夏天可以选择薄一点的。在购买帐篷时，大家不要忘记买防潮垫和充气枕 | |
| 手电筒 | 在户外，手电筒是必不可少的装备之一。尤其是在露宿郊外的夜晚，带上一只手电筒及多块电池，就等于有了一盏随时提供照明的灯 | |

↑ 使用超广角镜头拍摄的风光，画面看起来十分开阔且大气磅礴，这充分表明镜头对于风光摄影的重要性（焦距：8mm　光圈：F8　快门速度：1/10s　感光度：ISO100）

风光摄影用光高级技巧

# Chapter 13

# 风光照片里奇异的局部光

　　局部光是风光摄影中极具表现力的光线之一，也叫造型光。这种光线能够使景物产生明与暗的变化，形成强烈的反差，局部光有两种类型。

　　1.透过云层或树叶形成的局部光在多云天气条件下，由于云彩或树叶的遮挡，阳光只能从云或树叶的缝隙中照到地面，从而使大地呈现出斑驳陆离的光影效果。

　　2.透过山峰或山谷形成的局部光。当光线的角度比较低时，斜照在高山下或深谷中也能形成区域光场景。

　　局部光往往出现在天空有较多、较厚云层，或早晨、傍晚有云霞的时候，由于高空中风速较快，因此如果动作迟缓，不断移动的局部光就会消失，因此要有充分的准备。

　　此外，要利用好局部光线，需要提前掌握局部光的运动方向和画面中景物的明暗效果，通常雷阵雨前的局部光效果最好，因此时云彩在风力的作用下运动速度较快，能为拍摄提供更多的机会。

　　根据天气和现场拍摄条件，拍摄时通常使用点测光和中央重点测光功能，对准被局部光照射到的部位进行测光，然后酌情做负向曝光补偿。

↑ 在挂满积雪的林中，强光照射，洒落在林中斑驳的光影，为森林增添了生机（焦距：35mm｜光圈：F9｜快门速度：1/200s｜感光度：ISO100）

↓ 大面积处于冷色调的山川只有山顶一点被暖色的光线照亮，与周围的环境形成了鲜明的冷暖对比（焦距：80mm｜光圈：F7.1｜快门速度：1/160s｜感光度：ISO100）

# 光线与风光摄影中质感的表现的关系

在大自然中，不同的物体其外部形状、表面结构、表面颜色和质感部是不同的。物体的表面结构不同，对光线的吸收、透射、反射也各不相同，要在画面中表现出真实可信的世界，就必须让画面中的物体体现出其典型的质感。

例如，透明或半透明物体透光多；浅色的物体反射光多；深色的物体反射光少。表面光滑的物体所反射的光，光质较强，具有明显的方向性；表面粗糙的物体，所反射的光方向性不强，光质较软，具有漫散射光的性质。

→ 逆光表现蜻蜓翅膀半透明的感觉，所以在拍摄时选择了较暗的背景（焦距：200mm ┆ 光圈：F5.6 ┆ 快门速度：1/125s ┆ 感光度：ISO100）

若要有效地表现质感，应当注意的是首先要选择合适的光位，因为质感的强弱很大程度上取决于光对被摄体表面的照明质量和方向。其次要选择和谐的色彩，因为被摄体的质感常常会在单色系的表现中得到增强。

例如，要表现树叶、花瓣的质感，应该选择逆光，这样的光线才能够将其叶脉与纹理表现得更彻底、清晰。要表现粗糙的树皮，应该选择侧光，这样的光线能够使其粗糙的感觉更强烈，视觉效果也更明显。

→ 雪地中的树干在前侧光的照射下，虽然明暗对比不是很强烈，但粗糙的质感及纹理细节都表现得十分到位（焦距：18mm ┆ 光圈：F9 ┆ 快门速度：1/160s ┆ 感光度：ISO100）

## 光线与风光摄影中气氛的渲染的关系

"山雨欲来风满楼""黑云压城城欲摧"这两句诗给人一种强烈的氛围感，如果要在摄影作品中给人一种身临其境的感觉，也同样需要利用光线来营造。气氛可以使照片具有更强的表现力，但它又是相对较难捕捉与言传的。

气氛常常能在某些时候，以一定的状态呈现出来，但要抓住它并记录下来，需要等待机遇，更需要技巧，比如对光线、色彩的恰当处理等。

例如，要表现暴风雨，就可以通过乌云压顶的画面来表现，拍摄时就要首先强调"乌"，因此曝光时应该降低曝光补偿，同时采取逆光和侧逆光的角度，使云彩有阳光透射的亮边，使画面不全然"乌"成一片。

↑ 以低水平构图拍摄漫天乌云，通过适当地降低曝光补偿来渲染了山雨欲来的感觉（焦距：28mm ┆ 光圈：F8 ┆ 快门速度：4s ┆ 感光度：ISO100）

# 光影互动的艺术

## 画面的阴影

光是明亮的，影是阴暗的。明亮的光线可以塑造表现出一个具体的形象，而阴暗的影本身也可能成为一个独立的影像，在摄影中，如果能够艺术地运用光与影，就能使画面有更强的表现力。"影"在画面中可能存在以下3种形态：

阴影，即在背光面由于物体光照不充分，而形成不同的阴暗区域。

剪影，即按被拍摄对象外轮廓形成的剪纸式阴影实体，比阴影更具像。

投影，即由物体投在另一个平面上的阴暗区域，该阴影的形状能够准确地反馈摄影阴影的主体。

➡ 拍摄大海时，将椰树的影子也纳入画面中，利用树干的阴影增加了画面的空间感（焦距：18mm；光圈：F11；快门速度：1/25s；感光度：ISO100）

## 用投影为画面增加形式感

有时候光和影会在画面上交错出现，尤其是当深暗的投影与画面明亮的主体，在画面中有规律地交替出现时，投影的加入则使画面显得更有形式美感。

例如，一排整齐的栏杆投下的阴影，由于画面中明暗之间有规律地交替变化，从而给人以视觉上递进的愉悦。

海滩边一对椰子树的投影，使画面产生两者之间对话、相依的联想，从而使画面不仅有趣味，更有了生机。

➡ 将树木的投影也纳入画面中，增加了画面的空间感（焦距：20mm；光圈：F16；快门速度：1/20s；感光度：ISO100）

## 用阴影增加画面透视感

阴影还有增加画面透视感的作用，当阴影从画面的深处延伸至画面前景时，这种定向阴影，由于会出现近大远小的透视规律，因此可以用来加强画面的空间感和透视感。

↑ 清晨光线透过树干，投射到雪地上留下长长地树影，不但增强了画面的形式美感，还凸显了画面的空间感（焦距：20mm｜光圈：F20｜快门速度：1/200s｜感光度：ISO100）

## 用阴影平衡画面

通过构图使画面中出现大小不等、位置不同的阴影，可以使画面的明亮区域与阴暗的区域平衡，从而使画面能够更加突出地表现视觉焦点。

↑ 影子的出现不一定就会破坏美感，也可以起到平衡画面的作用，还能为画面增添意境美（焦距：20mm｜光圈：F20｜快门速度：1/200s｜感光度：ISO100）

拍摄技巧 **对比强烈的大光比画面**

在直射光线的照射下，受光面与阴影可形成明暗对比强烈的大光比画面。在摄影中，常将阴影纳入到画面中，形成明暗对比效果，以便更好地对表现画面中物体的高低起伏效果。

拍摄技巧 **对比和谐的小光比画面**

由于小光比画面没有明显的受光面与背光面，画面的明暗对比较小，所以通常会给人一种祥和、安静的感觉。但是这样的画面又容易太过平淡，为了避免这种情况，选择拍摄内容时就要多注意。例如，在构图时可以在画面中安排颜色较明快或较鲜艳的陪体，如果拍摄的是人像，则可以安排模特身着较明快或较鲜艳的衣饰。

风光摄影构图高级技巧

Chapter 14

# 抓住第一眼的感觉

**拍出牛片的3个标准**

**■ 曝光正确。**

如何正确曝光是所有摄影者都要面对的问题，无论是专业摄影师还是业余爱好者，都无法回避。即便一个摄影师拥有最新、最贵的器材，在最恰当的时间和光线下到达最恰当的位置，但如果曝光不正确，拍摄出来的仍然会是一堆不合格的照片。

如果不能够获得准确的曝光，所拍摄出来的亮调照片很可能会呈现出一片没有细节的白色，低调照片表现出来的则可能是一片黑色。因此，从技术角度上甚至可以说，评判好照片最重要的标准之一就是照片是否获得了正确的曝光。

**■ 构图优美。**

构图是摄影作品的骨架，决定着作品的成功与否，优秀的摄影作品无一例外在构图方面都具有非常值得学习之处，最典型的案例就是，一群摄影爱好者相约去同一个地方创作，而得到的摄影作品给人的感受却大相径庭，这在很大程度上是由于构图的技巧与理念不同导致的。

**■ 主题鲜明。**

主题是摄影作品的灵魂，是摄影师希望通过画面呈现给观众的核心。照片是否有主题，或者其主题是否有意义，是判断摄影作品价值的关键。在这方面需要切记的是，摄影是减法的艺术，在画面中与主题无关的东西太多，会冲淡主题，就像掺了水的汤不再美味一样。

例如，20世纪90年代，解海龙为希望工程拍摄了宣传照片《大眼睛》，在照片中一个手握铅笔的小女孩眼中充满了希望。这张照片采用了特写的表现手法，很好地反映了贫困地区的儿童对知识的渴望，照片的主题十分鲜明。

在面对拍摄主体时，一定要抓住第一感觉下最让你兴奋的点，例如，对于风光摄影而言，这个兴奋点可能是秋染山林的万山红遍，也可能是一棵枯藤老树的外形轮廓；可能是夕阳西下的倾斜光线，也可能海浪推沙形成的有趣图案。

有些摄影师面对摄影主体观察良久、思考过多：左顾右盼，感觉难以下手，就是因为最开始也可能是最准确的那种感觉无法找到，被眼花缭乱的拍摄现场搞得无所适从。

确立好第一感觉后，要根据想要表现的主体对画面进行构图。如果想表现主体的色彩，就要遵循色彩配置的原则来安排主体与陪体的色彩关系；如果想表现主体的形状，则要按照构图的法则安排好主体与陪体间的位置关系；如果要表现气势恢宏大场景，就要通过各种手法为画面确定正确比例与突出其空间感、透视感。

↑ 从岩石里冒出滚滚的浓烟，被局部光线打亮形成渐变的颜色，再加上合适的曝光，就像一场大自然的美丽盛会（焦距：200mm┊光圈：F14┊快门速度：1s┊感光度：ISO100）

# 利用主体画龙点睛

绘画中讲究"画龙还需点睛笔"，摄影同属于画面视觉艺术，也有此讲究，即在画面关键位置安排主体可以使作品更加传神、突出。例如，湛蓝天空中的一行归雁、山村农舍中升起的袅袅炊烟、金色油菜花田中的红衣农妇，这些突出、亮丽的景物如果被安排在画面中最醒目的位置，就会成为画面中的点睛之笔，画面缺少它们就会失去趣味中心，自然就显得平淡无奇。

■ 体积较小。

如果按此安排，主体占据的画面面积过大，反而起不到点睛的作用。

■ 色彩突出。

主体的色彩要与整个画面的基调色彩呈对比色，如果颜色方面不够突出，要试着转换角度，从明暗方面与背景进行区分。

■ 位置最佳。

起到点睛之笔效果的主体景物最好放在画面黄金分割的 4 个最佳视点上。

↑ 利用前景的樱花为雪山增添了许多美感，两者无论是色彩还是形态都彼此相互衬托（焦距：55mm 光圈：F9 快门速度：1/200s 感光度：ISO100）

# 风光留白使画面灵动

"画留三分空，生气随之发"，中国画如此，摄影亦如此。被摄主体只占较少的面积，而留有大片单一的浅白色或深灰色调的空间，采用这种布局形式的画面往往具有抒情和写意的风格，空灵之中独具意境。

要获得这种效果，可以采用仰视角度拍摄。例如拍摄一排树木时，以大面积的天空作为背景，而将树木置于画面的最下端，留出很大的空白，可以突出画面幽远的意境，使画面备显辽阔、空灵。当然也可以采用俯视角度拍摄，例如，以大面积的绿草为背景，将群羊置于画面的最上端，给画面留出很大的空间，也能凸显出画面的深远和广阔。

这种大面积的空白不但不会使画面显得很空，反而蕴含着无法言喻的悠远意境，如中国山水画中的留白，惹人遐思。由于画面中的空白多于实景，因此画面中占有较小面积的景物在色彩、形状、质感和动态等诸多方面都要具备很强的视觉冲击力，才能避免画面过于平淡无趣。

学习视频 使画面有比例感

↑ 在画面前方适当留白，通过水流的方向形成线条指引，增加了画面的空间感、意境感（焦距：17mm ┆光圈：F14 ┆快门速度：1/5s ┆感光度：ISO100）

↑ 画面中大面积的雾气渲染了画面气氛，给人仿若仙境的感觉，天空雾气构成的留白使画面更简洁（焦距：50mm ┆光圈：F16 ┆快门速度：2s ┆感光度：ISO100）

# 均衡的画面平衡心理

　　世界上的绝大多数事物在心理上给人的感觉是平衡、对称的，例如蝴蝶的翅膀、树叶、花朵、山峰等。在观赏摄影作品时，欣赏者也会从潜意识中希望画面是平衡的，从而获得舒适的心理感受。

↑ 左面的礁石与右面的礁石体量大体相近且给人一种遥相呼应的感觉，因此在视觉上有种均衡感（焦距：25mm │光圈：F16 │快门速度：1/50s │感光度：ISO100）

　　但由于摄影作品是二维静止的有限画面，因此要使画面有平衡、对称的感觉是比较困难的，必须要通过一定的摄影手法使画面看上去是均衡的。

　　这种均衡实际上依托于画面景物的视觉质量，例如，深色的景物感觉重、位于画面下方的物体感觉重、近处的景物感觉重、有适合的物体感觉重等。通过构图手法，合理安排不同视觉质量景物的位置，就能够使画面感觉起来是均衡的，从而使欣赏者获得平衡、稳定的视觉感觉。

↑ 在拍摄大片的高脚屋时，纳入了一叶小舟，否则画面会显得一侧很堵，另一侧空荡，利用这样的构图给人一种视觉上的均衡感（焦距：25mm │光圈：F16 │快门速度：1/500s │感光度：ISO100）

# 简约的画面突出的主题

　　摄影和绘画不同，就构图和取景而言，绘画表现景物往往用加法，用颜色一笔一笔在白纸上画上美的景物；而摄影则是用减法，想方设法避开杂乱无章的景物，然后再将主体摄入画面，因此，要想拍摄出简约的画面效果，就要掌握和运用好减法。

　　只有简约的画面，才能够使欣赏者的视线集中的画面的主体上，心无旁骛地充分理解摄影师要表达的主题。

↑ 广阔的沙漠，简洁的天空下，利用两串脚印作为视觉牵引，引导观者看向远景中的游人，简洁的画面使得要表现的主题更加明显（焦距：85mm ┆ 光圈：F11 ┆ 快门速度：1/2000s ┆ 感光度：ISO100）

↑ 在浓雾下许多景物都隐去了，简单的画面使要表现的山峰更加突出（焦距：24mm ┆ 光圈：F16 ┆ 快门速度：1/50s ┆ 感光度：ISO100）

　　要获得简洁的画面，可以采取两种简单的方法，第一个在拍摄人像、花卉等题材时常用，即用大光圈虚化背景，从而获得主体突出、画面简洁的照片。

　　第二种是风光摄影中较常用的，即通过在画面中留出大量空白区域，使画面看上去简洁而又富有韵味。

让视觉中的景物具有触觉的真实感

许多摄影大师更倾向于拍摄宏大的景观，从而在照片中构成一个令人震撼的视觉空间，如卡列顿·沃特金、埃德维德·麦布里奇及安塞尔·亚当斯。而美国摄影家约翰·塞克斯通则通过扭曲的枝条、小小的覆盖青苔的岩石，或者一个水坑，构成一个真实的空间，他更希望那些视觉中的景物，在画面中具有触觉一样的真实性。

这种真实的感觉让人感受到似乎被森林包围了，能够感受到阳光照耀下岩石的温度，溪流在迅疾流动中发出的欢快鸣响，脚下如同海绵般柔软的堆积落叶。

这样的照片将人类与自然之间的微妙关系呈现在一个平面上，让观众有种身临其境的感觉。

前景吸引

# 利用前景增加画面的纵深感

在简单的环境下拍摄时，由于没有参照物，因此不容易体现画面的纵深空间感。所以在取景时，应该注意在画面的近景处安排水边的树木、花卉、岩石、道路、桥梁或小舟，不仅能够避免画面单调，还能够通过近大远小的透视对比效果，表现出画面的开阔感与纵深感。

↑ 利用前景的礁石和太阳在水面上的倒影不仅增加了画面静谧的气氛，也增加了空间感（焦距：75mm｜光圈：F6.3｜快门速度：5s｜感光度：ISO100）

# 摄影中的视觉流程

## 什么是视觉流程

在摄影作品中，摄影师可以通过构图技术，引导观者的视线在欣赏作品时跟随画面中的景象由近及远、由大到小、有主及次地欣赏，这种顺序是基于摄影师对照片中景物的理解，并以此为基础使画面中的景物安排具有主次、远近、大小、虚实等变化，从而引导欣赏者第一眼看哪，第二眼看哪，哪里多看一会儿，哪里少看一会儿，这实际上也就是摄影师对摄影作品的视觉流程规划。

一个完整的视觉流程规划，从选取最佳视域、捕捉欣赏者视线开始，到视觉流向的诱导、流程顺序的规划，再到最后欣赏者视线留存的位置为止。

➡ 在大面积的白色雪地上人们首先会将视线放在大人的身上，随着他的目光会看到画面左下角的小女孩，最后才将视觉放到画面背景处的树林上（焦距：50mm｜光圈：F16｜快门速度：1/400s｜感光度：ISO100）

## 利用光线规划视觉流程——高光

创作摄影作品时，可以充分利用画面的高光，将观者的视线牢牢地吸引住，例如，在拍摄人像特写时，可以使用眼神光，其他能够反光的物体，如金属器件、玻璃器皿、水面，也都能够在合适的光线下产生高光。

如果扩展这种技法，可以考虑采用区域光或称局部光来达到相同的目的，例如，在拍摄舞台照片时，可以捕捉追光灯打在主角的身上，而周围比较暗的那一刻。在欣赏优秀风光摄影作品时，也常见几缕透过浓厚云层的光线照射在大地上，从而形成局部高光的佳片，足以证明这种技法的有效性。

⬆ 人们首先会被画面中最亮的太阳部分吸引，才会注意到蓝色的天空和波光粼粼的海面（焦距：24mm｜光圈：F18｜快门速度：1/800s｜感光度：ISO100）

## 利用光线规划视觉流程——光束

由于空气中存在微小尘埃，光在这样的空气中穿过时，会形成光束，例如，透过玻璃从窗口射入室内的光线、透光云层四射开去的光线、透过树叶洒落在林间的光线、透过半透明顶棚射入厂房内的光线、透过水面射入水中的光线，诸如此类的光线都有明确的指向，利用这样的光线形成的光束能够很好地导引欣赏者的视线。

如果在此基础上进行扩展，那么慢速快门下车灯形成的光线、燃烧的篝火中飞溅的火星形成的光线、天空的星星在画面上形成的星轨，都可以归入此类，在创作时加以利用。

↑ 天空中的光束非常具有吸引力，通过光束射向的方向才能注意到几只鸟的剪影（焦距：30mm ┊ 光圈：F16 ┊ 快门速度：1/1000s ┊ 感光度：ISO100）

## 利用线条规划视觉流程——虚线

线条是规划视觉流程时，运用最多的技术手段，从虚实方面区分，可以分为实线与虚线，此外还有开放与封闭之分。

大多数虚线线条在画面中并没有实际存在，而是隐含在画面中的，线条感并不十分明显。

富有经验的摄影师可以利用画面中若隐若现的"虚线"，将那些看起来似乎杂乱无章的线条有序地组织起来，既有良好的视觉效果，又可以很好地引导观者的视线运动。

一个最简单的实例是，当画面中出现一个箭头或有指向的手指时，其指向的方向就能够形成一条虚线，从而将欣赏者的的注意力引向指着的方向上。

如果将这一点扩展开来，实际上画面中任何有运动方向的元素，如散步的人、奔跑的动物、一串脚印，都能将欣赏者的视线导向有运动趋势的虚线方向上。

↑ 雪地上一连串的脚印形成牵引线，引导观者的视线到远景中的树木，可增加画面的空间感（焦距：130mm ┊ 光圈：F9 ┊ 快门速度：1/4s ┊ 感光度：ISO200）

## 利用线条规划视觉流程——景物线条

任何景物都有线条，例如无论是弯曲的道路、溪流，还是笔直的建筑、树枝、电线，都会在画面中形成有指向的线条。这种线条不仅可以给画面带来形式美感，还可以组织欣赏者的视觉流程，引导观者的视线。

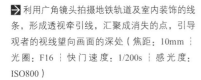 利用广角镜头拍摄地铁轨道及室内装饰的线条，形成透视牵引线，汇聚成消失的点，引导观者的视线望向画面的深处（焦距：10mm；光圈：F16；快门速度：1/200s；感光度：ISO800）

## 利用线条规划视觉流程——画框

前面讲述的各种线条都是开放的线条，而画框则是一个封闭的线条，利这个封闭的线条，能够有效地收拢欣赏者的视线，使画面主体更清晰、更突出，从而使观者的视线牢牢地锁住主体。

↑ 利用前景中建筑物的剪影，形成天然的框架，使观者的视线汇聚到远景的小镇上，突出主体的同时也使画面更简洁（焦距：14mm；光圈：F8；快门速度：1/80s；感光度：ISO100）

# 风光摄影构图中点的运用技巧

## 具象的点

世界上的任何事物都会有组成它的基础，而构图的基本单位就是点。点动成线，线动成面。只有利用好点、线和面之间的关系，才可能拍摄出线条流畅、色彩灿烂的画面。可以说点是所有画面构成的最小元素，合理地安排往往能起到画龙点睛的作用。而"点"的认识不能单纯地按照字面意义去理解。点是一个泛指的概念，它可以是一个人、一只动物、一枝花或一艘小船，像这样的点都可以称为具象的点。

↑ 利用小景深突出了植物上的露珠，其倒影的花卉给人一种新奇的视觉感受（焦距：60mm ┊ 光圈：F16 ┊ 快门速度：1/200s ┊ 感光度：ISO100）

↑ 画面下方的羚羊剪影是画面中的点，在画面中以陪体的身份出现，目的是为了衬托太阳，使得画面更有形式美感（焦距：200mm ┊ 光圈：F8 ┊ 快门速度：1/1250s ┊ 感光度：ISO100）

## 抽象的点

画面中呈点状出现的被摄体除以具象点出现以外，还可以抽象点的形式出现，即并非为真正的点而是在画面中以"点"元素的形式来参与画面构成，在画面中它是以一个相对的概念呈现的。

在实际拍摄中，还要注意在画面中对于点的经营，尤其是画面中出现多个点时要注意把握点与点之间变化的均衡感、节奏感及它们之间的大小对比、疏密对比、明暗对比、虚实对比等，以拍摄出更为灵活且多变的画面。

→ 在大面积龟裂的土地上，占了小面积的人的背影给人一种意味深长的感受，利用这种构图方式很好地诠释了大自然与人的关系（焦距：30mm ┊ 光圈：F18 ┊ 快门速度：1/800s ┊ 感光度：ISO100）

## 用于突出主体的点

将点安排在画面的显著位置，比如黄金分割点、三分点等位置上，可以起到突出主体的作用。

➡ 虽然在水鸟在画面中的面积不大，利用剪影的形式使其在雾气氤氲的画面中非常显眼（焦距：100mm ┆ 光圈：F5.6 ┆ 快门速度：1/250s ┆ 感光度：ISO200）

## 用于装饰画面的点

还有一些画面中的点，其作用是装饰画面，让画面看起来更具有美感，从而使画面得到宜人的视觉效果。

⬆ 在若隐若现的山间，缥缈的雾气笼罩着整个山间，在雾气中依稀可见的路灯作为装饰点出现在画面中，营造了一种唯美的气氛（焦距：19mm ┆ 光圈：F5.6 ┆ 快门速度：6s ┆ 感光度：ISO100）

佳片欣赏 点元素运用佳作欣赏

拍摄技巧 寻找有形线的技巧

■ 建筑物

建筑，尤其是现代建筑，很多都具有比较鲜明的线条感，无论直线或曲线，都是值得摄影师仔细观察并捕捉的拍摄题材。

■ 植物

植物也是一类具有明显线条感的拍摄题材，尤其是细小的枝条、冬天干枯的树枝等，都可作为表现线条的对象加以拍摄。这类拍摄题材的线条本身比较纤细，很容易被杂乱的背景所湮没，因此在拍摄时，应尽可能选择简洁的背景，或使用浅景深将线条以外的区域尽可能虚化掉，使得主体足够的突出。

■ 山脉

关于提炼山脉的线条，与提炼建筑的线条有着极大的相似之处，与建筑线条的相对规则相比，山脉的线条更加随意，更充满自然的韵味。

■ 道路

道路是比较常见的风光拍摄题材，不同的道路形成的线条也各不相同，在拍摄时可注意突出其特点进行表现。

■ 自然地貌

大自然的地貌千变万化，由于地理位置、生态环境等诸多原因，呈现出千奇百怪的景象。例如，中国的九寨沟、黄龙、魔鬼城，美国的羚羊谷、黄石国家公园，这样的地貌都被有心的摄影师关注，并将其表现在作品当中。

■ 光线

光线也是一类比较常见的线条，无论是自然形成的光线，或者是人工制造的光线，都是非常不错的表现对象。

学习视频 引导线在摄影中的作用

# 风光摄影构图中线的运用技巧

在风光摄影中存在着大量的线条，包括有形的线条和无形的线条。

它们不仅能够分割画面，还具有视觉指向性，合理地运用线条能使画面更具动感和延伸感；而发散的线条又具有扩散和汇聚的特性。

## 有形的线条

在风光摄影中，线条是构成画面的重要元素，曲折的山峦轮廓、优美的建筑曲线都会带来美的感受。

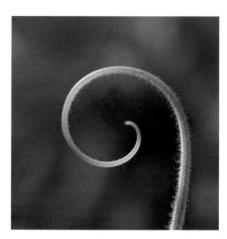

植物嫩芽自然弯曲成优美的姿态，在红色背景的衬托下，更显一种新生的力量（焦距：100mm ┊ 光圈：F6.3 ┊ 快门速度：1/250s ┊ 感光度：ISO100）

## 无形的线条

直线、曲线和折线，每一种形态都会给观者带来不同的视觉感受。然而，除了这些常见的线条以外，画面中还隐藏着各种各样无形的线。

车流经过留下的光轨形成 S 形线条，而山川的形态则属于隐藏线条，两者组成了很有张力的画面感（焦距：40mm ┊ 光圈：F5.6 ┊ 快门速度：17s ┊ 感光度：ISO100）

## 线条的分割作用

线条具有分割画面的作用，著名的抽象派绘画大师蒙德里安就是通过线条与色块来分割画面的。在风光摄影中，线条也往往代表一个面的结束，或另一个面或空间的开始，因此通过线条也可以表现出风光中的空间与体积变化。

↑ 利用通往水面的石板桥作为画面分割，一面是海水一面是石板桥，通过石板桥自身的弯曲与流淌的海水形成一种线条的碰撞（焦距：21mm ┊ 光圈：F8 ┊ 快门速度：1s ┊ 感光度：ISO400）

## 线条的指向性

线条天生就拥有延续与指向的特性，对于风光摄影中出现的特别而且明显的线条，人们的视觉往往会沿着它汇聚到主体上。这样的线条具有视觉导引作用，或者说具有指向性。

**知识链接　线条的样式**

不同的线条具有不同的情感特性，因此在构图运用时如果要运用得当，必须了解不同线条样式的特点。

■ 刚毅有力的直线。

水平的直线富有静态美，可以使人感觉稳定、平静、安定，适宜展现开阔的视野和壮观的场面。

但是切记不要把直线放在画面的正中间，形成对等分割，这样会让人觉得生硬。

垂直的直线给人一种很有力的感觉，代表着生命、尊严、永恒。

倾斜的直线能使人联想到动感和活力，能让人感觉到动荡、危险等。而且，斜线的长度越长，动感效果越强烈。

■ 灵动飘逸、婉约流畅的曲线。

相对于直线而言，曲线更富有自然美。如果说直线是男性，具有刚毅的感觉，那么曲线就是女性，具有浓郁的情感，有女性化的柔和感觉，优美、流畅。灵动飘逸的曲线总能为画面增添不少美感。

■ 回转含蓄的折线。

折线也是一种可以使画面呈现动感的方式，并且可以起到引导视线走向的作用。只是在效果上，折线要比斜线回转含蓄一些。

**摄影问答　线的形成有哪几种**

自然界中线的种类多种多样：既有可以看到的，也有只是假想的。因而在画面中线的形成有很多方式，如物体轮廓，或细长的图像元素，如树干、树枝、植物的茎、灯柱、电线杆、护栏、雨水槽、认得身体、胳膊、腿、河流、街道等。

部分可见的线条有时并不是完全连接的，而是由中断的或单独的元素构成的。因此多个相邻的图像点也会形成线，尤其是这些点相似的时候，大脑会将这些点结合在一起，不会将其视为单独的元素。

第三种形式是假想线，即通过人或动物的眼神，以及图像元素之间的连接形成。虽然它们不是真实可见的，但也同样能够作为独立的线条对观者产生影响。

← 仰视拍摄大桥底面，由于广角镜头的透视性能将其拍摄成透视牵引线条，将观者的视线引向远方的太阳及群楼上（焦距：14mm ┊ 光圈：F4.5 ┊ 快门速度：1/80s ┊ 感光度：ISO250）

知识链接 **做减法的前提**

现在许多数码相机拥有的有效像素量都已达到了 2000 万左右，因此当摄影师以全尺寸文件格式拍摄、保存照片时，即使将这样的照片在再构图时裁切了一半，整个照片的像素量也能够达到 1000 万左右，这样的像素量已经能够应付绝大多数应用场合。

因此，如果使用的存储卡有较大的空间，应该以较大的尺寸来保存照片，以便在裁剪后还能拥有较高的画质。

知识链接 **不要踏入有构图没意图的误区**

构图技巧是许多摄影高手区别于摄影初学者的技能标志，而每一个摄影初学者也无不希望自己在短期内就对构图理论，如对角线、平行线、三角形、梯形、对称、不对称、面积、体积、远近关系、虚实关系、主次关系、轻重关系等烂熟于心，并在实际拍摄中运用起来得心应手。

但每一个摄影高手都应明白的是，构图只是拍摄技能，不是照片的重点，是为照片思想服务的手段。

因此，拍摄时摄影师必须要明确，照片想表达什么，以及照片的构图手法是如何服务于主题的。换句话说，就是构图的意图是什么。

如果这个问题不明确，那么即使凑巧拍摄出了一张构图优美的照片，充其量只是"形式美"而已，摄影师并没有真正地、主动地参与到创作中，因此，在照片中也就看不到其他什么东西了。

→ 裁剪后，减少了一些元素，重点表现了远处的凉亭，天空的云彩也透着一丝惬意的感觉

↓ 裁剪前，画面元素较多，分不出重点

# 摄影构图中的减法

一名优秀的摄影师，应拥有对构图严谨把握的能力，但很多照片在拍摄后，都会发现其构图、比例、尺寸很难符合摄影者的初衷，因此绝大多数照片都需要进行裁切。

## 做减法的原因

一幅成功的作品一定是"主题鲜明、画面简洁、主体突出"的。主题鲜明需要从诸多元素中将没有新意、不能表达主题的部分减去；而画面简洁就是通过构图的手段例如虚实对比、明暗对比等将画面尽可能简化；想要使主体更突出，更需要使用减法，将画面中干扰主体或与主体无关的元素减掉。这些都是在为画面做减法，也就是人们经常说的对画面进行再构图或二次构图，以此达到突出主体的目的。

除此之外，需要为画面做减法即再构图的基本原因还有两点。

其一，取景距离的原因，当无法靠近被拍摄对象，或所处的位置在拍摄时不理想时，往往会导致拍摄出来的照片陪体过多、过杂，主体不显著、不突出，因此需要再构图。

↑ 为避免前景中的树林影响画面表现，在拍摄时减少了曝光补偿，将树林处理成剪影的形式，衬托着远处的雪山更加洁白（焦距：25mm ┊ 光圈：F20 ┊ 快门速度：1/800s ┊ 感光度：ISO100）

其二，拍摄时间的原因，摄影是瞬间艺术，许多精彩瞬间十分短暂，稍纵即逝，此时绝大多数摄影师无法顾及摄影构图，只求能够将这精彩的瞬间清晰地记录下来，因此必然会将大量不必要的景物摄进画面，从而影响画面的效果。综合以上两个原因，可以看出来，摄影再构图是必然的，不是可有可无的工序，而是一个明文规范。

知识链接　利用APP学习摄影

APP 是指能够安装在智能手机中的应用程序，如果使用的是苹果智能手机，则可以在 App Store 中下载；如果使用的是 Android 系统的智能手机，则可在豌豆荚、91 助手等软件市场中下载。目前，上述两大智能手机系统的 APP 下载平台上均有摄影类别，从中可以找到大量摄影类的应用程序，其中不乏值得阅读学习的内容。

下面展示的是笔者安装在自己手机上的若干摄影类 APP。

← 表现夕阳下的树木时，利用剪影的形式，以免画面看起来杂乱，简洁的画面很好地突出了树林的形体（焦距：200mm ┊ 光圈：F16 ┊ 快门速度：1/1250s ┊ 感光度：ISO100）

**知识链接** 平遥国际摄影节

平遥国际摄影节（Pingyao International Photography Festival，PIP）始创于 2001 年，每届均有来自数十个国家的大量摄影师、摄影爱好者参加，是国内目前影响最大的摄影盛会。

（http://pip.cuctv.com/ ）

**知识链接** 中国·丽水国际摄影文化节

丽水位于中国浙江省西南部，被中国摄影家协会命名为首个"中国摄影之乡"。从 2004 年开始，丽水开始举办国际摄影文化节，目前已经连续成功举办了 4 届。每届均能吸引国内外上万名摄影爱好者和摄影家前来丽水参展、交流、观看和创作。

（http://www.lsphoto.org/lssyj/ ）

## 用减法为画面赋予新构图形式

这是减法构图的另一种延伸，利用原本存在的构图，从中再找到另一种涵盖的构图，以得到不同的效果。有变化才会有进步，只要用心、用脑，灵活运用所学到的构图方法，便可以利用减法使原本无趣的画面得到精彩的表现，还可以因此得到更多更好的构图。

↑ 表现不同的画面主题时，可通过二次构图裁切成多个不同的画面

# 减法构图实例

## 利用减法弃繁从简

　　由于摄影者在取景构图时，受到拍摄距离、摄影镜头等条件限制，使画面出现了多余的天空、地面、树枝等元素，可以通过再构图裁去。

↑ 利用减法的方式将周围杂乱的部分裁切掉，使得红色花卉在画面中更加突出

## 利用减法取其精华

　　俗话说"有比较才能看到差距"。一幅看起来还可以的作品，实际上还可以从中找出更精髓的画面，因此建议摄影爱好者不要停滞不前，应不断比较，不断推陈出新，利用减法中的奥妙精益求精，得到更完美的作品。

**摄影问答** 如何突出画面中的主体

　　要突出主体，可以采用对比的手法。如选择简洁的背景，通常能够很好地突出主体。利用浅景深将主体以外的图像尽可能虚化，形成虚与实的对比，也可以达到突出主体的目的。

　　要突出主体，还有一个比较简单的方法，就是让主体充满整个画面，此时，基本摒弃了环境及陪体等元素，只剩下要表现的主体，因此很容易将其突出出来。例如，在拍摄人像时，就可以对头部进行取景，使之充满画面。

← 通过裁切画面，仅留下了蝴蝶的眼睛，给人以很新奇的视觉感受

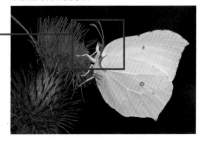

## 开放式构图变为封闭式构图

通过裁剪，可以将封闭式构图更改为开放式构图，从而使画面的内容更有张力，更能够引发观众的联想与思考，当然在客观上，也必须满足原照片有精彩局部的前提。

↑ 利用减法的方式更好地突出了荷花花瓣上的脉络

## 居中构图变为三分构图

居中构图如果运用不好会造成画面呆板、无力的感觉，而将其变为三分构图后，不但使画面更灵活，还可以使主体更突出。

← 将夕阳景象从对称式构图变为三分式构图，更好地表现了夕阳和树木的剪影

日出日落摄影技巧

Chapter **15**

# 利用长焦镜头拍摄大太阳

　　为营造有感染力的画面，可以加大太阳在画面中所占的比例。利用长焦镜头可以在照片中呈现较大的太阳。通常在标准的35mm幅面的画面上，太阳直径是焦距的1／100。因此，如果用50mm标准镜头，太阳大约为0.5mm；如果使用400mm长焦镜头，太阳的直径就能够达到4mm。

**拍摄技巧 拍出大太阳的技巧**

　　如果希望在照片中呈现出体积较大的太阳，要尽可能使用长焦镜头。通常在标准的画面中，太阳的直径只是焦距的1/100。因此，如果用50mm 标准镜头拍摄，太阳的直径为 0.5mm；如果使用 200mm 的镜头拍摄，则太阳的直径为 2mm；如果使用 400mm 长焦镜头拍摄，太阳的直径就能够达到 4mm。

**拍摄技巧 日出前3大秘诀**

　　1.利用连绵的群山表现出纵深感。

　　2.把朝霞映照的天空置于画面之外。

　　3.使用"晴天"白平衡更能展现自然的色彩日出前的光线微弱，拍出来的景色会显得较为单薄，所以在构图时要有意识地表现出群山层峦叠嶂的层次感，从而使画面更加丰满。拍摄日出前这种淡蓝色调的画面时，白平衡并非使用白炽灯模式最好，使用"晴天"模式更能忠实地还原现场的色调。

**拍摄技巧 日出后3大秘诀**

　　1.捕捉第一缕阳光的红色光辉。

　　2.将容易使画面过曝的太阳和天空置于画面之外。

　　3.防止阳光直射造成的鬼影现象。

　　当云层笼罩在高耸的群山或天空时，即使过了日出时间，太阳也很难显现。这时不要马上放弃，而是等待太阳在山顶出现的瞬间，或是从云缝中射出光芒的一瞬。由于早晨的光照较强，容易造成鬼影，所以定要使用厚纸之类的物品遮挡镜头前的阳光。

⬆ 使用长焦镜头拍摄太阳将其放大呈现在画面中，同时，为避免画面单调，将前景景象处理成深暗剪影状丰富画面的元素，同时水面上长长的倒影也增加了画面的空间感（焦距：280mm｜光圈：F5.6｜快门速度：1/800s｜感光度：ISO100）

# 拍摄日出日落的测光技巧

## 以天空亮度为曝光依据

在日出、日落时分表现云彩、霞光时，要注意避免强烈的太阳光干扰测光，测光应以天空为主。可以使用镜头的长焦端，以点测光或中央重点测光模式对天空的中等亮度区域测光。只要这部分曝光合适，色彩还原正常，就可以获得理想的画面效果。测光完成后，锁定曝光值重新构图、拍摄。

⬆ 针对天空测光，使天空曝光正常，而地面景物则因曝光不足呈剪影，更加突出表现天空色彩及太阳的光芒（焦距：30mm ┆光圈：F16 ┆快门速度：1/250s ┆感光度：ISO200）

## 针对水面亮度进行测光

日出、日落时分很适合拍摄波纹，这时可以以水面亮度为准进行测光。由于光线经水面折射后要损失一挡左右的曝光量，因此水面倒影与实景的亮度差异在一挡左右。可以根据试拍效果适当增加曝光补偿，得到理想的曝光效果。

**摄影问答　什么时间最适合拍摄彩霞**

拍摄早晚霞要抓住拍摄时机，早晚霞出现在黎明和黄昏，持续的时间一般并不长。考虑到光线、色彩等因素，可供拍摄的时间可能只有几分钟，最多十几分钟，因此，要重视拍摄时机。

**拍摄技巧　拍摄日出日落的最佳时机**

从拍摄季节来看，拍摄日出和日落的最佳季节是春秋两季，这两个季节日出晚、日落早，且春秋的云层较多，可以增加日出日落景观的画面效果。但实际上一年四季都可以进行日出日落的拍摄，只是不同的季节会有不同的景色。

从一天之中的拍摄时机来看，日出的拍摄时间特别短，日出往往来得很突然，太阳会"突然"跃出地平线，且太阳在离开地平线后，天空中的色彩便会迅速消逝，因此拍摄日出的难度大于日落，在这短暂的时间里，就需要摄影师及时捕捉精彩瞬间，此时应该先拍再想，尽量多拍。

拍摄日落则显得从容一些，在太阳下落的过程中，摄影师能够目睹其下落的全过程，因此对其位置、亮度能够有一定的预见性，拍摄的难度相应也低不少。

在日出之前和日落之后的一段时间里，天空仍会有微妙柔和的色彩，会给照片带来平和宁静的感觉，因此有经验的摄影师并不会在太阳下山后马上离开。

这种色调由于天空中存在云彩和雾气，光线被云与雾中的小水滴折射，因此形成了漂亮的颜色。如果在拍摄的场景中，还有平静的水面，则应该在构图将水面也考虑在内，这样的画面简洁整齐、色彩丰富、饱和度合适、画面细腻，很容易拍出佳片。

⬅ 在逆光下对水面拍摄，并针对水面亮度进行测光，可以得到波光粼粼的水面效果，使照片富有生（焦距：200mm ┆光圈：F8 ┆快门速度：1/1250s ┆感光度：ISO200）

拍摄技巧 **拍出太阳光芒的技巧**

要拍出太阳光芒，应该使用以下两个操作技巧：

首先，要使用小光圈，光圈越小，太阳光芒的效果就越明显，但也不能使用过小的光圈，以避免由于光线的衍射效应而导致照片画质下降。

其次，太阳在画面中应该以点光源形式出现，以从取景器中观察整个画面时，不直视太阳最亮处，感觉不很刺眼为原则。太阳在画面中越小，光芒的效果就越明显，但也不能过小，以避免光芒过短。

学习视频 反复拍摄同一题材

## 利用中灰渐变镜平衡画面反差

由于拍摄日出、日落的明暗反差较大，所以很难兼顾地面景物的曝光，针对地面景物测光，天空部分很容易曝光过度。这时利用中灰渐变镜，将深色放在画面的上方，这样可以使天空降低近两挡的曝光量，缩小画面反差。即使按照平均亮度测光，也能够得到曝光准确、层次丰富的画面效果。

↑ 使用渐变镜压暗了天空的部分，可看出画面中天空的暗处与水面的亮处都得到了准确的曝光（焦距：200mm ┊ 光圈：F16 ┊ 快门速度：1/400s ┊ 感光度：ISO200）

# 灵活设置白平衡表现不同的日落画面

　　日出、日落的时间非常短暂，每一分钟的色彩都可能出现很大的变化。比如，日落大致可分为4个过程：太阳变黄；进而变红；消失在水平线上以后，天空由红转紫；再转为深蓝。可以设置白平衡调整画面色彩效果，以得到自己想要的画面效果。

↑日落时由于色温较低很容易拍出暖色调的画面，此时再使用阴天白平衡可以使暖色调更暖，画面色彩更浓郁（焦距：280mm 光圈：F9 快门速度：1/1000s 感光度：ISO100）

↑将白平衡设置为荧光灯模式可得到冷色调的夕阳画面，大面积的冷调天空与暖调的太阳形成了好看的冷暖对比（焦距：200mm 光圈：F9 快门速度：1/100s 感光度：ISO100）

**佳片欣赏** 日出日落时的绚丽色彩

## 利用前景丰富画面

拍摄日出、日落时，为了不使画面感觉过于单调，不要将镜头对着天空，可选择树木、山峰、草原、大海、河流等景物作为前景，以衬托日出、日落时特殊的氛围。尤其是景物以剪影形式作为前景时，阴暗的前景能和较亮的天空形成鲜明的对比，从而增强画面的形式美感。

↑ 前景中水面被夕阳的余晖照亮，正在饮水的牛被处理成剪影的形式，为画面增添了生机（焦距：100mm ┊ 光圈：F6.3 ┊ 快门速度：1/640s ┊ 感光度：ISO100）

## 利用小光圈表现太阳的光芒

利用星芒镜可很好地表现太阳耀眼的效果，烘托画面的气氛，增加画面的感染力，如果没有星芒镜，还可以缩小光圈进行拍摄，通常需要选择F16~F32的小光圈，较小的光圈可以使点光源出现漂亮的星芒效果。光圈越小，星芒效果越明显。如果采用大光圈，灯光会均匀地分散开，无法拍出星芒效果。

↑ 夕阳西下，天空被太阳的光芒染上了美丽的余晖，使用小光圈拍摄得到星芒状的太阳效果（焦距：30mm ┊ 光圈：F16 ┊ 快门速度：1/8s ┊ 感光度：ISO100）

四季气象摄影技巧

Chapter **16**

# 和风

"树欲静而风不止。"风虽无形,却可以借助受风影响的景物如飘动的旗子、飞扬的尘土等来表现风的存在及运动。再如"无风三尺浪,"也提示摄影师,拍摄江河湖海中的各种浪花也就等于表现了风的活动。

此外,飞扬的尘土、飘动的旗子、吹起的茅草、建筑物上飘动的横幅等,都是间接地表现了风的运动和存在。

想要表现风,合适的快门速度很重要。快门过慢,画面容易模糊;快门速度太快,画面景物又会缺乏动感。因此,拍摄时应结合风力强弱的具体情况选用1/125s~1/30s的适中快门速度进行拍摄。

想要表现风,合适的快门速度很重要。较慢的快门速度虽然可以表现出动感,但却容易形成模糊且浅淡的影像。快门速度太快,画面景物又会缺乏动感。因此,拍摄时应结合风力强弱的具体情况选用1/125s~1/30s的适中快门速度进行拍摄。在拍摄波浪、沙浪和飞扬的尘土时应尽量选用逆光和侧光,这样拍摄出的物体有较好的反差和质感,有利于表现风力作用下物体的动感。

↑风摇曳的花朵在较慢的快门速度下呈现出虚影的感觉,画面呈现出一种梦幻的感觉(焦距:50mm ┊光圈:F4 ┊快门速度:1/4s ┊感光度:ISO100)

要表现风的时候,芦苇就是很好的选择,在慢速快门下被风吹动的枝干可以很好的呈现风的感觉,以蓝天做背景可以使画面更简洁(焦距:150mm ┊光圈:F7.1 ┊快门速度:1/640s ┊感光度:ISO100)

# 细雨

雨中景物具有淡雅和朦胧的特点，这在晴朗的大气中是很难达到的，所以在雨中不但可以拍照片，而且还有可能拍出具有诗情画意的好照片。

雨天的光线较暗，景物反差较弱如果曝光过度，反差就更弱了，因此在拍摄中可减少半级至1级曝光量。

雨丝作为接天连地的根根银线，织就出的淡雅和朦胧往往能帮助我们拍出具有诗情画意的好照片。拍摄雨丝时快门速度一般以1/60秒或1/30秒为宜，这样拍摄出的雨丝长度适宜，可以很好地体现出雨丝飘落的动感效果。如果快门速度过快，小雨点体现不出雨景的气氛；过慢的话，长长的雨丝又会影响主体景物的表现。

白亮色的雨水适宜以深色背景如建筑、树林等来衬托。另外，雨天的光线往往较暗，景物反差较弱，拍摄时可减少半级至1级曝光量。如果是自己在暗房冲洗胶卷，则可以适当延长一点显影时间，也可增加照片反差。

雨中的城市夜色是美丽的，城市的缤纷灯光在潮湿的地面上形成的朦胧倒影不仅能充实画面，还能营造出浓浓的雨夜氛围。地面积水被雨水溅起的圈圈涟漪也能够很好地表现雨景的气氛，可以作为一个很好的雨景拍摄题材。

↑ 雨中摇曳的荷花在绿色荷叶及雨滴的衬托下，显得更加亭亭娇美，利用高速快门将雨丝定格在画面中，拍摄时选择深色的背景，将雨丝衬托得更加明显（焦距：200mm ┊光圈：F4 ┊快门速度：1/100s ┊感光度：ISO640）

拍摄技巧 雨天拍摄注意事项

雨天拍摄要注意保护镜头，勿使镜头蒙上雾气，否则无法在雨天拍出好的照片。要使你的装备保持正常的工作状态，需要做到以下几点：

- ■ 准备一大一小两个能够密封储藏的包，除了要给机身和镜头很好的保护外，存储卡和电池也不可忽视，需要用小号的密封包好好保存。
- ■ 准备细纤维的衣服来保护你和你的装备不被雨水淋湿。
- ■ 用一个足够大的雨衣或者斗篷盖住你自己、你的包和装在脚架上的照相机。
- ■ 保护镜头。如果在雨中身陷于穷乡僻壤中，除非能够利用旅途周围的物体遮雨，否则待在车的驾驶座上，透过车窗拍摄雨景可能是最简单可行的办法。

↑ 拍摄地面被雨水激起的涟漪，结合落叶、倒影形成一幅抽象的油画效果

拍摄技巧 雨天选择拍摄题材的技巧

在下雨天除了拍摄闪电之外，还有许多值得拍摄的题材。例如，湿润的街道反射的倒影、屋檐下滴落的雨珠、雨滴拍打树叶的瞬间、窗户玻璃上滑落的水滴、雨中艳丽的小红伞等，均可以作为拍摄题材。

# 雪景

## 增加曝光补偿拍摄淡雅的高调照片

　　若想拍摄高调的照片，雪景是比较理想的拍摄题材。但拍摄时一定要注意增加曝光量，否则拍出来的照片容易发灰。应该根据"白加黑减"的原则，在正常测光的基础上，适当增加1~2挡曝光补偿，这样才能较好地还原白雪的颜色，因此最好采用M挡手动曝光模式。

⬆ 拍摄白茫茫的雪景时，通过适当地增加曝光补偿获得高调画面效果（焦距：20mm｜光圈：F16｜快门速度：1/250s｜感光度：ISO100）

## 侧逆光表现晶莹的冰雪

　　拍摄冰雪时，要注意表现冰晶莹剔透的感觉。在降低曝光补偿、缩小光圈的同时，还要注意光线和背景的选择。通常适宜地选择侧光和侧逆光以较低角度进行拍摄，在这样的光线下，冰晶会显示出晶莹剔透的质感。

⬆ 使用小景深表现侧逆光下挂在树枝上的冰雪时，可很好地表现其透明的质感，拍摄时应选择暗调背景，可使其显得更晶莹（焦距：60mm｜光圈：F20｜快门速度：1/320s｜感光度：ISO1600）

## 侧光表现雪地层次

通常在大雪之后，由于白雪的覆盖，天地间都是一片白色，为避免在拍摄雪景时会出现毫无美感的白茫茫一片，最好选择侧光进行拍摄，利用受光面与背光面的明暗对比突出雪地的层次感，这样画面就不会看起来是很平板的了。

↑ 这是一幅侧光下拍摄的积雪，在柔和的明暗对比下，画面中的雪地看起来细腻、柔和且层次丰富（焦距：80mm ┊光圈：F7.1 ┊快门速度：1/200s ┊感光度：ISO100）

## 利用偏振镜表现雪景中的蓝天

表现雪景时，可以利用蓝色的天空衬托雪景的洁白，也为画面增添色彩。为突出蓝天的湛蓝色，除了选择顺光拍摄，还要利用偏振镜消除杂光、反光，让被摄体颜色更鲜艳、浓郁。

**摄影问答 如何防止静电损伤相机**

冬季的温度低造成水汽凝结，空气干燥，很容易产生静电。数码相机内部有许多复杂的电路，当静电与电路接触时，就有可能对数码相机造成毁灭性的破坏。

可以使用防静电拍摄手套，或穿纯棉质的衣服。也可以在接触相机之前先洗手去除静电，或先接触一些小的金属物体，如钥匙等去除静电。

**拍摄提示 在低温环境中拍摄时相机的使用技巧**

戴口罩拍摄时，尽量向下呼气，以免热气向上使目镜和数码相机后背的 LCD 屏幕起雾。

在低温环境中拍摄，电池电量会消耗得非常快，所以，为了确保拍摄不中断，应多准备几块备用电池，并且把它们保存在暖和的地方，如贴身保存，也可以将保暖贴贴在电池上进行保温。

如果长时间拍摄，建议使用保暖机罩。保暖机罩通常可以将相机整个包裹起来，机背部分留有透明的观察窗口，便于观察液晶监视器。

← 使用偏振镜后，画面中的蓝天色彩非常纯净，雪地在蓝天的衬托下也显得更加洁白（焦距：18mm ┊光圈：F16 ┊快门速度：1/250s ┊感光度：ISO100）

**拍摄技巧** 拍摄清晨的雪景时要格外注意曝光

清晨，当晨雾即将消散时，利用斜逆光拍摄。阳光照射下的雾会清晰地浮现在照片上，只有冬季才会有如此缥缈的景象。

要选择与晨雾相协调的周边景物作为拍摄背景，例如树林等景物。树林虽然非常符合拍摄时的氛围，但是最好把远处树木的颜色控制得暗淡一些，这样更能凸显晨雾的光辉。

此外，拍摄清晨的雪景时，色温与曝光是重要参数。需要注意的是，如果曝光不足，阳光没有照射到的地方会呈现出蓝色。所以，一定要选择能够较好地表现雪景和晨雾质感的曝光。

**知识链接** 用光与影描绘七彩雪原

雪原与雾凇一样，都是冬季绝佳的拍摄题材。拍摄雪原时最重要的是光线的选择，而能够营造阴影效果的斜逆光非常适合拍摄色彩丰富的照片。

雪是白色的，而黄昏的夕阳色调比较柔和，易于展现雪原的纤细。正所谓"无色即彩色"，白色的雪原会被染上蓝粉色调。所以，拍摄时要注意雪原的色彩变化和阴影。

当拍摄表面高低不平的雪原时，可以利用上面介绍的拍摄方法，通过斜逆光营造出阴影效果。巧妙利用光线、阴影、色彩等要素去捕捉雪原的美妙瞬间。

**拍摄提示** 在低温环境中拍摄时人体保暖的技巧

在-20℃的环境中待四五分钟和待四五个小时的感觉是完全不同的。长时间待在野外低温环境中，摄影师要特别重视自身保暖的问题。

首先，要选择轻巧、保暖性能好、防水、透气、防风的羽绒服；保暖性能好且便于工作的手套；尤其重要的是要选择防水且保暖的棉鞋、户外运动鞋或雪地靴。

其次，在极寒的环境中拍摄时，推荐使用保暖贴，使用时只需要贴在要重点保暖的地方即可，如膝关节、鞋内、腰后都可以。保暖贴采用的是铁粉氧化产生热量的原理，使用时只需打开隔氧包装袋，让其接触到空气，即可发生氧化反应并产生热量。

最后，如果条件允许，应尽量选择车内拍摄的方式。

## 冷色调表现雪天

冷色调可表现寒冷的感觉，所以拍摄雪天时，可以设置色温较低的白平衡模式，如"钨丝灯""白炽灯"白平衡模式，都能使画面呈现冷调效果，突出雪天里寒冷的感觉。

↑ 积雪被蓝天映衬为了浅蓝色，设置白炽灯白平衡后更加深了画面的冷色调效果，整体的蓝色调氛围很容易使观者感受到冬季的寒冷（焦距：30mm｜光圈：F16｜快门速度：1/200s｜感光度：ISO100）

## 利用颜色为雪景增加生机感

如果只是单纯地拍摄雪景，拍摄多了会感觉画面很单调，毫无新意，这时可寻找环境中彩色的景物为画面增添色彩。尽量不要选择颜色过重的景物，这样容易使雪或有色景物的某一方损失细节。

↑ 寒冷的冬季总是给人感觉没有色彩，而画面中以"幸存"的果实作为主体拍摄，将积雪作为背景虚化，很好地表现了寒冷冬季的生机感（焦距：200mm｜光圈：F4.5｜快门速度：1/800s｜感光度：ISO100）

# 雾景

## 雾景也应利用曝光补偿修正曝光

雾景不同于一般风光摄影，无论是何种天气状态下的雾气，在画面中都会以高光区域的形态呈现。使用自动测光系统测光并拍摄时，有可能会使画面变得灰暗。因此与雪景的拍摄类似，拍摄雾景需要适当增加一些曝光补偿。

← 海面上的雾气使整个天地万物都陷入了其中，所有的景物只能隐隐约约可见，利用虚虚实实的明暗对比增添了画面的神秘感，给观者留以遐想空间，拍摄时为避免画面发灰，增加了曝光补偿，得到了明亮的画面效果（焦距：400mm ┆ 光圈：F9 ┆ 快门速度：1/100s ┆ 感光度：ISO100）

## 用雾渲染山间的气氛

在群山之中，总是比较容易看到或浓或淡的雾，为其妆点一份神秘、妖娆的气息，因此在取景时，可以多纳入一些被雾覆盖的区域，或干脆完全以雾作为拍摄对象，都可以得到不错的效果，但一定要注意曝光问题，宁可略有曝光不足，也不要曝光过度，否则失去的亮部细节很难恢复回来。

**摄影问答 什么时候容易起雾**

早晨或雨后气温下降时容易起雾。

雾产生于空气变冷后，而空气中的水蒸气饱和之时。一天之中，从夜晚到黎明的这一段时间较为寒冷，空气中的水蒸气被冷却，所以早晨起雾的现象较多。还有，雨后气温急剧下降时，也容易起雾。并且，雾与地形也有联系，有些地方特别容易起雾，所以可预先找好容易起雾的场所，确认好太阳的位置。这样，当雾不期而至时就不会手忙脚乱了。

**摄影问答 哪些地方容易起雾**

海上、山上还有河面上。不同情况下起雾的方式也有所不同。

雾常见于山川湖海等水分多的地方，起雾的方式可分为"蒸发雾""上坡雾""辐射雾""平流雾"等几种。

在河面上常见的是蒸发雾。这是由从水面上蒸发出的水蒸气遭遇冷空气后所产生的雾。在山上看到的雾是上坡雾。这是因为含有水蒸气的空气沿着山坡上升后，被山上的冷空气冷却而产生的。在海上则以平流雾居多，这是由于暖空气漂移到大海上空，被寒冷的水面冷却所至。

响晴微风之日的夜晚至早晨的寒冷时间里，地面的热量下降，称为辐射冷却，由此而使地表上的空气冷却，空气中的水蒸气凝结成水滴而产生的雾，称为辐射雾。这种雾在盆地中较为多见。

**拍摄技巧 使用景深预测按钮控制景深**

在拍摄风光类作品时，景深是否合适是判断一张风光照片是否优秀的重要标准，由于拍摄时往往需要设置一个较小的光圈数值，例如f/16，但实际上绝大多摄影师并不清楚，这样一个光圈数值，会导致拍摄出来的照片有怎样的景深，因此需要通过使用景深预测按钮来观察实际景深效果。

如果使用该光圈无法能够达到目标成像所需要的景深效果，就应该继续调整光圈数值，直至得到我们需要的景深效果。

← 侧逆光拍摄呈剪影形式的群山，缭绕在山间的雾气与群山形成了虚虚实实的效果，为画面营造了仙境般的感觉（焦距：100mm ┆ 光圈：F9 ┆ 快门速度：1/100s ┆ 感光度：ISO100）

拍摄技巧 **选择合适的光线拍摄雾景**

■ 顺光拍摄雾景色调平淡。

顺光下拍摄薄雾中的景物时，强烈的散射光会使空气的透视效应减弱，景物的影调对比和层次感不强，色调也显得平淡，景物缺乏视觉趣味。

■ 逆光或侧逆光拍摄效果出众。

拍摄雾景最合适的光线是逆光或侧逆光，在这两种光线的照射下，薄雾中除了散射光外，还有部分直射光，雾中的物体虽然呈剪影状态，但这种剪影是受到雾层中散射光柔化了的，已由深浓变向浅淡，由生硬变得柔和。

随着景物在画面中的远近不同，其形体的大小也呈现出近大远小的透视感，色调同时产生近实远虚、近深远浅的变化，从而在雾的衬托下形成浓淡互衬、虚实相生的画面效果，因此最好在逆光或者侧光下拍摄雾中的景物，这样整个画面才会显得生机盎然、趣味横生，富有表现力和艺术感染力。

---

摄影问答 **拍摄雾景时，如何得知画面是否过曝**

在拍摄雾景时往往需要增加曝光补偿，但如果所设置的曝光补偿值不合理，则有可能导致所拍摄出来的照片过曝。

要避免这一情况，可以开启"高光警告"功能。这样，在回放照片时，就能够及时发现过曝的区域，然后通过调整曝光补偿数值来获得曝光更加恰当的照片。

---

拍摄技巧 **选择合适的雾气进行拍摄**

雾分为浓雾和淡雾，浓雾的能见度较差，远处的景物都无法看清晰，一般不适合拍摄。拍摄雾景通常应选择在淡雾的情况下。薄雾的湿度较低，光线的透视力较佳，能见度也要比浓雾强许多。此时的近景能清晰地呈现，而中景和远景要么消失在薄雾当中，要么若隐若现地在雾中出现，这样能产生一种朦胧的情调，富有层次感和透视感。

→ 深色的山峰、长城及呈渐变暖色的天空在大面积雾气的衬托下，使画面呈现出唯美的意境（焦距：52mm┆光圈：F16┆快门速度：2s┆感光度：ISO100）

## 用光线强化雾的立体感

顺光或顶光下，雾气会产生强烈的反射光，容易导致整个画面苍白，色泽较差且没有质感。而借助逆光、侧逆光或前侧光来拍摄，更能表现画面的透视和层次感，画面中光与影的效果能呈现出一种更飘逸的意境。拍摄雾景时应该避免使用闪光灯，以免破坏雾气所营造出来的唯美气氛。

↑ 侧光下山间腾起的云雾不仅显得更加缥缈，由于明暗对比明显，看起来也很有立体感（焦距：18mm┆光圈：F7.1┆快门速度：1/20s┆感光度：ISO200）

## 在画面中留出大面积空白使云雾更有意境

留白是拍摄雾景画面的常用构图方式，即通过构图使画面的大部分为云雾或天空，而画面的主体，如树、石、人、建筑、山等，仅在画面中占据相对较小的面积。

构图时注意所选择的画面主体，应该是深色或其他相对亮丽一点色彩的景物，此时雾气中的景物虚实相间，拍摄出来的照片很有水墨画的感觉。

在拍摄黄山云海时，这种拍摄手法基本上可以算是必用技法之一，事实证明，的确有很多摄影师利用这种方法拍摄出漂亮的有水墨画效果的作品。

# 闪电

## 拍摄闪电的基本准备

与其他题材相比，拍摄闪电的危险性更大一些，因此在拍摄过程中，务必做好防护工作。除了基本的防雨措施以保证在下雨时能够第一时间保持好相机、镜头等设备外，还应注意不要站在树下拍摄，也尽可能少使用金属器材。在装备上，用于稳定相机的三脚架、用于更灵活地拍摄的快门线或遥控器，以及一支广角到中焦的镜头，就已经基本可以满足闪电的拍摄需要了。

↑ 准确地调整好相机的设置，可避免闪电出现时错失良机（焦距：21mm ┆ 光圈：F7.1 ┆ 快门速度：5s ┆ 感光度：ISO100）

## 拍摄闪电的对焦方法

在拍摄闪电时的环境光通常都非常弱，很难实现对焦，此时，如果远处有一些光源，可以对它们进行对焦。如果没有光源供参考对焦，也可以在闪电出现的瞬间进行对焦，通常这个时间会少于1秒，因此操作时一定要快速、准确。另外，尽可能使用广角镜头+小光圈，也可以让景深变大，在一定程度上避免脱焦的问题。在确认对焦完成后，建议切换至手动对焦方式，以避免拍摄时镜头重新对焦。

↑ 对远处的树木进行对焦，然后通过 B 门拍摄得到漂亮的闪电效果（焦距：180mm ┆ 光圈：F6.3 ┆ 快门速度：12s ┆ 感光度：ISO100）·

**摄影问答** 拍摄闪电时，如何控制画面中闪电线条的粗细

可以通过控制光圈大小来控制画面中闪电线条的粗细。通常光圈较大时，线条较粗；光圈较小时，线条较细。

**摄影问答** 怎样让画面中的闪电看上去更诡异，更有科幻的感觉

可以考虑使用不同的白平衡模式或手调色温，改变图像的整体色调。例如，可以将色温调整为3000K 左右，这样画面的整体色调会偏向蓝色，白色或暖色的闪电与蓝色的天空相互衬托，就能够让画面看上去更有张力，更具有科幻感。

**摄影问答** 使用黑卡拍摄闪电时要注意什么问题

要注意避免在画面同一位置出现多次闪电，否则，这一区域就可能过曝，导致闪电在画面中看上去十分不清楚。

**学习视频** 学习Adobe Camera RAW软件

**学习视频** 学习DPP软件

**学习视频** 学习NX2软件

拍摄闪电的操作技巧

拍摄前确定闪电即将出现的大概位置，将镜头对准闪电的方向，整体需曝光几十秒到几分钟不等。

按下快门开始曝光后，应用手或其他物体遮挡住镜头。根据闪电的强弱与打雷的时间间隔，待雷声过后，猜测闪电即将到来之前适时移开手进行曝光，闪电一过立刻挡住镜头。如此反复若干次，即可拍摄到漂亮的闪电。

但要注意整体曝光时间的长度，否则可能会导致天空过曝。

拍摄闪电的注意事项

拍摄闪电时一定要注意自身的安全，因为强大的电流能够在瞬间对人体造成致命伤害。以下是拍摄闪电时需要注意的一些事项：

1. 最好在车内或建筑物内拍摄。

2. 如果在较空旷的地方拍摄，不要站在高耸的物体下面，如大树、旗杆等。

3. 身上尽量不要携带金属配饰。

4. 尽量不要拨打、接听手机。

5. 远离建筑物外露的水管、煤气管等金属物体及电力设备。

6. 如果头、颈、手处有蚂蚁爬过的感觉，头发竖起，说明将发生雷击，应马上趴在地上，减少遭雷击的危险。

7. 如果在户外看到高压线遭雷击断裂，此时千万不要跑，而应双脚并拢，跳离现场。因为高压线断点附近存在跨步电压，非常危险。

学习视频 正确认识后期处理

## 拍摄闪电的曝光设置

使用快门优先方式，设置4~10秒的快门速度（确认此时场景中的其他元素不会曝光过度），然后按下快门（为避免可能有的晃动，最好使用快门线或遥控器完成该操作）即可，在这个曝光时间内，出现闪电即可将其记录下来。另外，使用B门模式，还可以手动控制曝光的时间，当出现闪电后，释放快门即可完成曝光。

↑ 恰当的曝光控制将水面景象与天空完美地融合在一起，天空中灰蓝色的云层、紫色的水面及明亮的闪电光条均增添了画面的奇幻色彩（焦距：20mm ┊光圈：F8 ┊快门速度：4s ┊感光度：ISO800 ）

↑ 不要使用焦距过广的镜头，以免闪电在画面中过于纤细，注意光圈也不能太小，否则闪电的线条也会过细（焦距：80mm ┊光圈：F6.3 ┊快门速度：8s ┊感光度：ISO400 ）

# 彩虹

彩虹是大气中的水分子将自然光折射形成七彩光芒的一种物理现象。在雨后、瀑布、喷水池等有水雾的地方易出现。要想将彩虹鲜艳、饱和的色彩完美表现出来，需要注意以下几点：

结合地面景物进行构图拍摄，单纯拍摄彩虹会使画面过于单调。拍摄彩虹最好使用广角镜头，这样可以将彩虹完整地拍摄下来，如果考虑到构图的需要，也可以选取彩虹的一部分。

为了将彩虹的颜色拍得更鲜艳，可以在相机测光数值的基础上减少一些曝光量。

拍摄时应该刻意在画面中安排一些地面景物，例如拍摄河湖上空的彩虹、长桥上空的彩虹、森林草原上空的彩虹，这样的照片更有情趣，使画面有天人合一的感觉。

彩虹是由水气折射太阳光产生的偏振光形成的，而偏振镜恰恰又起到消除偏振光的作用，因此不应在拍摄彩色照片时使用偏振镜，以免画面中的彩虹影像消失。

由于彩虹的色彩、亮度变化比较快，拍摄时可以用包围（括弧）曝光的方法多拍几张，然后从中挑选出满意的作品。

**摄影问答** 如何使用偏振镜突出瑰丽的彩虹

当雨后天晴的时候，天空中会经常出现美丽的彩虹。但与肉眼所见的彩虹相比，拍出的照片往往缺少冲击力，因为在通常情况下，彩虹在天空中出现时的色彩偏淡，和天空的反差较小。为了将彩虹的颜色拍得更鲜艳，可以尝试使用偏振镜。使用偏振镜拍摄的彩虹画面饱和度会较高，天空的蓝色也会加重，这样可以有效地暗化天空，突出彩虹的色彩表现，使画面看起来很有冲击力。也可以只强调彩虹的颜色，但需注意的是，使用偏振镜也会使彩虹消失，因此在拍摄时，应确认彩虹的饱和度。

**学习视频** 正确理解阶段性

难得一见的双彩虹，在暗色的背景下显得更加夺目（焦距：20mm｜光圈：F10｜快门速度：1/60s｜感光度：ISO100）

广角镜头将彩虹的全景都纳入画面，利用前景的水面形成对称构图，增加了画面的美感（焦距：15mm｜光圈：F10｜快门速度：1/100s｜感光度：ISO100）

# 云彩

## 偏振镜增加立体感及色彩饱和度

偏振镜最大的作用就是可以消除画面中的杂光，对拍摄云彩来说，一是可以增加云彩的立体感，二是可以让画面中的景物色彩更加浓郁。

在使用时，应不断旋转偏振镜的角度，以调整过滤杂光的强度。

摄影问答 在什么季节及气象条件下容易出现云海景观

秋、冬、春季节交替之际，水汽充沛，是拍摄云海的上佳时间。此外，气象条件还应该符合以下条件：

- 湿度：雨后的清晨或黄昏，由于空气的湿度较高，出现云海的概率较大。
- 温度：当温度在10~20℃时。
- 风速：如果风速过大，会吹散水汽，因此出现云海的地方，风速通常不大。

拍摄技巧 拍摄云海时调整曝光补偿的技巧

由于以云海为主的照片色调通常以浅色、亮色为主，因此准确曝光非常重要。而曝光补偿则是调节画面整体亮度的重要参数。

通常在拍摄云海时要增加曝光补偿值，但必须以整个画面的高光部分不过曝为原则。另外，还要考虑云海所占整个画面的比例，面积越小，曝光补偿值应该越低，反之，则应该越高。

拍摄技巧 拍摄流云的技巧

如果画面中的光比比较大，建议在快门优先模式下使用点测光模式进行测光，得到曝光组合后锁定曝光或切换至手动模式再进行拍摄。

使用偏振镜拍摄得到的立体感更好的云彩效果，同时蓝天的色彩及云彩的层次也更加丰富（焦距：24mm｜光圈：F7.1｜快门速度：1/50s｜感光度：ISO200）

## 使用小光圈捕捉云彩中射出的光

当云彩挡住太阳的光线时，很容易出现光线透过云彩形成耶稣光的效果。此时使用较小的光圈进行拍摄，并适当降低0.7~1挡的曝光补偿，可以将光线的质感表现得更好。

使用水平构图拍摄云彩，适当地降低曝光补偿可以压暗画面其他部分，从而更加突出从云彩中放射出的光线（焦距：24mm｜光圈：F18｜快门速度：1/250s｜感光度：ISO200）

## 低速快门让云彩动起来

云彩都是在缓慢移动的，只不过在不同的情况下，移动速度不同，使用低速快门在保证不会曝光过度的前提下，使用长时间的曝光，可以让云彩具有一种运动效果。如果画面中的光比比较大，建议在快门优先模式下使用点测光模式进行测光，得到曝光组合后锁定曝光或切换至手动模式再进行拍摄。

在低速快门下拍摄，将云彩长长的轨迹记录了下来，画面给人一种很强的动感（焦距：30mm ┆光圈：F20 ┆快门速度：16s ┆感光度：ISO100）

## 适当降低曝光补偿能够更好地表现云彩

在拍摄天空时，适当地降低一些曝光补偿，可以让天空及云彩亮度降低，从而获得更佳的层次感，如果是在晴天环境下，可以让天空变得更蓝。

➡ 通过降低 0.7 挡曝光补偿后进行拍摄，得到的画面中天空变暗的同时，云彩也更显厚重并有层次感（焦距：24mm ┆光圈：F10 ┆快门速度：1.6s ┆感光度：ISO100）

## 利用逆光塑造云彩的亮边轮廓

逆光时的云彩可以出现非常明亮的边缘轮廓，尤其是在日出、日落时，云彩比较厚重，将太阳挡在后面，当太阳欲脱离云彩时，边缘就可以得到极为鲜明的轮廓。在拍摄时，可以不考虑太阳的曝光，而以云彩作为曝光的依据。

→ 逆光下太阳将厚重的云层照亮，不仅勾勒出了云彩的轮廓，还增加了画面的感染力（焦距：20mm ┆光圈：F7.1 ┆快门速度：1/80s ┆感光度：ISO200 ）

## 使用仰视角度凸显云彩的压迫感

仰视天空时，会有一种云彩压在头顶的感觉给人一种压迫感，从而增强画面的感染力。如果使用超广角镜头进行拍摄，画面效果会更佳。

↑ 利用广角镜头仰视拍摄云层，减少曝光补偿后可使云层看起来更加厚重，画面给人一种扑面而来的压迫感（焦距：20mm ┆光圈：F7.1 ┆快门速度：1/80s ┆感光度：ISO200 ）

植物摄影技巧

Chapter 17

# 树木

## 拍摄穿射林间的光线

当阳光穿透树林时,由于被树叶及树枝遮挡,因此会形成一束束透射林间的光线,这种光线被有的摄友称为"耶稣圣光",能够为画面增加一种神圣感。

要拍摄这样的题材,最好选择清晨或黄昏时分,此时太阳斜射向树林中,能够获得最好的画面效果。在实际拍摄时,可以迎向光线用逆光进行拍摄,也可以与光线平行用侧光进行拍摄。

在曝光方面,可以以林间光线的亮度为准拍摄出暗调照片,衬托林间的光线;也可以在此基础上,增加1~2挡曝光补偿,使画面多一些细节。

➡ 逆光拍摄林间光束,并增加1挡曝光补偿,使画面既有光束感,又多了一些细节,画面有显著的明暗对比(焦距:70mm┊光圈:F7.1┊快门速度:1/25s┊感光度:ISO100)

⬆ 在暗背景的衬托下,林间光束给人一种非常神圣的感觉,拍摄时可通过减少曝光补偿来压暗背景(焦距:30mm┊光圈:F9┊快门速度:1/12s┊感光度:ISO800)

## 拍摄树干展现顽强生命力

　　除了整体描写树木的大场景之外，还应有一些富于表现力的局部特写，以突出树木的一些特性。例如，还以对树干进行局部的特写，粗糙的树干虽然不具备什么美感，但是可以很好地表现出树木顽强的生命力。

↑ 采用较低机位的仰视视角进行拍摄，以干净的天空作为背景，在侧光的照射下，明显的明暗对比很好地表现出了树干粗糙的质感和奇异的造型（焦距：10mm┊光圈：F2.8┊快门速度：1/100s┊感光度：ISO100）

## 拍摄树影展现光影之美

　　单纯地拍摄一棵树木未免显得单调，可以借助于周围的环境衬托树木，美化画面。通常可以选择夕阳时分进行拍摄，落日的余晖染红了天空，树木在画面中被处理成剪影的形式，画面整体很美观，而树木也很突出，光影的感觉很明显。

摄影问答 **在森林中拍摄需要注意的事项有哪些**

　　1. 切忌单独进入未经开发的原始森林。以免迷路、失踪，遭遇饥饿寒冷或野兽的袭击，导致受到人身伤害。

　　2. 不能在林区或自然保护区内随意采集标本、摘尝野果。

　　有些种类的植物，它们的汁液、花朵或果实鲜艳惹人，但很可能有毒，如果随意采摘，很容易导致中毒。

　　3. 在林区或自然保护区内，不能随便砍伐、狩猎、野外用火、遗弃垃圾等。爱护大自然，保护野生动物，义不容辞。

　　4. 弄清目的地最佳旅游季节。一般说来，北方森林公园的春、夏、秋三季，景观特色比较明显。尤其是当地举行登山节、山会的前前后后，是最佳旅游时节。

　　5. 提前制定游览路线，科学安排游览时间，以免到了目的地手忙脚乱，耽搁行程。

　　6. 如果要去比较偏僻的林区或未开发的原始森林，需要找当地向导带路，以免发生意外。

　　7. 在森林中穿行，鞋子要防水、防滑，同时要戴上帽子或头巾，穿长衣长裤，防止被树枝刮伤或被毒虫、毒蛇咬伤。

　　8. 在茂林里穿梭很容易迷路，除要准备指南针外，还要留意溪流的走向，顺水觅路，不失为上佳寻路法。

　　9. 在山里要懂得求生之道，多留意动物的出没，鸟雀及猴子吃的野果等，人类基本也能食用。

　　10. 若在山里遇上暴风雨，首先要认清方向，找一处较开阔的坪子，既不致迷途，也可避开雷击。

　　11. 随身携带手电、哨子、军刀、绳子等物品，会有意想不到的用途。同时，急救药品带上备用，关键时刻，可以救命。

← 采用剪影形式强化树木的形状和外轮廓，阳光透过树叶形成斑驳的光影及暖色调的渐变色彩，使夕阳的画面更美（焦距：18mm┊光圈：F10┊快门速度：1/250s┊感光度：ISO100）

用垂直线构图突出树木生长感的技巧

垂直线构图是最常用于表现树木的构图形式，在拍摄时如果要表现树木强劲的生命力，可以采取树干在画面中上下穿插直通到底的构图形式，让观赏者的视觉超出画面的范围，感觉到画面中的主体有无限延伸感。

如果要表现生长感，可以采取将地面纳入画面，但树干垂直伸出画面的构图形式。

用垂直线构图表现树木时，要注意在画面中合理安排不同粗细的树干，从而使画面有变化。

如果画面中绝大多数树干的粗细均匀，应通过构图使画面中的树干疏密程度不一。

使用大光圈和长焦镜头拍摄树木特写的技巧

对于拍摄单一或少量的植物对象来说，主要是以小景深虚化背景的手法来突出主体。要获得小景深，最佳的方法当然是使用大光圈和长焦镜头的组合，比如 200mm F2.8 的组合，已经在一定程度上可以与普通的微距镜头相媲美了。使用大光圈拍摄得到的虚化效果要比单独使用长焦镜头得到的虚化效果更柔和一些。

## 用逆光表现树木的剪影轮廓

采用剪影效果拍摄可以淡化被摄主体的细节特征，而强化被摄主体的形状和外轮廓。树木通常有精简的主枝干和繁复的分枝干，摄影师可以借用树木的这一特点，选择一片色彩绚丽的天空作为背景进行衬托，将前景处的树木作为剪影进行处理。在树木枝干密集处会呈现出星罗棋布、大小枝干相互穿梭的效果，且枝干有如绘制的精美图案花纹一般，浮华绚烂，于稀疏处呈现俊朗秀美的外形。

↑ 摄影师对准蓝色的天空曝光，得到的画面中树木呈现出十分漂亮的剪影效果（焦距：30mm │光圈：F10 │快门速度：32s │感光度：ISO100 ）

# 树叶

## 拍摄半透明的树叶

逆光拍摄树叶时，可以得到半透明效果的树叶。拍摄时，应尽量选用大光圈长焦镜头，以压缩景深，同时虚化凌乱的背景，这样可以着重突出画面中的树叶，暗色背景可以制造强烈的明暗反差。必要时，需要为镜头加遮光罩，以免杂光进入镜头影响画面效果。

➡ 在长焦镜头的压缩下，小景深的画面中作为主体的树叶非常突出，画面显得简洁有力，而摄影师选择暗色背景衬托黄色的树叶，更好地突出了树叶的透明质感（焦距：180mm ¦ 光圈：F5.6 ¦ 快门速度：1/400s ¦ 感光度：ISO200）

## 特殊的造型

如果没有好的条件拍摄森林，可以在林中细心地去寻找一些造型特殊的事物作为拍摄对象。此时，我们甚至不需要使用其他任何花哨的技法去表现它，而只是忠实地将它记录下来，这本身就已经是一个优秀的作品了。

➡ 使用长焦镜头拍摄嫩叶的特写，在小景深的画面中其特殊的造型和纹理非常清晰、逼真，而且细节鲜明突出，给观众带来了强烈的视觉印象（焦距：60mm ¦ 光圈：F11 ¦ 快门速度：1/200s ¦ 感光度：ISO100）

**拍摄技巧** 用树木体现时间感的技巧

选择一棵造型不错的树木，并在较远处不易被人打扰的地方进行拍摄，使用 24mm 定焦镜头以纳入更多周围的环境，这样既可以表明拍摄的是同一棵树，也可利用周围环境的四季变化，来渲染这棵树的特点。

在春意盎然的季节，可设置较小的光圈表现周围的环境，而在白雪皑皑的冬季拍摄时，则需增加曝光补偿来提亮画面。因此，可根据当时的场景特点随时调整相机设置。

## 以深色背景突出主体

与拍摄花卉一样，我们也可以使用黑色的背景来衬托主体叶子。在室外拍摄时，我们可以充分利用自然光线产生的阴影作为背景，从而轻易地营造出深色甚至是黑色背景的神秘感。

↑ 在背阴处拍摄红色的树叶，利用光线使得背景与树叶形成明暗反差，不仅使叶片与其他景物明显地区分开来，而且在深色背景的衬托下红色的枫叶显得更加突出（焦距：200mm ┊ 光圈：F5.6 ┊ 快门速度：1/400s ┊ 感光度：ISO100）

## 枯叶之美

秋去冬来，枯黄的落叶随处可见，只要细心留意，它们也是绝佳的拍摄素材。通常可借助于小景深和光影效果展示一种岁月流逝的气氛。

→ 照片中表现的是一片秋日的枯叶，在阳光的照射下，红叶的细节、纹理都很清晰，画面展现出别样的意境（焦距：50mm ┊ 光圈：F5.6 ┊ 快门速度：1/320s ┊ 感光度：ISO100）

## 最有意境的一角

当我们身处树林中想拍摄绿叶时，常常觉得无从下手，不是太过杂乱，就是画面拥挤、难分主次等，这主要就是构图的问题。

在拍摄时，不要总想着把所有的枝叶都拍全，我们可以找到树叶的一角，让它占据画面2/3左右的空间，而其他区域则是尽量留白，如果背景确实比较杂乱，那么可以使用大光圈或长焦距将背景虚化，以突出要表现的主体。

在密林中拍摄时，经常会由于光线不足，导致画面偏暗或快门速度降低，此时可以使用闪光灯进行补光，但为了避免叶子上出现反光的痕迹，最好能够使用柔光罩对闪光灯的光线进行柔化处理。另外，我们也可以适当增加曝光补偿，以提亮画面。

▶ 画面中胡杨的叶子疏密有致，在蓝天的映衬下，画面看起来非常干净、通透（焦距：15mm┊光圈：F8┊快门速度：1/400s┊感光度：ISO100）

↘ 逆光拍摄红色的枫叶，水蒸气被太阳渲染成了金黄色，衬托着红色的枫叶非常有意境美（焦距：85mm┊光圈：F2.8┊快门速度：1/640s┊感光度：ISO100）

拍摄技巧
水平式构图表现出花丛的层次性

与拍摄单个或少量的花朵不同，在拍摄花丛时，更强调整体的韵律或层次感。采用水平构图可以通过不同颜色的花朵形成漂亮的色块，使画面饱满，形成鲜明的颜色对比，不仅避免了画面的单调感，也可以突出花丛的层次感。

拍摄技巧
对角线构图表现出花丛的延伸感

在拍摄花丛时，可以利用花朵的颜色、花朵与花朵之间的空隙等形成对角线构图，不仅可以营造出斜线的动感，使画面更具延伸性，且同时，这条线将画面分成了＋两个部分，在一定程度上可以营造出安定的氛围。

学习视频
3种焦距镜头下的花卉

→ 利用广角镜头与小光圈的设置拍摄出的画面中，花海看起来非常有气势，画面颜色浓郁，且极具感染力（焦距：26mm；光圈：F10；快门速度：1/125s；感光度：ISO200）

# 花卉

## 用广角镜头拍摄出有图案美感的花海

图案是指由线条、形状、色彩等组合而成的具有一定规律的视觉元素，花海由于有大面积重复的花朵元素，因此是最明显和最常被纳入镜头的图案元素，无论是用平视还是用俯视的角度米拍摄它们，都能够得到图案感很强的画面。

拍摄时的一个小技巧是，在画面中拍入破坏这些规律图案的元素，如在大片的红色花海中身着白衣的农妇，或者成片的花海之外的树、小屋，这些元素能够让画面更有趣味，避免画面过于重复和呆板，但是在构图时应避免把这些破坏性元素安排在画面的正中央。

要拍出有气势的花海，除了选择合适的拍摄地点外，最好使用广角镜头。

## 长焦镜头突出醒目的花卉个体

在一大片花海中为突出表现其中的一枝或一朵时，可以利用长焦镜头拍摄，同时配合大光圈的使用，还可以增强背景的虚化效果，使被摄主体与背景分离，花朵在画面中更加突出。

↑ 使用长焦镜头配合大光圈得到小景深的画面，将要表现的荷花从众多荷花中分离，虚化的背景使其更唯美（焦距：150mm │光圈：F2 │快门速度：1/800s │感光度：ISO100）

## 微距镜头表现花朵的细微之处

微距镜头下的画面非常细致，那是因为其拥有1:1的放大倍率（其他镜头通常只有1:3或更小），因此能够将花朵的花蕊和花瓣等表现得很清晰，能给人非常震撼的视觉效果，也可以很好地凸显出花卉的色彩和形状特点。

↑ 使用微距镜头拍摄花瓣，在黑色背景的衬托下，花瓣上的露珠更加晶莹剔透，也使花瓣显得更加娇艳（焦距：100mm │光圈：F11 │快门速度：1/100s │感光度：ISO100）

---

**拍摄技巧** 拍摄花朵上水滴的技巧（1）

在拍摄花卉时，为了将其表现得更加生动，摄影师通常会选择在清晨或雨后拍摄挂有水珠的花朵，此时的花朵在水滴的点缀下，会呈现出娇艳欲滴的鲜活感与灵动的生命感。

由于拍摄的距离较近，因此建议使用微距镜头，在测光与对焦时应该以花朵上的水滴为依据。

■ 寻找合适的拍摄时机。

自然界中出现晶莹的水滴通常有两种情况，一种是雨后，一种是清晨。

雨后拍摄的是雨滴，天晴之后无论是公园还是自家的楼下，花瓣与小草的嫩叶上都会出现晶莹剔透、透亮浑圆的水滴，如果是在白天的阵雨后，就会有大量的时间供摄影师创作。

清晨的露珠多出现在春夏季节，夜晚的地面冷却后，近地层空气中的水汽就会凝结在物体之上，形成小小的露珠。但当太阳升起后，由于温度升高，露珠会因热逐渐蒸发，因此拍摄时要抓紧时机。

■ 使用微距镜头拍摄。

通常挂在花瓣与小草嫩叶上的水滴都不会太大，否则就会由于自重而滑落，如果要对这些小小的水滴进行放大拍摄，最低的要求是使用专业的微距镜头，这样才能够以较大的倍率在画面中放大水滴，例如，使用佳能的 EF 100mm F2.8L IS USM 专业微距镜头。更专业的拍摄器材是使用近摄接圈或镜头皮腔，可以获得更高的放大倍率。

---

**摄影问答** 如何用偏振镜提高照片的色彩饱和度

如果拍摄环境的光线比较杂乱，会对景物的颜色还原产生很大的影响。因为，环境光和天空光在物体上形成的反光，会降低景物的鲜艳程度。而使用偏振镜进行拍摄，可以消除杂光中的偏振光，减少杂光对物体颜色还原的影响，提高景物的色彩饱和度，使其颜色显得更加鲜艳。

---

**学习视频** 用大光圈得到虚化背景

拍摄技巧 拍摄花朵上水滴的技巧（2）

■ 利用手动对焦精细对焦。

由于拍摄水滴时通常都距离水滴较近，因此使用自动对焦往往会出现对焦不准确或无法合焦的情况，要准确对焦就要依靠摄影师进行手动对焦，而对焦是否准确则决定了最终的成像质量。

花瓣与小草嫩叶上的水滴位置通常比较低，因此无法使用三脚架进行拍摄，而需要摄影师放低视角，甚至趴在地上进行手持拍摄，此时相机的震动就成为了必须面对的问题，要避免由于按快门时对相机造成的震动，应该使用反光镜预升模式。

■ 选择逆光角度拍摄。

为了使拍摄出来的水滴能够折射太阳的光线，从而使水滴在画面中表现出晶莹剔透的质感与眩目的光芒，在拍摄时最好采取逆光的角度，而且在这种光位下，半透明的叶片与花瓣的纹理清晰可见，在画面中能够表现得通透自然、色调明快。

在拍摄带水珠的花朵时，还应该选择稍暗一点的背景，这样拍出的水滴才会显得更加晶莹剔透。拍摄之前要变换不同角度观察水珠的光影效果，以便找到能较好地表现带有反光的澄澈透明水珠的角度，或者通过反光板为水滴制造反光效果。

■ 用好曝光补偿。

根据"白加黑减"的曝光理论，在拍摄有水滴及阳光照射的明亮花草时，应该做正向曝光补偿，这样能够弥补相机的测光失误。但这种规则并非绝对，如果拍摄的水滴所附着的花草本身色彩较暗，例如墨绿色或紫色，则非但不能够做正向曝光补偿，反而应该做负向曝光补偿，这样才能够在画面中突出水滴的晶莹质感。

■ 控制画面的景深。

在拍摄水滴时，如果其背景较为杂乱，可以使用大光圈使景深更浅，背景更加虚化，且色彩均匀、淡雅。此时如果使用小光圈拍摄，其背景虽然也能虚化，但会在画面中出现较重、较深的色块。

学习视频 利用黑色或白色背景衬托花卉

# 利用不同背景来突出花卉

深色的背景可以很好地表现花卉的形体，拍摄时，想要获取黑色背景，只要在背后放一块黑色的背景布就可以了。如果手中的反光板有黑面和白面，也可以直接放在花卉的后面使用。在放置背景时，要注意背景布和花朵之间的距离，这样获取纯色背景就比较自然，并且为了曝光合适应减少曝光补偿。

拍摄花卉时，由于其自身是有颜色的，所以应尽量选择单色的背景，以便突出花卉，这样画面看起来也会显得简洁明了，可以很好地表现花卉的形体特点和颜色。利用大光圈或微距镜头的虚化能力，可以将背景虚化为接近单一色彩的状态，也使画面变得很简洁。

当画面中同时存在虚、实两种对象时，人们的注意力常常被具象的实体所吸引，因此可以利用长焦镜头配合大光圈的使用，得到小景深的画面，突出画面中的花朵。

↑ 在纯色的黑背景布下拍摄出来的画面非常干净，与花卉的对比也比较强烈，很好地凸显了花卉的颜色和形态（焦距：60mm┊光圈：F5┊快门速度：1/200s┊感光度：ISO100）

↑ 仰视拍摄以天空为背景，针对花朵测光，天空则略显曝光过度，形成蓝灰色背景，简洁的画面中花朵更加突出（焦距：20mm┊光圈：F2.8┊快门速度：1/5000s┊感光度：ISO100）

↓ 使用大光圈将杂乱的背景虚化成漂亮的色块，与主体花朵形成虚实对比，更好地突出了白色的花朵（焦距：85mm┊光圈：F1.8┊快门速度：1/125s┊感光度：ISO200）

## 对比色背景

以花朵颜色的对比色或差异较大的颜色作为背景，也能达到很好的突出花朵主体地位的效果。例如，黄色的花朵与蓝色的背景等。由于对比色有很强的视觉冲击力，所以这样的画面看起来也很醒目。

↑ 大片的红色"姐妹花"在绿色的背景下，显得更加娇艳、迷人（焦距：55mm︱光圈：F5.6︱快门速度：1/500s︱感光度：ISO100）

→ 紫色的花瓣包裹着黄色的花蕊，紫色与黄色的完美搭配与碰撞，使画面极具视觉冲击力（焦距：180mm︱光圈：F16︱快门速度：1/200s︱感光度：ISO200）

## 仰视拍摄背景简洁的花朵

为避开地面杂乱的环境，拍摄花卉时，可以采用仰视的角度进行拍摄，因为这个角度拍摄可以将天空作为背景，这样画面会简洁许多。拍摄时，应尽量选择顺光的角度，有利于充分显示花朵的细节，同时也避免背景曝光过度。

→ 放低视角拍摄花朵，由于镜头的透视性能可以使花朵显得更加高大，蓝天为背景使画面更简洁（焦距：10mm︱光圈：F6.3︱快门速度：1/250s︱感光度：ISO100）

**拍摄技巧 借助于反光板和散光板提亮花卉**

拍摄花卉的配件有迷你反光板和迷你散光片，其功用也是提亮阴影部分和扩散直射过来的光线。

在逆光下拍摄花卉时，虽然花瓣部分呈半透明状，很好看，但逆光的部分很破坏画面的美感，虽然使用曝光补偿可提亮画面，但会使受光部分出现死白。此时，若使用反光板对暗部进行补光，能够获得很好的效果。

而在光线强烈的时候拍摄花卉，花蕊和其他花朵的重叠会在花瓣上投下阴影，因此导致画面产生较大的明暗反差，给人呆板的印象。若使用散光片，则可以减弱光线，使阴影不明显，以得到柔和的画面效果。

**拍摄技巧 使花卉照片的背景更纯净**

以单色背景为例，较为常见的就有黑色与白色两种选择，纯黑色或白色背景的花卉照片具有极佳的视觉效果，画面中蕴涵着一种特殊的氛围。想要获得黑色或者白色背景，只要在花朵的背后放一块黑色或白色的背景布就可以了。

以天空作为背景，也是十分常见的一种表现形式，完全不需要携带任何道具，只要挑选天空中合适的区域作为背景即可。

使用大光圈进行拍摄，将背景进行最大限度的虚化，也是一种比较常见的简化背景的方法。

**学习视频 花卉与背景色彩的搭配**

**学习视频 3种不同视角拍摄花卉要点**

**不同光线营造不同的视觉感受**

光线的运用是突出表现花卉质感、姿态、色彩和层次的决定性因素。顺光、侧光、逆光和散射光都适合拍摄花卉。

使用顺光拍摄时，花卉的色彩还原较好，整体画面会给人以清新明亮的感觉，但是顺光拍摄不利于表现花卉的造型和光影效果。因此，摄影师会采用大的明暗跨度和色彩跨度作为对比，对突出花卉外形和色彩起到有效的衬托作用。

侧光对花卉光照的造型效果好，立体感强，色彩明度和饱和度对比适中，强烈的明暗对比使得画面层次分明，能较好地表现花卉的纹理质感。

由于散射光的光线柔和、细致，并且不受光源的方向性局限，受光面均匀，影调柔和，反差适中，使花朵呈现出微妙而神奇的层次变化。

**10种拍摄花卉的构图方法**

**3种不同光线拍摄花卉要点**

→ 在逆光下进行拍摄，将花朵在光线穿透下的漂亮画面纳入镜头中，获得剔透晶莹的花朵效果（焦距：105mm ┊ 光圈：F3.5 ┊ 快门速度：1/500s ┊ 感光度：ISO100）

## 散点式构图

散点式构图非常适合拍摄大面积花卉。采用这种构图手法拍摄时，要注意花丛的面积不要太大，否则没有星罗棋布的感觉。另外，花丛中要表现的花卉与背景的对比要明显，否则拍摄出来的效果也不会理想。

↑ 点状的菊花特别适合散点式构图，纳入画面中的这些分布不均的"点"，在广角的强透视下形成了近大远小、稀疏远密的节奏感（焦距：200mm ┊ 光圈：F3.2 ┊ 快门速度：1/100s ┊ 感光度：ISO100）

## 逆光拍摄剔透的花卉

若想得到半透明效果的花卉，可采用逆光的角度进行拍摄，利用明显的明暗对比使花瓣有种半透明的视觉效果。拍摄时，应对准画面的亮度进行测光，并根据拍摄环境的光线，适当地增加曝光补偿，以加强半透明的画面效果。

## 用昆虫点缀画面

在拍摄娇艳动人的花朵时，大家会发现花丛中有无数小昆虫，例如蝴蝶、蜜蜂和金龟子等。将这些可爱的小虫子摄入到画面中，不仅不会影响花卉的拍摄效果，反而会让花卉显得更加新鲜动人、富有生气。

在拍摄花朵时，将忙碌的小蜜蜂也纳入画面，使画面生动许多（焦距：135mm｜光圈：F2.8｜快门速度：1/500s｜感光度：ISO200）

## 水珠衬托娇艳的花朵

花卉的娇艳还可以利用水珠来衬托，花朵会因为晨露的滋润显得格外饱满和艳丽。摄影师还可以自带水壶利用喜欢的光线拍摄自制晨露的花卉。

↑ 通过对比可以看出，没有喷水的花朵多少有些单调，活力不足，而有水滴的花朵显得更加水灵，配合简洁的构图进行突出展现，画面效果极为精致（焦距：100mm｜光圈：F2.8｜快门速度：1/200s｜感光度：ISO100）

---

**拍摄技巧** 巧借昆虫利用对比手法拍摄花卉的技巧

■ 小大对比。

利用昆虫的"小"与花卉的"大"形成对比，构图时可以将花卉安排在画面的黄金分割点上或其他画面视觉中心位置。

◎ 明暗对比。

利用深色的昆虫或鸟类与明艳的花卉形成对比，使画面中的昆虫成为突出的视觉中心，拍摄时应该针对画面中花卉较明亮处测光，而测光模式则首选点测光模式。

■ 动静对比。

用高速快门定格正在花朵周围飞舞的昆虫或鸟类，使强烈的动态与静止的花卉形成对比，让画面更有生机勃勃的感觉。

**学习视频** 纳入昆虫点缀花卉

**学习视频** 拍摄带有晨露水珠的照片

# 山水摄影技巧

## Chapter 18

# 山景

## 地点选择很重要

为了展示好山景的全貌，拍摄山景时的位置选择很重要。一般要选择较高的地势，如果在山腰或者谷底拍摄，比较难拍出全貌，还要注意画面中的透视，否则拍出的画面使原本峻峭的山峰显得既不陡也不峭。在山顶上拍摄，可以感受到整座山的雄伟气势，广角镜头的强烈透视感会使人体验到"会当凌绝顶，一览众山小"的壮阔。

↑ 这幅作品运用了三角构图和水平构图，在较低的位置进行拍摄，使山体显得稳重、大气，前景的树林则为画面增添了美感（焦距：15mm｜光圈：F20｜快门速度：1/200s｜感光度：ISO100）

↑ 在较高的位置拍摄这幅作品，利用三角形构图很好地突出了大山稳重、磅礴的气势（焦距：24mm｜光圈：F20｜快门速度：1/20s｜感光度：ISO100）

拍摄技巧 **拍好山景的几个细节**

1. 加入前景。无前景会使画面仅停留在山景本身，而有了前景，使画面从山景回归到地面，并且合二为一，成为一幅有较大空间感的画面。

2. 加入生命体。在拍摄风景时，时常会选择有生命的参照体，不仅可以衬托大自然的伟大，还可以增加画面的生命力。

3. 加入点缀。如果仅仅是拍摄山岳本身，那么照片整体看来难免会显得呆板，因此可以适当调整构图，为照片加入一些点缀，从而让照片显得更为生动。除了上面提到的生命体之外，也可以是其他对象，如山顶飘浮的云彩、山下的树木与花朵等。

4. 不要固守"黄金时间"。在包括山景在内的风光摄影中，最好的时间是日出后或日落前一小时之内，这就是"黄金时间"。此时的风景在多变的阳光照射下会非常迷人，而且充满变化。但如果在山中等待黄金时间的到来，却可能完全错过它，或者发现它的效果并没有想象中那么神奇。配合恰当的器材与技法，我们完全可以在其他时段也拍摄出出色的山景摄影作品。

5. 注意影子。在拍摄山景时，可能需要背对太阳，用顺光来消除面前山景的阴影。但结果可能会在地上产生树木或其他物体的影子。要避免这些不自然的影子并不容易，可以尝试将构图安排在湖水或溪流旁边。

知识链接 **山景摄影的装备清单**

广角镜头、标准变焦镜头、长焦变焦镜头、三脚架、快门线、中灰渐变滤镜、偏振镜、日出/日落时间表、GPS。

在拍摄山景时，由于需要攀登到较高的位置，因此应尽量精减所携带的物品，镜头也不例外。优先携带的应该是具有广角端的大倍率变焦镜头，如焦距为18~200mm、28~300mm、24~105mm的变焦镜头。如果没有此类镜头，可以携带两支镜头，一支为有广角端的镜头，如焦距为24~70mm、24~105mm的镜头；另一支为有长焦端的镜头，如焦距为70~200mm、70~300mm的镜头。这样既可以用广角端拍摄大场面风光，又能够用长焦端拍摄远不可及的高山风景。

由于严寒的拍摄环境会使感光元件的温度更低，因此，不会像常温那样产生热噪，换言之，使用相同的高感光度进行拍摄时，在寒冷环境下拍摄的照片中的噪点比常温下拍摄的照片中的噪点要少。

在海拔较高的山上摄影时，风往往比较大，此时一定要注意不能任由寒风直吹镜头，因为这样很容易导致镜头起雾。

## 利用白平衡表现不一样的山景

可以利用白平衡的不同拍摄山景，营造特殊的画面效果。而日出半小时拍摄有特殊效果山景的好时机，这时的光线色温较低，天空的色彩比较偏暖，由于天空较暗，与地面的亮度反差就不会很大。拍摄时可尝试将白平衡设置成不一样的模式，多尝试几种不一样的设置，可得到不同寻常的效果。

↑ 这是用荧光灯白平衡拍摄呈现的冷色调效果，画面看起来非常清新、自然（焦距：18mm ┆ 光圈：F16 ┆ 快门速度：1/25s ┆ 感光度：ISO200 ）

↑ 这幅是阴影白平衡拍摄的呈暖色调效果的作品，画面色彩绚丽又很有神秘感（焦距：24mm ┆ 光圈：F18 ┆ 快门速度：1/13s ┆ 感光度：ISO100 ）

通过这两幅作品的对比，可以看到白平衡对画面的影响，在以后的拍摄过程中，摄影爱好者们可以根据所要表现的画面来设置白平衡。

## 侧光突出立体感

拍摄山景的时候，侧光是使用较多的光位，因为通过明暗对比可突出山坚毅的感觉，增强画面的层次感和立体感。

↑ 侧光拍摄山体，受光面与阴影形成明暗对比，更加凸显其分明的立体感和空间构造感（焦距：.28mm｜光圈：F8｜快门速度：1/500s｜感光度：ISO500）

**拍摄技巧** 山景的基本拍摄步骤

1. 将镜头更换为与拍摄题材相对应的镜头，如要拍摄大场景应该更换为广角镜头（17~40mm），要拍摄远景或不易接近的地方应更换标准变焦镜头（24~105mm）或远摄变焦镜头（70~200mm）。

2. 如果方便架设三脚架，应该使用三脚架以增加拍摄的稳定性，否则应该以正确的姿势持机，以避免由于手部动作导致照片发虚。

3. 设置拍摄模式为光圈优先模式，并设置光圈值为 F8~F16，以保证足够的景深。

4. 在光线充足的情况下，可以将感光度设置成为 ISO100，以获得较高的画质。在弱光情况下，可以适当提高 ISO 数值，只要不超过 ISO1600 基本无须开启"高 ISO 感光度降噪功能"，如果照片的存储格式为 RAW 格式，也无须开启此功能。

5. 如果光线均匀、明亮，可以将测光模式设置为"评价/矩阵测光"；如果希望拍摄逆光剪影效果，可以将测光模式设置为"点测光"，并对山体上较亮的区域进行测光并拍摄。

6. 如果拍摄的是雪山，可适当增加 1/3~2/3 挡的曝光补偿。

7. 半按快门进行测光，然后按下自动曝光锁以锁定曝光。半按快门对拍摄对象进行对焦，对焦成功后，保持半按快门状态移动相机重新构图。

8. 完全按下快门即可完成拍摄。

**拍摄技巧** 用中灰渐变镜拍摄大光比场景

在拍摄日出或日落等场景时，天空与地面的亮度反差会非常大，由于数码单反相机的感光元件对明暗反差的兼容性有限，因此无法兼顾天空与地面的细节。

换句话说，如果要表现天空的细节，对天空中较亮的区域测光并进行曝光，则地面就会因欠曝而失去细节；如果要表现地面的细节，对地面景物的亮度进行测光并进行曝光，则天空就会成为一片空白而失去所有细节。要解决这个问题，最好的选择就是用中灰渐变镜来平衡天空与地面的亮度。

拍摄时将中灰渐变镜上较暗的一侧安排在画面中天空的部分，由于深色端有较强的阻光效果，因此可以减少进入相机的光线，从而保证在相同的曝光时间内，画面上较亮的区域进光量少，与较暗的区域在总体曝光量上趋于相同，使天空上云彩的层次更丰富。

---

**拍摄技巧** 设置单色模式拍出水墨画般的山景

数码单反相机的拍摄风格（又称优化校准）中都包括了一个"单色"，使用此功能，可以轻易地拍摄出黑白的照片。当景色合适时，用来表现中式水墨画的山景，效果也非常不错。

当然，在可能的情况下，建议还是拍摄彩色照片，然后通过后期处理进行黑白艺术化处理，不但可以最大限度地保留照片的可编辑性，同时，还可以进行更多种类的黑白照片的效果处理。

需要注意的是，在云雾较多的情况下，可能会使相机的测光系统不准确，因此，建议先试拍一张，并根据拍摄结果适当增减曝光补偿。

## 逆光呈现剪影效果

以逆光拍摄山时，由于光线来自山的背面，所以会形成很强烈的明暗对比，此时若以天空为曝光依据的话，可以将山处理成剪影的形式，注意选择比较有形体特点的山，利用云雾或是以天空的彩霞丰富、美化画面。

↑ 逆光情况下拍摄连绵不断的山脉，配合缥缈的雾气与其虚实结合，形成层层叠叠的效果，使画面更具形式美感（焦距：200mm｜光圈：F4｜快门速度：1/1250s｜感光度：ISO100）

↑ 准确的曝光让山脉的层次感得到了完美的呈现（焦距：135mm｜光圈：F16｜快门速度：1/500s｜感光度：ISO200 ）

## 山景的构图特点

为了展示不同的山貌，山景的构图使变得重要。从不同视角拍摄出来的山景可带给观者完全不一样的视觉效果。

为凸显山脉的高耸和起伏变化的线条，可采用平视角度拍摄，呈现出宽广的视觉效果。能将山脉连绵起伏的感觉表现得很好。

三角形是山景构图中最常见的方式之一，三角形很有稳定感，并且可以很好地表现山的高大、稳定、简洁的感觉。

↑ 三角形构图，给画面带来了简洁、大气之感，是拍摄山峰常用的构图手法（焦距：150mm┊光圈：F16┊快门速度：1/640s┊感光度：ISO100）

↑ 使用平视角度拍摄，表现了山峦层峦叠嶂的蜿蜒之势（焦距：100mm┊光圈：F11┊快门速度：1/50s┊感光度：ISO100）

**摄影问答** 风光摄影中提到的"KISS法则"是什么意思

KISS 是英文 Keep It Simple Stupid 缩写，意思是务求简单，简到不用思考的地步。具体到摄影中，是指拍摄时一定要记住，让照片承载的信息越少越好。一个简单的方法是，使用镜头实现简洁构图，即使用长焦镜头或者长变焦镜头放大选定的区域，从而将其他元素排除在画面之外。在拍摄时使用的镜头焦距越长，视角越窄，可视画面范围就越小，画面也就会越简洁。

**摄影问答** 运气对于风光摄影师来说有多重要

非常重要，但也并不是决定性因素。许多摄影师在谈到拍摄出优美风光摄影照片的要素时，都将运气放在首位，他们认为拍出好的风光照片，最重要的不是镜头也不是相机，而是运气。只要运气好，美景在眼前，即使是一个摄影新手，也能够拍出漂亮的风光大片。

然而，正如谚语所说，运气只青睐那些有准备的人。因此，把握运气其实也是有技巧的，例如，在什么时间拍摄、在什么地点拍摄，要等待多长时间可能会遇到理想的光线等，都需要事先了解相关情况，做出相应的规划。

因此，那些看上去运气好的风光摄影师，表面上看他们的运气似乎总比一般的摄影师要好，其实是事先收集了丰富的资料，而且有深厚的技术功底做支撑。例如，在拍摄一个需要长时间曝光的题材时，没有携带三脚架怎么办？

又如，在拍摄大光比场景时，没有中灰渐变镜也没有黑卡，又应该如何拍摄？类似这样的问题，可能出现在每一次外拍活动中，好的风光摄影师之所以出众，不仅是他们等到了漂亮的光线，遇到了难得一见的景观，更在于能够轻松解决上述问题，从而使他们能够灵活处理各种拍摄时遇到的问题，化平淡为神奇，从而拍出大片。

## 利用前景衬托山景

　　如果山景的构图或颜色显得单调，可以利用拍摄时的周围环境中一些景物充当前景，以前景来丰富画面，这样既可以美化画面，还可以利用透视的关系，表现出画面的空间感。

⬆ 利用稻田、花田、村庄作为前景拍摄富士山，既交代了其所处的环境，又为画面增加了美感。同时前景中稻田里的富士山倒影又与其主体形成对称，更增添了画面的看点（焦距：18mm ┊ 光圈：F29 ┊ 快门速度：1/320s ┊ 感光度：ISO100）

# 瀑布溪流

## 拍摄丝绸般的瀑布

若想得到丝滑般效果的水景画面，要延长曝光的时间。

为了防止曝光过度，应使用较小的光圈来拍摄，如果画面还是过亮，应考虑在镜头前加装中灰滤镜，这样拍摄出来的水流是雪白的，就像丝绸一般。

在拍摄瀑布时需要注意的是，由于使用的快门速度很慢，所以一定要使用三脚架拍摄。

↑结合小光圈、低感光度的设置拍摄瀑布，从而保证画面在正常曝光的基础上，可最大限度地延长曝光时间，以拍到虚化的水流效果（焦距：50mm ┊光圈：F25 ┊快门速度：8s ┊感光度：ISO100）

**知识链接** 瀑布溪流摄影的装备清单

广角镜头、标准变焦镜头、长焦变焦镜头、三脚架、快门线、中灰镜、偏振镜、潮汐时间表、GPS、相机包。

**摄影问答** 为什么拍摄溪流时要使用偏振镜

因为水流与溪流中湿润的石头对光线的反射率很高，因此，为了避免将反光处拍摄成为无细节的白色区域，就需要使用偏振镜控制反射光。在拍摄时，可以通过旋转偏振镜，控制消除反射光的程度，以适当保留石头上的光泽。此外，偏振镜由于具有阻光作用，因此能够降低快门速度，以便拍出如丝般的瀑布水流。

**拍摄技巧** 用广角镜头拍摄溪流在取景时要注意的问题

由于广角镜头的视野很宽广，而溪流的旁边通常有杂草、枯枝、腐叶或其他垃圾，因此，通过取景器取景构图时，一定要注意观察画面的四周，确保没有这些会影响画面效果的元素。

**拍摄技巧** 设置自拍模式长时间拍摄水流

所谓的"自拍"驱动模式并非只能用于给自己拍照。例如，在需要使用较低的快门速度拍摄时，我们可以将相机置于一个稳定的位置，并进行变焦、构图、对焦等操作，然后通过设置自拍驱动模式的方式，避免手按快门产生震动，进而拍出满意的照片。

**操作方法** Nikon D7200自拍设置

操作方法：按下释放模式拨盘锁定解除按钮，然后转动释放模式拨盘，将所需快门释放模式图标对齐白线处

**操作方法** Canon EOS 70D自拍设置

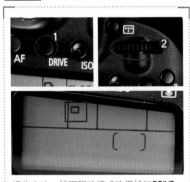

操作方法：按下驱动模式选择按钮DRIVE，转动主拨盘在液晶显示屏中选择一种驱动模式

**拍摄技巧** 用中灰镜在强光下拍摄水流

在强光下拍摄时，如果使用最小光圈、最短曝光时间和最低感光度组合还不能得到正确的曝光，可以考虑使用中灰镜来减少进光量，获得曝光准确的画面。

## 流畅的线条之美

表现蜿蜒流长的溪流、江河时，常使用C形或者S形曲线构图，这样的线条很具有优美的视觉感受，可以使画面富有动感，也有视觉导向的作用，可以使画面看起来有向远处延伸的感觉（长时间曝光时为确保相机不会晃动可设置成自拍模式）。

↑随着曝光时间的延长，水流效果越来越明显，形成一个隐藏的S形线条，使画面看起来很有动感（焦距：85mm｜光圈：F25｜快门速度：3s｜感光度：ISO100）

## 瀑布溪流局部小景致

拍摄溪流、瀑布，不一定非要使用广角镜头，有时使用中长焦镜头，从溪流、瀑布中找出一些小的景致，也能够拍摄出别有一番风味的作品。特别是当溪流、瀑布的水流较小、体积不够大时，就可以尝试使用中长焦镜头，沿着溪流、瀑布前行，找到某一段较为精彩的画面。

↑ 摄影师大胆地将开满花朵的树木置于画面上半部分，且所占面积较大，虽然如此，水流仍作为主体出现，因其丝滑的水流效果，以及流动的趋势感，反而更抓观者眼球（焦距：85mm　光圈：F25　快门速度：3s　感光度：ISO100）

在构图方面应该将重点放在造型或质感较为特殊的石头上，从而使坚硬的石头与柔软的流水形成鲜明对比，如果能够在画面中加入苔藓或落叶，则更能够提升画面的生动感。

摄影问答 **为什么拍摄风景时最常用的曝光模式是光圈优先模式**

衡量一张风景照片是否成功，一个很重要的标准是照片是否拥有最大景深，即整张照片从前到后都是清晰的。因此必须优先确定使用的是较小的光圈，而且当光线发生变化时，光圈不能发生改变，以避免整个场景的景深发生变化。要做到这一点，则必须使用光圈优先模式。

摄影问答 **为什么在拍摄风景时，要特别考虑天空**

通常天空的色彩及细节对彩色照片而言非常重要，这与黑白照片截然不同。如果拍摄的是黑白照片，发白的天空可能会让照片显得比较有趣味，但对于一张色彩丰富的照片而言，一片灰白的天空则会使整张照片成为废片。所以在拍摄风景时，要利用测光模式、曝光补偿、中灰渐变镜等不同摄影技法、器材，确保天空有丰富的色彩或细节。

学习视频 **让照片有情绪**

使用低速快门拍出有丝绸般
质感瀑布的技巧

■ 安装中灰镜。

在实际拍摄时，为了防止曝光过度，可以
使用较小的光圈，以降低镜头的进光量。如果
画面仍然过曝，要考虑在镜头前加装中灰滤镜，
这样拍摄出来的瀑布是雪白的且具有丝绸般质感
效果。

■ 使用三脚架。

由于快门速度很慢，所以一定要使用三脚
架辅助拍摄。

■ 使用快门优先模式。

在拍摄时要使用快门优先模式，以便根据
水流的速度来控制快门速度。

■ 设置较低的快门速度。

使用低速快门拍摄瀑布，可使水流呈现丝
绸般的效果，为画面赋予特殊的视觉魅力。

使用高速快门拍出有奔腾气
势瀑布的技巧

■ 选择合适的拍摄角度。

采用广角镜头可以更好地突出表现瀑布景
观整体的磅礴气势。另外，如果能够在较高的
位置以俯视角度拍摄，则可以更好地表现瀑布
的倾泻之势。

■ 选择合适的光线。

最好采用侧光或侧逆光拍摄，这两种光线
能够增强画面的立体感，尤其是能突出被凝固
浪花的质感，使画面有"近取其质，远取其势"
的效果。

■ 使用快门优先模式。

在拍摄时最好用快门优先模式，以便根据
水流的速度来控制快门速度。

■ 设置较高的快门速度。

要完美地表现出瀑布波涛汹涌的气势，在
拍摄时要注意对快门速度的控制。使用高速快
门才能够抓拍到瀑布飞奔而下的气势，如果使
用的快门速度较低，水流会呈现出柔顺感，无
法体现出桀骜不驯的奔腾气势。

→ 竖画幅垂直构图表现瀑布，用较高的快门
速度记录下瀑布飞流直下的气势，纳入了前景
中的彩虹来丰富画面的元素（焦距：11mm
光圈：F8 快门速度：1/500s 感光度：
ISO200）

## 如何拍摄瀑布气势

"飞流直下三千尺，疑是银河落九天。"唐代著名诗人李白的诗句描绘了瀑布非
常精彩壮观的场面。但摄影家要做的工作是如何把瀑布的雄伟壮观用照片表达出来！
然而宽窄不一、高低不同的瀑布应当如何来表现呢？

通常的做法是，要表现瀑布的高大雄伟之势，宜选择竖幅拍摄。竖幅尤其适合拍
摄那种悬挂在山腰中、瀑面较窄而、落差较大的瀑布。而如果拍摄的是黄果树瀑布、
黄河壶口瀑布这样的瀑面十分宽广的瀑布，选择横幅构图才会有较好的表现效果，这
样能更好地展示其横跨山谷的浩大气势。

其次还可以使用体量对比，以人们熟知的景象来与瀑布形成对比，使观者了解瀑
布的体量，从而图像瀑布气势。

# 湖泊海洋

## 高速快门抓拍海浪拍打岩石的瞬间

要想完美地表现巨浪翻滚拍打着岩石的精彩画面，在拍摄时要注意对快门速度的控制。高速快门能够抓拍到海浪翻滚的精彩瞬间，而适当地降低快门速度进行拍摄，则能够使溅起的浪花形成完美的虚影，画面极富动感。

采用长焦镜头并设置较高的快门抓拍海浪拍打岩石后汹涌澎湃的景象，特写的构图方式使其表现得更生动，气势更强烈（焦距：280mm｜光圈：F9｜快门速度：1/1250s｜感光度：ISO100）

## 清澈见底的拍摄技巧

若要表现清澈见底的水景、，尽量选择能见度较高的天气、水质优良的景点，并使用偏振镜去除水面的偏振光，提高拍摄的角度，以便于从上往下进行拍摄，并且缩小光圈，减少画面中的波纹。

**拍摄技巧** 用单色让照片更有情调

黑白照片是最经典的单色照片。虽然彩色照片是摄影创作的主流，但没有人怀疑黑白照片的魅力。无论是拍摄海面还是拍摄其他风光题材，在合适的光线与构图形式下，都能够使画面只有一种色彩，而这样的照片由于色彩纯粹，更容易打动观者，在实际拍摄中，可以利用天气、光线、白平衡来达到这一点。

例如，在日出、日落时分拍摄时，强烈的逆光能够使画面色彩更单调、纯粹。又如，在雾天拍摄时，可以利用白平衡使画面的色彩更纯粹。

**知识链接** 表现通透、清澈的水面

通过在镜头前方安装偏振镜，过滤水面反射的光线，将水面拍得很清澈透明，使水面下的石头、水草都清晰可见，也是拍摄溪流、湖景的常见手法，拍摄时必须寻找那种较浅的水域。清澈透明、可见水底的水面效果，很容易给人透彻心扉的清凉感觉，这种拍摄手法不仅能够带给观众触觉感受，还能够丰富画面的构图元素。

如果水面和岸边的景物，如山石、树木明暗反差太大而无法同时兼顾，可以分别以水面和岸边景物为测光对象拍摄两张照片，再通过后期合成处理得到最终所需要的照片，或者采取包围曝光的方法得到3张曝光级数不同的照片，最后合成为一张照片。

◣ 选择能见度较高的天气，以平视的角度拍摄湖泊，使用偏振镜去除水面的反射光，将湖水表现得非常清澈见底（焦距：10mm｜光圈：F4｜快门速度：1/1000s｜感光度：ISO200）

## 波光粼粼的拍摄技巧

逆光拍摄水面时，为使水面波光粼粼的效果更明显，应增加曝光补偿，降低拍摄角度。正午时分使用逆光拍摄湛蓝天空下的大海，其波光粼粼的效果就很明显，由于此时光线较强，明暗对比强烈，故呈现出来波光粼粼的效果为银色的。

→ 正午时分的光线较强，被风吹起的水面经过光线的反射，呈现出银光闪闪的效果（焦距：160mm｜光圈：F8｜快门速度：1/640s｜感光度：ISO100）

黄昏时分，光线色温较低，逆光拍摄水面较容易拍摄出黄色、金色、橙色D 有粼粼波光的水面，如果感觉效果不够明显，还可将白平衡设置为阴天/阴影等色温较高的白平衡模式，使这种暖调效果更明显。但阴天/阴影白平衡的色温，必须高于环境的色温，否则拍不出暖调的效果。

→ 在光线位置较低时，采用逆光拍摄，即在傍晚太阳下山的时候拍摄才能达到此类效果。此时天空中晚霞的色彩照映在水面上，将水面渲染得金光灿灿（焦距：200mm｜光圈：F20｜快门速度：1/500s｜感光度：ISO200）

## 平静水面的拍摄技巧

在拍摄平静的水面时，要注意表现出水面平洁如镜、安宁雅静的画面氛围。在构图上可以采用水平线构图、三角形构图等可以产生平衡、稳定效果的构图方式；在表达手法上，可以利用动静结合、虚实相生等对比效果来衬托水的静（拍摄水面时为确保水平线平衡可在取景器中显示电子水准仪）。

活用水面的倒影作用，使水面显得更加平静，配合柔和的光线，更显湖水静谧的特点（焦距：30mm┆光圈：F20┆快门速度：1/80s┆感光度：ISO200）

## 用陪体使画面生动

在夕阳的余晖下，略带暖调的画面中，一派祥和的气氛，阳光洒在水面上，这时拍摄水景最能表现出宁静、祥和的意境。为避免画面单调，可在取景时，有意将岸边的树木、花卉、岩石、山峰或一叶小舟，通过前景和背景的搭配丰富画面元素，更好地表现自然、令人神往的画面。

**摄影问答 如何确认相机为水平状态**

常见的相机专用水平仪可以安装在闪光灯的热靴上，并根据产品的不同，可以实现二维甚至三维的角度校正，保证拍摄到的景物"横平竖直"，在较为严谨的摄影中经常会用到。另外，很多三脚架的云台也配备了水平仪。

↑ 带有三维水平仪的云台

在较新的数码单反相机中，如佳能 EOS 70D、尼康 D7200 等相机，已经在机内配备了电子水平仪，也可以用它可验证相机是否水平，当相机为水平状态时，电子水平仪将变为绿色线条。

↑ Nikon D7200 的虚拟水平仪，可以在即时取景模式下调出

↑ Canon EOS 70D 可以在液晶监视器上选择电子水准仪选项，然后按 info. 按钮即可显示相机当前的水平状态

← 拍风景的人正在被当作风景拍，剪影的处理及为视线留白的构图方法，使画面生动许多（焦距：200mm┆光圈：F7.1┆快门速度：1/125s┆感光度：ISO200）

## 合理安排水平线的位置拍摄海面

**拍摄海的三大秘诀**

1.利用礁石与树木的剪影。

2.利用海浪、云、雾来增加变化。

3.在合适的太阳高度拍摄，避免出现鬼影。如果画面中只有海面会显得单调，这时可以利用礁石的剪影效果增加画面的层次感。另外，太阳升得越高其光照就越强，越容易造成鬼影，建议在太阳未升到头顶时，或者抓住太阳在云层中的瞬间完成拍摄。

**让海面看上去更宽广**

以横画幅进行取景并采用水平线构图，可以使画面中的大海看上去更宽广。因为水平线构图会使观者的视线在左右方向上产生视觉延伸感，当观者的目光随水平线左右移动时，自然能够增强画面自身的视觉张力，因此这种构图形式是表现宽阔水域的不二选择，不仅可以将被摄对象宽阔的气势表现出来，还可以给整个画面带来舒展、稳定的视觉感受。在拍摄时最好配合广角镜头，以最大程度地体现水面宽广的气势。

地平线在画面中的位置不一样，画面效果也不会一样。当水平线在画面的上方时，可突出表现水平线下方的景物。由于是水面占据了画面的大部分，为了画面的美观，可利用长时间的曝光得到水雾状的水流，为画面营造一种浪漫的气氛。

画面中的水平线居中，以上下对等的形式平分画面，水平面上方的景物与水面形成对称效果，从而使画面具有平衡、对等的感觉。

拍摄水景时，为了不使画面过于单调，可以将云彩纳入画面，若要表现好云彩，构图时，可将海平面放在画面下方，这样观者就可以将注意力放在画面的上方了。

↑ 以高水平线构图，重点表现了水面的景色，被海水冲刷打磨的鹅卵石作为前景对比着远处的景物，使画面更有空间感（焦距：16mm ┊ 光圈：F16 ┊ 快门速度：2s ┊ 感光度：ISO100）

↑ 水平构图的画面给人平静的感觉，天空云彩与水面的倒影形成对称构图，增添了画面的平衡美感（焦距：20mm ┊ 光圈：F18 ┊ 快门速度：1/160s ┊ 感光度：ISO100）

↑ 以低水平线构图着重表现天空丰富绚丽的云彩，画面看起来很有视觉冲击力，而地面上被云彩照亮且染上颜色的海面，虽处于画面下方，但也不乏吸引视觉吸引力（焦距：18mm ┊ 光圈：F5.6 ┊ 快门速度：1/200s ┊ 感光度：ISO100）

## 拍摄海岸风景

拍摄海滨如何取景很重要，如果既想拍摄海岸风景又想表现海水，有下面几种方法可供参考：

其一，以波纹状的沙滩或海滩上的遮阳伞做前景，拍摄点缀着绰绰帆影的万顷碧波，可以很好地表现大海的辽阔和画面的空间感。

其二，背向大海站在齐膝深的海水中，以少许海水或海中泳者的身影做前景，突出海滨的气氛。

其三，侧向海滨站在沙滩上，画面中一半是海水和沙滩，一半是海岸，丰富了画面内容。用这种取景方法登高俯拍则可以表现蜿蜒海岸的曲线美，富有艺术感染力。

↑ 以岸边一棵斜着生长的椰树作为指引线，将观者的视线引导到清澈的海水处，画面整体的清爽色调给人一种心驰神往的感受（焦距：50mm｜光圈：F22｜快门速度：1/400s｜感光度：ISO200）

摄影问答 **为什么在拍摄海面时，许多摄影师蹲下来拍摄**

在拍摄大场景的海面风景时，很多人认为以站姿拍摄和以蹲姿拍摄好像没什么区别。但实际上，两者之间有较大差异，采用蹲姿拍摄的画面更有冲击力。

这是因为大场景风光之所以能够让人感觉到其气势，是由于整个场景给人一种由近到远的巨大空间冲击力，这种冲击来源于我们感受到的远景与近景的对比。

而当摄影师以站姿拍摄时，近景不再丰富，画面中缺少了远近对比元素，因此这样的画面冲击力就弱了。而以蹲姿拍摄时，近景丰富了起来，远近对比更加突出，因此画面就有了更强的视觉冲击力。

拍摄技巧 **拍摄海岸风光的曝光技巧**

在拍摄海岸风光时，水面上的高光、明亮的白色泡沫、巨大的黑色礁石都有可能使相机的自动测光系统发生误判，因此需注意场景中是否存在大片特别明亮或黑暗的区域，要根据这些区域的面积，给予相应的曝光补偿。每拍一张照片，就应该查看柱状图，如果有必要就重拍一张，或直接用包围曝光进行拍摄。

学习视频 **前景的重要性**

# 拍出美丽的水中倒影

美妙的倒影随处可见，江河渔港、湖塘水池、雨后积水等，摄影师只要稍加留心，就不难找到美丽的倒影。

## 倒影体现的美感

拍摄倒影能够体现出3种美感。

1.宁静美。在风光摄影中，要表现宁静美最佳手法之一就是拍摄倒影。亭台楼阁、小桥石林、白云山川在碧水中的倒影，充分地表现了倒影的宁静之美。拍摄倒影，实景并未完整地在画面上出现，却使人们从静静的倒影中联想到一片宁静的世界。

2.对称美。如果要使风光作品有静止、稳定、对称之美，也可以借助拍摄倒影实现。画面中的倒影和实体相映而生，景物的色调色彩、细节都完美无缺地体现在倒影之中，如果画面中实景与倒影在画面中所占比例基本相当，则画面会有充分完整的对称之美。

3.抽象美。由于微风吹拂、水流潺动、鱼游鸟翔、舟船航渡等各种自然或人为因素的存在，多数情况下水面不会如镜面一般地风平浪静。此时，水面会荡起波纹，倒影也从真实变为抽象，从而使画面中晃动、扭曲、变形的倒影有一种抽象的美感。

↑ 以地面上的积水坑取景，选取合适的拍摄位置，将倒映在水面上的房子结合地面的石板路都纳入画面中，形成虚虚实实的奇幻景象，给人以新奇的视觉感受（焦距：55mm ┊ 光圈：F16 ┊ 快门速度：1/250s ┊ 感光度：ISO100）

↑ 以对称构图拍摄水面倒影，实景与倒影平分画面，尽显一份宁静之美（焦距：18mm ┊ 光圈：F20 ┊ 快门速度：1/200s ┊ 感光度：ISO100）

## 光位对倒影的影响

阳光照射的方位，对于倒影有着较大影响。顺光下景物受光均匀，这种角度取景，可以得到影纹清晰并且色彩饱和的画面，但缺少立体感。

逆光的时候，景物面对镜头之面受光少，大部分处于阴影下，因而影像呈剪影状，不但倒影本身不鲜明，而且色彩效果比效差。

相比而言，侧光下的景物具有较强的立体感和质感，同时也能够获得较为饱和的色彩影像。

↑ 拍摄云彩与水面的倒影时，通过使用中灰镜来降低反差，得到的画面中色彩与明度都较和谐，将海边日落之时静谧的气氛表现得很好（焦距：10mm｜光圈：F6.3｜快门速度：1s｜感光度：ISO100）

**摄影问答** 在海边使用三脚架的注意事项有哪些

1. 海水中的盐分有腐蚀性，因此，在海边使用三脚架用后，一定要使用淡水冲洗机械部分，以避免三脚架出现锈蚀、掉漆的现象。清洗后先自然晾干，再涂抹润滑油防止生锈。

2. 海边细小的沙粒如果进入三脚架的锁定部件或脚管中，会对三脚架的部件性能带来严重影响，因此使用时要小心。

3. 可将摄影包或其他重物挂在三脚架的下方，降低三脚架的重心，增强其稳定性，避免因为不小心磕碰或大风使三脚架倾倒。

## 拍摄倒影的曝光量

由于物体反射率的原因，水面的倒影总不如实景明亮，因此在拍摄时要对曝光有所控制，既不能使实景因过曝失去影像层次，也不能让倒影因欠曝变得深暗无光。

一般来说倒影与实景相比，亮度相差大约为1挡曝光量，所以如果以实景为主要表现对象，可以根据实景的亮度来确定曝光量。

如果感觉倒影更为重要，在曝光时可在实际景物的测光基础之上再增加0.5挡光圈，使倒影曝光微欠0.5挡，而实景曝光略过0.5挡。

也可以用中灰渐变灰镜，缩小甚至拉平上下景物亮度的差异，使两者都得到正常曝光。

如果对于上述技术都不够熟悉，可以利用包围曝光的技术来操作，从而提高拍摄的成功率。

➡ 水面被夕阳渲染成了金黄色，拍摄时减少了曝光补偿，使得金色效果更加浓郁（焦距：220mm｜光圈：F5.6｜快门速度：1/800s｜感光度：ISO100）

## 选择恰当的构图拍摄倒影

要想拍到既美观又有韵味的倒影画面，应注重画面的构图。通常倒影与实体不宜都求全，应视现场情况和表现意图决定。

如果采用对称构图，画面感觉丰满、均衡、和谐，但略显呆板。因此，要视拍摄场景倒影的多少进行变化，画面上倒影的多少与拍摄视点的高低有密切的关系，拍摄视点高，倒影少；视点低，倒影多。要通过视点的变化，使构图在统一均衡中又有变化，避免呆板。

➡ 倒映在水面的建筑交代了画面所处的环境，巧妙地将天鹅安排在画面中，打破了水面的平静，构成了一幅仿佛油画般的画面（焦距：200mm｜光圈：F5.6｜快门速度：1/320s｜感光度：ISO200）

城市、古镇摄影技巧

Chapter **19**

## 俯视拍摄展现城市风貌

在拍摄大规模的建筑群或城市全景时，必须使用俯视的角度进行拍摄。为了能将所有建筑物纳入镜头，应寻找到一个足够高的拍摄地点，如高楼的楼顶等。这样俯拍的角度可以使观者对整个城市一览无余，有利于清楚地表现地面上由近至远的层层建筑群体和建筑环境的纵深感与气魄感，给人"会当凌绝顶，一览众山小"的感觉。

↑ 俯拍可以将整个建筑群全部收入眼底，以很好地体现群体感觉（焦距：10mm ┊ 光圈：F7.1 ┊ 快门速度：10s ┊ 感光度：ISO100）

## 仰视拍摄建筑突出高耸的感觉

高于视平线的拍摄称为仰视拍摄，仰视的视角容易使被摄物产生近大远小的透视效果和向上延伸的纵深感，可以增强建筑物高耸的感觉，使被仰视的建筑产生一种居高临下的效果，从而拍摄出建筑的高耸感。

学习视频 不同视角的建筑

↑ 仰视拍摄建筑，可以将建筑主体置身于广阔的天空中，仿佛高耸入云，呈现出另类的视觉效果（焦距：10mm ┊ 光圈：F8 ┊ 快门速度：1s ┊ 感光度：ISO100）

## 表现建筑物内部的精美的结构

对于建筑物局部和内部的表现，和拍摄整体建筑一样重要。在习惯于欣赏建筑的结构和气势时，人们可能会忽略到细节部分。有时候，细节部分更能体现建筑的独到风格和艺术气质。

对细节的关注，和对取舍的拿捏把握，是拍摄局部时成就好照片的要点。而建筑内部的拍摄，由于受到空间范围的限制，在表现内部特征的同时，一般以增加空间感和透视感效果为目的。

在建筑内部拍摄，由于光线较暗，应考虑画面的清晰度，使用三脚架或把相机倚靠在某个静止的地方拍摄，可以有效地防止成像模糊。

◄ 仰视拍摄建筑物的天花板，富有重复节奏美感的建筑构造形成圆形构图，使观者在感受到建筑物精美的内部结构的同时还不禁赞叹建筑师的鬼斧神工（焦距：10mm ┊ 光圈：F4.5 ┊ 快门速度：1/25s 感光度：ISO1600）

## 局部描写展示建筑的细节

很多建筑的局部有时甚至比整体更具美感，这样的局部会让观者自发地联想建筑的整体，因此照片更有张力。在实际拍摄时，首先要找到可以拍摄的局部，然后再寻找其中形式感较强的部分，通过构图与光影技法来强化这个局部。要注意的是，在照片上的这个局部要让观者读出一定的信息，体会到这是什么。

◄ 以长焦镜头将远处的建筑拉近拍摄，将其细节部分都表现得很清晰（焦距：180mm ┊ 光圈：F18 ┊ 快门速度：1/200s 感光度：ISO400）

**拍摄技巧 拍好室内建筑的几个要点**

1. 找到合适的角度。看似美轮美奂的建筑结构，却并不一定可以用镜头捕捉下来。因此，找到合适的角度与使用恰当的镜头焦段，是完成一张好照片的又一先决条件。最好的解决办法就是四处走走，同样的一片区域，从不同的角度观察会有不一样的透视关系。

2. 现场光为主，人工光为辅。室内建筑摄影应尽量利用现场光，这样可以更好地突出其现场气氛。但如果现场光较差，则可以用闪光灯在需要的位置进行多点位补光。这种布光方法还可应对全黑环境的室内摄影。

3. 脚架必不可少。建筑内部的亮度相对较差，而且为了保持照片的质量与景深，往往会使用较低的感光度和较小的光圈，此时势必需要延长曝光时间，因此一个稳定的三脚架或独脚架是必不可少的。

学习视频 **不同焦距的建筑**

学习视频 **弱光展现精致的内景**

**学习视频** 突出建筑的体量感

**学习视频** 建筑的形式美感

**学习视频** 极简主义拍摄建筑

# 对比展现建筑的体量

如果画面中仅有一座高楼，并不能显示出高楼的高大，所以拍摄时，可以选择就近的对比物，或是纳入较多周围的环境，利用对比展现建筑物高大的感觉，主要其他景物的纳入要与画面很和谐，不能破坏画面的美观。

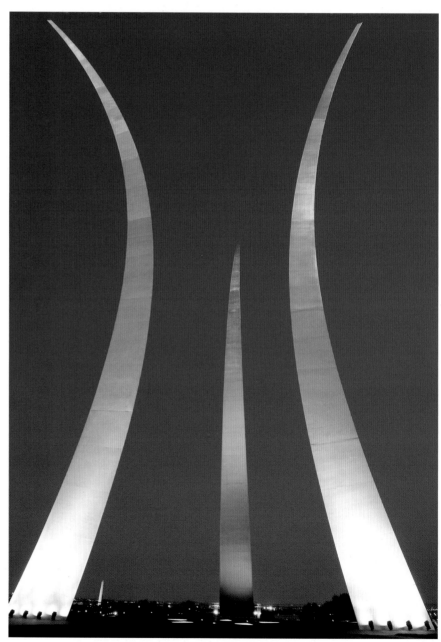

↑ 利用地面景象等元素很好地衬托出建筑的高大、宏伟气势（焦距：17mm｜光圈：F7.1｜快门速度：1/250s｜感光度：ISO100）

# 拍摄城市雕塑

城市雕塑用于城市的装饰和美化，丰富了城市居民的视觉与精神享受，在高楼林立的城市中，起到缓解因建筑物集中而带来的拥挤、迫塞和呆板、单一的感受。每一个城市都有自己独具特色的雕塑，如哥本哈根的"美人鱼"、布鲁塞尔的"撒尿小童"、纽约的"自由女神"、广州的"五羊"、深圳的"拓荒牛"、青岛的"五月的风"，如果希望展现一个城市的人文风貌，则不妨将镜头对准这些独具特色的雕塑。

↑ 从背面拍摄新加坡的代表雕塑，是为了使其喷水的方向朝向远处的日出，这样表现城市的代表雕塑更有意义，而以蓝天为背景可使画面更简洁（焦距：30mm　光圈：F16　快门速度：10s　感光度：ISO100）

↑ 以造型精美、气势威武的铜狮为前景，展现出了故宫建筑的恢宏大气（焦距：24mm　光圈：F10　快门速度：250s　感光度：ISO100）

拍摄技巧 **3个拍摄城市雕塑的技巧**

1. 寻找合适的时间段。如果要展示雕塑的细节，无疑应该选在上午或下午阳光不十分强烈的时间段。如果要拍雕塑的剪影效果，应该在早晨或黄昏拍摄，因为在白天拍摄时，背景往往容易形成一片死白，而雕塑剪影的黑度却不够。

2. 选择恰当的拍摄角度。许多雕塑都有主展示面，是雕塑最美的一个面，这也应该是拍摄者所关注的角度。

3. 注意雕塑与周围环境的互动关系。要想拍出新奇的雕塑照片，应该在取景时注意游人或周围景物与雕塑的互动关系，通过叠加、错视、对比等手法，使两者之间产生有趣的联系，这样才会使照片更生动。

世界各地的新奇建筑都有其独到之处，具有全新和个性化的设计理念，因此在外形上看起来都比较独特，吸引着我们去记录下这些建筑。

其实反映各地的地标性建筑的摄影作品已经非常多了，想从众多建筑摄影作品中脱颖而出就显得有些困难，因此，在拍摄建筑时，需要有自己独特的视角，这样无论是拍摄造型独特的现代建筑，还是普通的住宅楼，均可以获得独特、精彩的摄影作品。

# 拍摄地标性建筑

每个地方都会有一个或几个地标性的建筑，它们代表着一个地方的文化艺术精华，往往让观者一下子就能认出这是什么地方。例如，北京的国家大剧院、鸟巢、中央电视台，台北的101大厦，吉隆坡的双子塔，迪拜的7星级帆船酒店。

拍摄前应多翻看相关的明信片，参考上面拍摄该建筑物的角度和光线，然后根据自己的想法来表现。

拍摄时，要先观察其地理位置，如朝向、高度、材质等，并思考是用早上、傍晚的光线还是夜晚的灯光来拍摄，主要目的是表现建筑物的雄伟，还是其与周围环境的关系。

如果能找到这个建筑物和当地人的关系并将之融入画面，会使照片更有深度。

↑ 泰姬陵是很典型的地标性建筑，要拍出新意就需要多用心，不管是在构图上，还是在光线上可多做尝试（焦距：26mm｜光圈：F8｜快门速度：1/800s｜感光度：ISO100）

# 拍摄淳朴的乡村

淳朴的村民，零落的农舍，蜿蜒的小路……一天中任何时候的山村都展现着迷人的美景。

东方晨曦微露之时俯拍村舍，由于光线较弱，可以用三脚架支撑相机，并用较慢的快门速度进行拍摄，从而得到云雾缭绕的梦幻山村画面。

↑ 夜幕刚刚降临的村落，红色的灯笼点缀出与城市不同的风景（焦距：90mm ┊ 光圈：F8 ┊ 快门速度：1/40s ┊ 感光度：ISO100）

拍摄晨炊时分的缕缕炊烟，可以深色的山丘或树林作为背景，在逆光或侧逆光下拍摄，以突出炊烟的质感。

拍摄日出选择前景不宜繁杂，可以红日的亮度作为曝光依据，将村头几棵古朴树木的剪影安排在前景上，红日位于其间，呈现出黑红两色的画面。另外，也可将麦垛、茅屋一角、爬满牵牛花的栅栏等作为拍摄日出的前景。

日头升高时，深入到村落中拍摄蜿蜒的石板小路，应当适度曝光，俯拍出石板的明暗和质感。

待到傍晚时分，可在逆光下拍摄村民和归家牛羊的剪影，和暖色调的落日或晚霞形成鲜明的对比，红黑分明，富有视觉冲击力。

拍摄技巧 **多角度取景拍建筑**

在构图时，应对被摄体进行多角度研究，前后左右地移动拍摄的位置，从不同的角度、顺序进行全面、仔细的观察。可以绕着被摄体走一圈，从正面、侧面、背面、俯视、仰视等，也可以是从上到下、从整体到局部的顺序进行观察。通过多角度，仔细地观察才能找出更适合表现被摄体的构图方式。

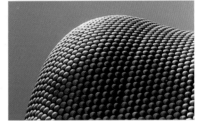

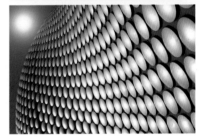

学习视频 **标新立异的角度**

学习视频 **建筑摄影构图**

操作步骤 Nikon D7200高ISO降噪设置

① 在**照片拍摄菜单**中点击选择**高 ISO 降噪**选项

② 按下▲或▼方向键可选择不同的噪点消减标准

操作步骤 Canon EOS 70D高ISO感光度降噪功能设置

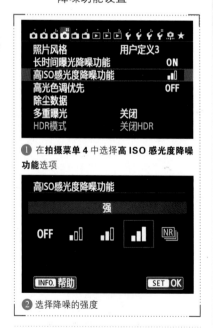

① 在**拍摄菜单 4** 中选择**高 ISO 感光度降噪功能**选项

② 选择降噪的强度

学习视频 建筑的拍摄用光

# 特写斑驳的墙面表现古建筑的历史感

在拍摄古建筑时要留意那些斑驳的影调，这样的光线往往能够为古建增添沧桑感与岁月感。拍摄时选择临近树木的建筑，光线透过树枝或树叶在建筑物上留下斑斑的光点，极易形成非常具有年代感的画面。

此外，为了给画面营造古老沧桑的感觉，可以通过改变白平衡设置，使画面呈现微微泛黄的暖色调。

↑ 这 3 幅作品都是段祺瑞府中建筑的局部，斑驳的树影为画面增添了几分沧桑感，同时或明或暗的光影效果还使画面现场感十足。上图（焦距：95mm ┊ 光圈：F6.3 ┊ 快门速度：1/200s ┊ 感光度：ISO400），下图（焦距：70mm ┊ 光圈：F7.1 ┊ 快门速度：1/200s ┊ 感光度：ISO400）

夜景摄影技巧

Chapter 20

拍摄提示 **拍摄夜景前的器材准备**

由于夜间光线较暗，属于微光拍摄的范畴，拍摄时对曝光要求比较高，通常曝光时间较长，因此要携带稳固的三脚架，以便于稳定相机。

此外，快门线也是必备的，无论是否使用B门进行拍摄，使用快门线开启快门都能够保证相机不会由于人为的操作而发生抖动。

通常应配备标准和中长焦变焦镜头，若要拍摄较大场面，如俯视城市繁华地区，可携带广角变焦镜头。

由于现在越来越多的建筑物都附加了夜间造型灯光，因此如果希望拍摄出的照片中灯光呈现漂亮的星芒效果，拍摄时要使用星光镜。

为了防止强光线直射镜头产生光晕，要特别注意突如其来的车灯、行人的手电筒，如果遇到可能出现的强光，应该用黑色的绒布或黑色卡纸遮挡镜头，待强光过后继续曝光，因此应该携带黑色的绒布或黑色卡纸，以备不时之需。

拍摄技巧 **拍摄夜景要注意的3个问题**

1.夜间的光线相当微弱，拍摄夜景往往需要几秒甚至十几分钟的曝光时间，在此期间相机稍有晃动就会造成画面模糊，影响画面质量，所以夜间拍摄一定要使用三脚架，这是拍摄夜景照片要注意的首要问题。

2.夜景拍摄的黄金时间，应该是从路灯亮起后的半小时左右，当华灯初上后，建筑在天光的照射下仍然具有一定的可见度，且其装饰灯光也已经打开，在深蓝色天空的映衬下会显得格外漂亮，在这段时间拍摄时，由于城市、建筑都比较明亮，而且天空有一定的云彩细节，因此所拍摄的照片灯光绚丽、细节丰富、颜色明艳。

3.拍摄夜景时，由于光线暗，拍摄距离无法精确测定，因此常用小光圈，使远景较为清晰，同时小光圈还能够使灯光有漂亮的星芒，光圈的大小可以控制在F8~F32，与之相配合的快门速度通常为10 秒~5分钟，具体还要视光线的强弱与ISO数值而定。刚开始拍摄时可以在拍摄位置与光圈不变的情况下，不断改变快门速度，多次尝试后即可获得令自己满意的照片。

# 拍摄夜景最佳时机

夜幕初降前后是夜景拍摄的最佳时机。在这段时间内，从太阳落山到天色完全变黑，天空会经历一个由白转为浅蓝再变成深蓝的过程，一般持续20分钟左右。由于此时天空有天光，地面又恰是华灯初上时，因此拍摄出来的照片中既有灿烂的灯光，又有能分辨出明显的轮廓的地面建筑、树木，画面显得更丰富。

在天空还没有完全黑的情况下拍摄了这幅夜景图，使得天空呈现出好看的宝石蓝，黄色的灯光使画面更具视觉效果（焦距：16mm ┊光圈：F11 ┊快门速度：25s ┊感光度：ISO160）

拍摄时若想将宝石蓝的天空摄入画面，就必须在太阳沉入地平线之前赶到拍摄现场，遵循先东后西的顺序拍摄，这样就能够在天空在白、蓝、黑三种颜色转变的过程中拍出漂亮的夜景。

另外，有时夕阳西下时，西方天空会出现美丽的晚霞，并与华灯、落日交相辉映，拍摄起来会获得别样的画面效果。

⬆ 初晨太阳刚刚升起，还未全部照到山谷的小镇，此时的天空能见度好、透明度高，天空中醉人的蓝调色彩与水面、雪地的蓝调形成呼应，而小镇上黄色温暖的灯光则使画面显得更富生机（焦距：15mm ┊光圈：F18 ┊快门速度：1/2s ┊感光度：ISO100）

# 拍摄夜景的曝光控制

夜间光线很弱，照明多为点状光源，这时的灯光既是照明光源，又是画面的一种构图元素，且明暗反差较大，因此曝光控制有一定难度。

如果拍摄时天空未完全暗下来，要在画面中保留天空的层次，测光时就要以天空的亮度为标准，但拍摄时要以所测得曝光数据的1/3左右进行曝光，因此具体操作时应该做负向曝光补偿，以保证被摄景物有足够的层次，同时避免天空过亮。

在曝光时间方面，可以参考众多摄影师总结出来的经验数据（仅供参考），如下表所示。

| 被摄体 | 情况 | 曝光时间 | 光圈 |
| --- | --- | --- | --- |
| 夜景晴空 | 日落后半小时 | 1s~5s | F8 |
| 工地灯光摄距 | 30m | 2s~8s | F8 |
| 节日彩虹摄距 | 30m | 1s~6s | F8 |
| 路灯建筑 | 光线较密 | 2s~4s | F5.6 |
| 水面反光 | 光线较亮 | 5s~10s | F5.6 |

如果拍摄时天色已黑，这时很难准确测量曝光数据，因为夜景的明暗反差太大，如果以亮部测光，曝光必然不足；以暗部测光，曝光必然过度。通常可以采取的方法是，以画面的中间亮度作为测光点，拍摄时根据所测得的曝光数据增加1~2挡曝光补偿，以保证暗部和中间亮度部位的细节层次得到充分的表现。

**摄影问答** 如何拍摄夜景装饰照明

■ 明确画面重点。

华灯初上，夜色瑰丽，许多城市都针对地标建筑或主要街道建有夜景照明工程，这些照明工程正是建筑夜景摄影的主要题材，这一题材的拍摄重点是表现其夜间独具特色的照明效果及造型感。

■ 利用简洁的构图突出主体。

明确了画面重点后，就需要在构图时考虑对景物、光影如何进行取舍、删减，画面中非重点、非视觉中心的景物，应本着能省就省的态度，尽量少拍或不拍。

■ 关闭闪光灯拍摄。

拍摄时最好关掉闪光灯，因为在拍摄夜景时，闪光灯不但起不到补光的作用，还可能因为照亮附近的扬尘而在照片中形成白斑。

■ 减少曝光补偿突出灯光效果。

夜景明暗反差大，光线复杂，通常建议采用评价测光。另外，为了不让灯光部分过曝太严重，避免凌乱的杂光影响画面，在拍摄的时候建议减少1～2挡的曝光补偿。如果为了拍出灯火辉煌的效果，可以不做负向曝光补偿。

↑ 以喷泉为前景，长时间曝光拍摄，配合蓝调的天空，画面看起来很梦幻（焦距：40mm｜光圈：F5.6｜快门速度：10s｜感光度：ISO100）

拍摄技巧 利用不同的技巧拍摄夜晚的光芒，能够为我们带来无限乐趣

在过去，霓虹灯主要是灯泡，现在由于LED灯的出现，霓虹灯变得五彩斑斓，令人陶醉在五光十色的夜晚中。

在拍摄白色和蓝色的LED灯时，建议将白平衡设置为"日光"或者彰显蓝色调的"钨丝灯"及"白色荧光灯"。如果拍摄的是暖色LED灯，将白平衡设置为"日光"可以把暖色调的颜色如实呈现出来。如果还是感觉暖色不足，也可以尝试把白平衡设置成"阴天"或"多云"。当机身内预先设置的白平衡无法表现出你想要的效果时，就要手动设置色温了。

要想拍摄出使用星光镜营造的夸张效果，但是又没有星光镜时，可以把光圈设置到F8以上，这时光源也会放射出光束。这些光束数是由光圈翼的片数决定的，当光圈翼片数是偶数时，就能从光源反射出相同数量的光束；如果光圈翼片数是奇数，就能从光源反射出两倍数量的光束。

---

学习视频 城市夜景

学习视频 4位摄影大师的分析

→ 在深邃的夜空下，灯火辉煌的建筑在水上显得十分迷人，结合水面上斑斓的灯光倒影给人一种繁华的感受（焦距：30mm 光圈：F10 快门速度：1/13s 感光度：ISO100）

# 利用多次遮挡曝光拍摄辉煌的夜景

许多漂亮的夜景照片中，既能够看到漂亮的天空与城市周围的环境，又有夜晚时绚烂的城市灯光，要拍摄这样的照片必须要使用多次遮挡曝光的方法，分时段进行操作。

↑ 通过多次曝光得到天空呈宝石蓝色，而地面车灯轨迹如金龙般的画面效果，非常绚丽好看（焦距：20mm 光圈：F14 快门速度：15s 感光度：ISO100）

# 用灯光表现繁华的夜景

城市楼群的绚丽灯光，往往给人时尚、现代的感觉，这样的照片通常是展示一个城市现代化进程的名片。要拍摄这样的照片最好选择一个位置较高、视野较宽阔的地方拍摄，以保证不被其他杂乱的景物干扰，画面也更加宽广、更具视觉震撼力，商业大厦通常是不错的拍摄地点。

大光圈可以增加通光量，但由于其小景深效果，无法展现城市灯光的全貌，因此使用中等大小的光圈配合较慢的快门速度拍摄，在保证充分曝光的前提下，能够获得较大的景深，从而更好地展示城市灯光。

在测光时，应对准画面中从亮部到暗部均匀过渡的区域进行测光，这样可以使画面整体都有较好的表现。另外，适当的曝光不足可以在画面中营造夜幕宁静、神秘的气息。

# 拍摄夜间的彩色音乐喷泉

在现代的城市中，许多地方都修建了音乐喷泉，傍晚喷泉中的彩灯就会随着音乐的节拍不断变换色彩，映照着婀娜多姿的水柱。

要拍摄音乐喷泉，应提前到场，选择好取景机位并架好三脚架。拍摄时快门速度设置是比较关键的。如果设置在1/5s左右，可以拍摄出有明显团粒状的水柱，像是一串串晶莹的珠帘。而如果使用1.6s左右的慢速快门，则能够将水柱边喷撒的水滴变成了薄薄的雾纱，给人以朦胧轻慢的缥缈之感，由于曝光时间长、光圈小，照片中喷泉周围的环境会变得清晰，能够与虚化的喷泉构成明显的对比，增强画面的趣味性和表现力。

↑ 采用较长的曝光时间，将喷泉拍摄成雾状并与灯光完美地融合到一起，使画面更具美感（焦距：33mm；光圈：F22；快门速度：16s；感光度：ISO200）

↑ 在暗色的夜景下，采用广角镜头拍摄，将埃菲尔铁塔与其周围的喷泉一起纳入画面，30s的曝光时间使喷泉定格在了画面中，使观者仿佛身临其境（焦距：15mm；光圈：F13；快门速度：30s；感光度：ISO100）

**摄影问答** 拍摄夜景时，为何迟迟无法按下快门

出现这种问题，很有可能是上一张照片拍摄完成后，相机在进行长时间曝光降噪处理，此时可以注意一下相机上的指示灯是否长亮或闪烁，如果是，那就代表是在处理数据。

通常情况下，长时间曝光降噪功能需要的时间，与照片曝光的时间是基本相同的。例如某照片曝光了30s，那么降噪时大约也需要相同的时间。因此，在拍摄时，还要特别注意电池的电量是否充足，否则在处理过程中，相机因没电而自动关机的话，那么整张照片就废掉了。

**摄影问答** 为什么在使用相同感光度的情况下，夜景照片比在白天拍摄的照片噪点更多

这与相机的曝光方式有很大关系，而其中的原理，却不是一两句话可以解释清楚的。但要特别注意的是，在相同感光度下，夜晚拍摄确实比白天拍摄会产生更多的噪点，因此，在拍摄夜景时，常常建议采用最低的感光度，以保证画面的质量。

当然，使用较低的感光度以后，快门速度就会降低，很多时候都是低于安全快门的，此时就需要使用三脚架以保持相机的稳定，以确保拍摄的成功率。

**学习视频** 快门速度和构图

操作步骤 Canon EOS70D长时间曝光降噪功能设置

① 在**拍摄菜单4**中选择**长时间曝光降噪功能**选项

② 选择所需选项，然后点击 SET OK 图标确认

操作步骤 Nikon D7200长时间曝光降噪功能设置

① 在**照片拍摄菜单**中选择**长时间曝光降噪**选项

② 按下▲或▼方向键可以选择**开启**或**关闭**选项

# 拍摄水面附近的城市夜景

可有意选择一些水面作为前景。如湖水、地面的积水、雨后的街面等。水中的倒影能为画面增加许多情趣。

在上海隔着黄浦江能够在夜晚拍摄到漂亮的外滩夜景，而在香港则可以在香江对面拍摄到有璀璨灯火的维多利亚港。实际上，类似这样临水而建的城市在国内还有不少，在拍摄这样的城市时，可以利用水面拍出极具对称感的夜景建筑，从而获得不错的效果。

↑ 利用建筑物前面蜿蜒的水池作为前景，引导观者视线看向远景的建筑，水池里建筑的倒影还为其增添了趣味性（焦距：16mm｜光圈：F3.5｜快门速度：5s｜感光度：ISO200）

夜幕下城市建筑群的璀璨灯光，会在水面折射出五颜六色的长长的倒影，不禁让人感叹城市的繁华、时尚。要拍摄这样的效果，在拍摄时要注意选择一个没有风的拍摄时机，否则在水面被吹皱的情况下，倒影的效果不会理想。

此外，要把握曝光时间，其长短对于最终效果的影响很大，如果曝光的时间较短，水面的倒影中能依稀看到水流痕迹，而较长的曝光时间能够将水面拍摄得如镜面一样平整。

↑ 利用水面的倒影形成镜像式的对称构图，为画面增加美感，建筑璀璨的灯光效果使这个夜晚的城市更具魅力（焦距：10mm｜光圈：F11｜快门速度：1/10s｜感光度：ISO100）

# 拍摄车流光轨

光轨即记录下运动的光源的运行轨迹，常见的有汽车、转轮等对象，其拍摄方法相对较为简单，我们只要以数秒的时间进行曝光，根据对象运动速度的不同，就可以产生一定的光线拖尾效果，即所谓的光轨。

在拍摄光轨时，建议采用快门优先模式进行拍摄，当快门速度过低导致曝光过度时，相机会给予提示。另外，在30s以内的曝光时间下，也可以使用手动模式进行更高级的曝光控制，但同时也要注意，如果光圈、快门速度及感光度的曝光组合设置得不好，就可能引起曝光不足或曝光过度的问题。

↑ 车流是城市夜晚独特的美景之一，长时间曝光，利用三脚架稳定相机，可以清晰地记录车流轨迹，赋予画面线条美（焦距：15mm │ 光圈：F16 │ 快门速度：20s │ 感光度：ISO200）

**拍摄技巧 选择合适的依靠物体**

如果在拍摄时，无法将相机搁置在地下上，则应该寻找可供身体依靠或支撑手臂的物体，如墙壁、窗台、电线杆、围栏、树木、水泥墩等，以保证拍摄过程中相机保持稳定。

**拍摄技巧 搭建临时三脚架的技巧**

如果在外出拍摄时，没有携带三脚架，但却要进行长时间曝光，可以按下面的步骤搭建临时三脚架：

1. 寻找到一个柱体，如公交站牌、立交桥栏杆等。

2. 左手紧抱着柱体。

3. 将相机设置为B门曝光模式。

4. 使相机紧靠柱体。

5. 将对焦设定为"无限远"。

6. 紧握相机持续按下快门，曝光过程中缓慢呼吸，以保证相机平稳。

**操作步骤 拍摄明暗对比的车流灯轨**

1. 寻找一个较开阔的场景，为相机配备广角镜头，将相机安装在三脚架上，并确认相机稳定且处于水平状态，调整相机为俯视拍摄的角度。场景位置的选择比较重要，如果希望最终画面上的车流灯轨呈现S形流畅线条，应该寻找到能够看到弯道的观测地点。

2. 调整相机的焦距及脚架的高度等，对画面进行构图（在此过程中，可以半按快门进行对焦，以清晰地观察取景器中的影像）。

3. 选择快门优先模式，并根据需要，将快门速度设置为30s以内的数值（如果要使用超出30s的快门速度进行拍摄，则需要使用B门）。在不会过曝的前提下，曝光时间的长短与最终画面上的车流灯轨的长度成正比。

4. 设置感光度数值为最低感光度ISO100（少数中高端相机也支持ISO50的设置），以保证成像质量。

5. 将测光模式设置为矩阵/评价测光模式。

6. 半按快门对建筑进行对焦（对亮部进行对焦更容易成功。而死黑或死白等单色影像则不容易成功对焦）。

7. 确认对焦正确后，按下快门完成拍摄（为避免手按快门时产生震动，推荐使用快门线或遥控器来控制拍摄）。

**拍摄出绽放在城市夜空中的漂亮烟火的技巧**

1.要选择一个好的拍摄地点。这个地点除决定了摄影师能够拍摄到怎样的画面场景外，还会因为拍摄位置不同，需要携带不同的镜头或其他设备，例如所处的位置开阔无遮挡，应该带广角镜头，否则可能需要中长焦镜头。

2.要确认焰火升起的位置。由于拍摄焰火的时候常常是深夜，所以相机的自动对焦功能通常会由于无法找到对焦景物而无法合焦，因此应该根据烟火可能升起的位置手动先调整好焦点。

3.拍摄焰火通常使用B门模式。拍摄时按下B门后，要利用快门线锁住快门，拍照完毕后再释放。为了确保相机的稳定性，必须使用三脚架以确保长时间曝光时相机无抖动，拍摄时可以将光圈值设置得小一些，参考值为F8~F11。

4.应该将相机的降噪功能设置为OFF，白平衡模式设置成为白炽灯模式。

如果希望在一幅照片中拍下各种焰火效果，可以使用多种曝光的拍摄手法，即在B门模式下按快门键后，拍摄完一朵烟火，便用黑布遮挡住镜头，待下一朵烟花升起后，移开黑布2s~4s。

按此方法操作多次后，就能够在一个画面中合成多个烟花效果，需要注意在一个画面中合成的烟花数值是有限的，因为移开黑布后总的曝光时间不能超出画面合理的曝光时长，否则画面就可能过曝。

---

**人与摄影眼的区别**

➜ 经过几秒的曝光时间，得到好看的烟花画面，应注意的是画面中其他图像的是否会曝光过度（焦距：24mm ┊光圈：F11 ┊快门速度：8.2s ┊感光度：ISO160）

# 五彩烟花的拍摄技巧

由于亮度较高的烟花与亮度非常低的夜空之间的明暗反差特别大，所以若使用自动对焦模式往往会无法成功对焦，比较好的解决方法有两个。

1.在夜空中升起第一个烟花时对其进行对焦，之后转换为手动对焦模式，保持参数不变，拍摄接下来出现的烟花。

2.如果条件允许的话，可以对周围被灯光点亮的建筑进行对焦，然后使用手动对焦模式拍摄烟花。

烟花从升空到燃放结束，大概只有5s~6s的时间，而最美的阶段则是前面的2s~3s，因此可以将快门速度设定在这个范围内。烟花燃放时，会比测光时亮度要高，所以应当适当缩小光圈，以免曝光过度。

如果使用B门曝光模式，按下快门后，用不反光的黑卡纸遮住镜头，每当烟花升起，就移开黑卡纸让相机曝光2s~3s，多次之后关闭快门，可以得到多重烟花同时绽放的照片。需要注意的是，总曝光时间要计算好，不能超出适合曝光所需的时间。

# 星轨的拍摄技巧

面对满天的繁星，如果使用极低的快门速度进行拍摄，随着地球自转运动的进行，星星会呈现为漂亮的弧形轨迹。如果时间够长的话，会演变为一个个圆圈，仿佛一个巨型的漩涡笼罩着大地，获得正常观看状态下无法见到的视觉效果，使画面充满了神奇色彩。

## 拍摄前期准备

### 1.前期准备

首先，要有一台单反或微单（全画幅相机拥有较好的高感控噪能力，画质会比较好），一个大光圈的广角或超广角又或者鱼眼镜头，还可以是长焦或中焦镜头（拍摄雪山星空特写），除此以外，还要准备快门线、相机电池若干、稳定的三脚架、闪光灯（非必备）、可调光手电筒、御寒防水衣物、高热量食物、手套、帐篷、睡袋、防潮垫，以及一个良好的身体。

### 2.镜头的准备

超广角焦段：以14~24mm/16~35mm这个焦段为代表，这个焦段能最大限度地在单张照片内纳入更多的星空，尤其是夏季银河（蟹状星云带）。14mm的单张竖排星空，即使在没有非常准确对准北极星的时候，也能拍到同心圆，便于构图。

广角焦段：以24~35mm这个焦段为代表，虽然不能像超广角镜头那样纳入那么多的星空，但由于拥有F1.4大光圈的定焦镜头，加之较小的畸变，这个焦段拍摄的画面很适合做全景拼接。

鱼眼：通常焦距为16mm或更短，视觉接近或等于180°，是一种极端的广角镜头。利用鱼眼镜头可很好地表现出银河的弧度，使得画面充满戏剧性。

## 拍摄星轨的对焦技巧

在对焦时，星光比较微弱，因此可能很难对焦，此时建议使用手动对焦的方式，至于能否准确对焦，则需要反复拧动对焦环进行查看和验证了。如果只有细微误差，通过设置较小的光圈并使用广角端进行拍摄，可以在一定程度上回避这个问题。

---

**知识链接　使用三脚架的技巧**

使用脚架的目的是避免相机产生振动，以便拍摄出更清晰的照片，因此使用三脚架时应牢记"重""粗""低"这3个字。

所谓"重"是指通过在三脚架的挂钩上挂载重物来增加三脚架自身的重量，在较高的山峰上拍摄时，会由于风力较大而影响三脚架的稳定性，此时，通过悬挂重物则可以较好地解决此问题。

所谓"粗"是指尽量使用上部较粗的脚管，因为脚管越粗，三脚架越稳定。

所谓"低"是指重心位置越低，三脚架越稳定，因此在优先考虑相机位置和拍摄角度的同时，要尽量维持三脚架的低重心，将脚管和中轴升高到需要的高度即可。

**摄影问答　如何对脚架的抗共振能力进行测试**

将脚架全部张开，左手轻握一条腿的中部，右手食指在另外一条腿上稍用力一弹，这时左手会感觉到脚架的振动。发生振动时，振动从强到弱，最后直至静止的时间长短，反映了脚架的抗共振能力，时间越长，则表明其抗共振能力越差。

**名师指路　充分认识三脚架对于摄影的重要性**

三届金像奖得主、著名摄影家石广智说："一直以来，我主张在拍摄中摄影人需要保持严谨的创作态度，不要不假思索地随意按动快门，这种习惯会使摄影人变得浮躁、懒惰。在拍摄时，应该尽量多使用三脚架拍摄，对我而言，由于特别钟情于以创意手法进行拍摄，三脚架尤其重要。"

**摄影问答　在拍摄夜景时，是不是只要使用最低的ISO数值，就一定不会出现噪点**

答案是否定的，在拍摄夜景时，虽然使用最低的ISO数值能够在最大程度上降低噪点出现的可能性，但如果曝光的时间较长，则一定会出现噪点，而且噪点出现的数量与曝光时间长度成正比。正因为如此，通常在使用数码单反相机拍摄星轨时，往往间隔拍摄多张照片，最后在数码照片处理软件中合成的方式，而不是持续进行长时间曝光。

◁ 为了较自由地控制曝光时间，拍摄时选用了B门进行拍摄，其次还配合使用了带有B门快门释放锁的快门线，让拍摄变得更加轻松且准确（焦距：30mm　光圈：F8　快门速度：3000s　感光度：ISO100）

## 两种拍摄星轨的方法及其各自的优劣

摄影问答 **星轨的两种拍法，哪个更好**

通常来说，星轨可以分为前期拍摄法与后期叠加法。二者各有其优劣，下面分别从不同的角度对比分析一下它们的特点。

■ **曝光时间影响**：由于实际拍摄时，可能存在"光污染"问题，例如城市中的各种人造光、建筑反光等，虽然肉眼很难或无法看到，但在长达数百分钟的曝光时间下，会逐渐在照片中显现得越来越明显。因此，若是使用前期长曝拍摄法，则曝光时间越长，越容易受到"光污染"的影响；反之，若是使用后期叠加法只要单张照片不过曝，最终叠加好的星轨就不会过曝。

■ **噪点影响**：使用前期长曝拍摄法时，往往需要设置较高的 ISO 感光度并进行超长时间的曝光，因此很容易出现高 ISO 噪点与长时间曝光噪点。此外，由于长时间曝光，相机会逐渐变热，还会由此导致热噪点的产生；若是使用后期叠加法，则可以避免长时间曝光噪点与热噪点，同时，在后期叠加时，还会在一定程度上消除高 ISO 产生的噪点，因此画质更优。

■ **星光疏密影响**：使用前期长曝拍摄法时，星光的疏密对最终的拍摄结果有直接影响；后期叠加法可以通过拍摄多张照片，在很大程度上弥补星光过于稀疏的问题。

■ **相机电量影响**：使用前期长曝拍摄法时，由于只拍摄一张照片，因此要求在拍摄完成之前，相机必须拥有充足的电量，否则可能前功尽弃；使用后期叠加法，由于是拍摄很多照片进行合成，即使电量耗尽，损失的也只是最后拍摄的一张照片，对整体的照片不会有太大影响。

学习视频 **功夫在诗外**

拍摄星轨通常可以用两种方法，一种是通过长时间曝光前期拍摄，即拍摄时用B门进行摄影，拍摄时通常要曝光半小时甚至几个小时；第二种方法是使用延时摄影的手法进行拍摄，拍摄时通过设置定时快门线，使相机在长达几小时的时间内，每隔1秒或几秒拍摄一张照片，完成拍摄后，在Photoshop中利用堆栈技术，将这些照片合成为一张星轨迹照片。

↑ 拍摄星轨时将地面的景物也纳入画面中，营造一种奇幻的视觉效果。另外，由于采用了后期堆栈合成法，画面的噪点比较少（连续拍摄 200 张合成得到）

需要注意的是，无论使用哪一种拍摄手法，为了保证画面的清晰度与锐度，一个稳定性优良的三脚架是必备的。如果风比较大的话，还需要在三脚架上悬挂一些有重量的东西，以防止三脚架不够稳固，同时也可使用一些能挡风的工具为相机挡风。

↑ 长时间曝光时，相机的稳定性是第一位的，因此稳固的三脚架是必备的（焦距：50mm｜光圈：F9｜快门速度：2600s｜感光度：ISO100）

风光摄影误区

Chapter 21

# 避开相机设置的误区

### 利用小景深表现细节之美

简单来说，景深即指被摄景物（对焦位置）前后的清晰范围。清晰范围大的称为大景深，适用于风光、建筑等需要表现大场景的题材；清晰范围小的称为小景深，适用于花朵及微距等需要突出表现主体的题材。

➡ 拍摄这样主体较小的景物时，可以选择使用微距镜头拍摄较大的主体，或使用长焦镜头结合大光圈将主体放大拍摄（焦距：200mm｜光圈：F3.5｜快门速度：1/500s｜感光度：ISO100）

↑ 虽然使用大光圈进行拍摄，但取景的面积过大，而主体的面积又太小，画面既显凌乱，又感觉无主体

### 高速快门表现惊涛骇浪

要完美地表现出海浪波涛汹涌的气势，在拍摄时要注意对快门速度的控制，高速快门才能够抓拍到海浪翻滚的精彩瞬间。另外，最好采用侧光或侧逆光拍摄，这两种光线的优点在于使画面的立体感增强，尤其是能突出被凝固浪花的质感，使画面有"近取其质，远取其势"的效果。拍摄时最好使用快门优先曝光模式，以便于设置快门速度。

↑ 使用广角镜头拍摄，画面空间太大，浪花太小、太远，没有飞溅的感觉，主体没有得到突出

➡ 摄影师使用长焦镜头对准海面上正在舞蹈的波浪，通过高速快门的拍摄，浪花飞溅的瞬间被准确地定格了下来（焦距：200mm｜光圈：F16｜快门速度：1/800s｜感光度：ISO100）

# 避开拍摄技巧的误区

## 利用云雾营造缥缈气氛

云雾笼罩景物时其形体就会变得模糊不清，在隐隐约约之间，远处部分细节被遮挡，在朦胧之中产生了一种不确定感。拍摄这样的场景时，会使画面产生一种神秘、缥缈的意境。此外，由于云雾的存在，使被遮挡的部分与未被遮挡的部分产生虚实对比，使画面由于对比而具备更强的视觉欣赏性。

➡ 在这种光线下拍摄要注意选择被摄体的亮度、色彩，基本原则是选择自身明暗反差或色彩搭配较好的景物进行拍摄，依靠被摄体的明暗、色调差异来表现景物的轮廓、外形特征等，以弥补光线较平的不足（焦距：200mm ┊ 光圈：F3.5 ┊ 快门速度：1/50s ┊ 感光度：ISO400）

## 针对亮部测光拍摄出漂亮剪影

在逆光条件下拍摄日出日落景象时，考虑到景象光比较大，而感光元件的宽容度无法兼顾景象中最亮、最暗部分的还原呈现，在这种情况下，摄影师大多选择将背景中的天空还原，而将前景处的景象处理成剪影状，增加画面美感的同时，还可营造画面气氛。但在拍摄时，其剪影较易偏灰，遇到这种情况，摄影师可适当增加负曝光补偿，以使剪影成为纯黑的同时，画面色彩更加浓郁。

⬆ 在散射光下拍摄枫叶，由于天气太过阴沉，且取景范围较广，主体不够突出，拍出来的画面灰暗，没有活力。

⬆ 背景太亮、无颜色，树木太过凌乱，无重要的表现对象，有剪影但是却毫无美感

⬅ 选择背景时，最好是寻求纯净且颜色饱和的背景，要选择造型优美的被摄对象，这样拍摄到的剪影才会有美感可言（焦距：200mm ┊ 光圈：F6.3 ┊ 快门速度：1/1250s ┊ 感光度：ISO100）

# 避开构图技巧的误区

### 表现花中精灵

在拍摄花卉时，不妨将一些小昆虫纳入到画面中，使照片看起来更具有一丝灵动的气息。这些可爱的小昆虫，不但不会影响花卉的拍摄效果，反而会让花卉画面更加新鲜动人。

要拍摄好带有昆虫的花卉作品，摄影师应该拥有足够的耐心去等待恰当的拍摄时机，即等到昆虫位于合适的角度和位置后再按下快门。

↑ 蝴蝶的颜色与大小都与花朵太过相似，而且拍摄时两者又重叠在一起，即使用大光圈虚化背景，蝴蝶也没有起到点缀画面的作用

➡ 选取花朵与昆虫时，最好要在大小、颜色上有所区别，拍摄时不能让昆虫遮挡了大面积的花朵，这样就容易拍到昆虫点缀画面的效果（焦距：200mm ┆ 光圈：F3.5 ┆ 快门速度：1/500s ┆ 感光度：ISO400）

### 低视角仰拍塑造新鲜的视角

对于花卉而言，多数情况下人们都是以俯视或平视的角度观看的，因此，如果采用平时不太常见的仰视角度进行拍摄，这样可以有别于平时的视角，从而让照片看起来非常新鲜。

低视角拍摄花卉，背景一般会是天空，可以将花卉拍摄出高大的效果，而且可以使画面避开杂乱的背景，获得干净的背景。在这种拍摄条件下，最好缩小光圈，以得到最完美的细节和层次表现。

↑ 拍摄时角度太低，前景花朵太多以致遮挡镜头，导致画面较为凌乱，主体不够突出

➡ 仰视拍摄花卉时，可通过调整位置、设置曝光、对焦点等方法，尽量保持画面简洁（焦距：24mm ┆ 光圈：F9 ┆ 快门速度：1/400s ┆ 感光度：ISO100）

## 拍摄花卉忌主次不分

任何一种题材的照片都要有主次，尤其是在构图时画面中同时出现了若干花朵时，不能使花朵在大小、虚实、色彩、形式方面过于接近，而应该有大有小分错开来；有虚有实，让该清楚的花朵更清楚，该模糊的花朵更模糊，从而突出画面的主要看点。如果有条件，在形式上也不要太接近，用变异的方法可以取得立竿见影的效果。例如，在一群白牡丹中出现一朵红色的牡丹，或者在一丛玫瑰中出现一朵百合花，就会使画面的主次有明显的区分。

↑ 调整拍摄角度，拉大主体与陪体的距离，形成高低的对比，从而突出主体（焦距：180mm ┆光圈：F3.2 ┆快门速度：1/100s ┆感光度：ISO100）

↑ 主体花朵与背景花朵形成重合，画面缺少层次感；虽然对背景做了虚化，但其鲜艳的颜色与主体过于相近，与主体形成争抢

## 拍摄花卉忌颜色不清

花卉题材一直是广大摄影师所喜欢的拍摄对象，赏花的要点是形、色、香，而拍摄花卉照片的基本要求是形鲜、色艳。

因此，在拍摄花卉照片时，必须要保证画面中的花朵与环境能够明显地区别开来。花朵的色彩一定要与环境的颜色形成对比，只有这样才能避免主体花卉与环境颜色的混淆，还能让画面产生主次关系，使观者能够从画面中快速地找到要欣赏的重点。

↑ 使用长焦镜头拍摄一枝花朵的特写，利用虚实对比强调主体的存在。左图（焦距：200mm ┆光圈：F3.5 ┆快门速度：1/400s ┆感光度：ISO100），右图（焦距：105mm ┆光圈：F4 ┆快门速度：1/320s ┆感光度：ISO100）

↑ 画面存在过多与主体形态、色彩相近的花朵，使观者很难区分主体

↑ 选择的树木特点不明显，拍摄时距树木位置太远，导致树木一片昏暗，细节不突出，局部的魅力丝毫都看不到

## 选择有表现力的局部

在到处都是描写大场景的画面时，不妨去找一些富有表现力的局部，来展现树木局部的魅力。只要细心去寻找，就会发现局部美。去感受它的生命，聆听它静谧的声音，也不失为一种享受。

采用仰视角度拍摄古老树木的局部，其岁月留下的苍老面容在蓝天的背景之下显得特别突出，给人带来震撼感的同时，画面也充满了张力。

➡ 选择有明显特点的树木，使用近景拍摄，背景要纯净，这样就很好地表现出树木的局部张力（焦距：35mm┆光圈：F8┆快门速度：1/640s┆感光度：ISO100）

## 保持画面简洁

简洁是指通过构图、后期处理等手段，使画面看上去简单明了、重点突出、主体显著。

画面简洁是使照片的重点让人一目了然的不二法门，因为没有过多的元素或陪体干扰画面的主体或重点，因此这样的照片最容易让人的视觉在短暂的时间内寻找到摄影师希望他们关注的重点。

要获得简洁的画面，可以采取两种简单的方法，第一种是使用大光圈虚化背景，从而获得主体突出、画面简洁的照片；第二种是通过在画面中留出大量空白区域，使画面看上去简洁而又富有韵味。

↑ 逆光表现树叶的透明质感，但在选景时纳入画面的景色过多，没有重点，且画面元素过多，使画面显得很凌乱

➡ 采用长焦镜头拍摄其中最具特点的枫叶，并使用点测光针对其测光，压暗背景，从而使画面更简洁，主体自然也就更突出（焦距：200mm┆光圈：F4┆快门速度：1/800s┆感光度：ISO100）